旗 標 FLAG

好書能增進知識　提高學習效率　卓越的品質是旗標的信念與堅持

旗 標 FLAG

http://www.flag.com.tw

旗 標 FLAG

好書能增進知識 提高學習效率 卓越的品質是旗標的信念與堅持

旗 標 FLAG

http://www.flag.com.tw

分析者のためのデータ解釈学入門
データの本質をとらえる技術

資料科學

Practical Statistics

感謝您購買旗標書,
記得到旗標網站
www.flag.com.tw
更多的加值內容等著您…

<請下載 QR Code App 來掃描>

- FB 官方粉絲專頁:旗標知識講堂
- 旗標「線上購買」專區:您不用出門就可選購旗標書!
- 如您對本書內容有不明瞭或建議改進之處,請連上旗標網站,點選首頁的 聯絡我們 專區。

若需線上即時詢問問題,可點選旗標官方粉絲專頁留言詢問,小編客服隨時待命,盡速回覆。

若是寄信聯絡旗標客服 email, 我們收到您的訊息後,將由專業客服人員為您解答。

我們所提供的售後服務範圍僅限於書籍本身或內容表達不清楚的地方,至於軟硬體的問題,請直接連絡廠商。

學生團體　訂購專線:(02)2396-3257 轉 362
　　　　　傳真專線:(02)2321-2545

經銷商　服務專線:(02)2396-3257 轉 331
　　　　將派專人拜訪
　　　　傳真專線:(02)2321-2545

國家圖書館出版品預行編目資料

資料科學的統計實務:探索資料本質、扎實解讀數據, 才是機器學習成功建模的第一步 / 江崎貴裕 著/温政堯 譯
-- 初版. -- 臺北市:旗標科技股份有限公司,
2021.11　面;　公分

ISBN 978-986-312-682-9(平裝)

1. 數學統計

319.5　　　110012185

作　　者/江崎貴裕

翻譯著作人/旗標科技股份有限公司

發 行 所/旗標科技股份有限公司

台北市杭州南路一段15-1號19樓

電　　話/(02)2396-3257(代表號)

傳　　真/(02)2321-2545

劃撥帳號/1332727-9

帳　　戶/旗標科技股份有限公司

監　　督/陳彥發

執行企劃/李嘉豪

執行編輯/李嘉豪

美術編輯/林美麗

封面設計/林美麗

校　　對/陳彥發、李嘉豪

新台幣售價: 599 元

西元 2023 年 8 月 初版 3 刷

行政院新聞局核准登記-局版台業字第 4512 號

ISBN 978-986-312-682-9

BUNSEKISHA NO TAME NO DATA KAISHAKU GAKU NYUMON

DATA NO HONSHITSU WO TORAERU GIJUTSU

序言

本書致力於用直白的口吻，帶您解讀資料背後所蘊含的機制，並藉此來研擬決策、解決問題。想要順利進行資料分析，並非只需要高超的分析技巧就夠了，資料的品質、對資料進行的處理方式、以及解讀方法也有重大影響。可是，許多新手遇到的困境是：市面上的入門書鮮少提到如何在分析過程中維持資料的品質，以及減少誤讀資料的方法。

我們期許透過系統化、深入淺出的論述，說明資料的變異性、資料的偏誤、行為心理學如何看人們對資料的誤解、抽樣方法及理論、資料處理的技術、資料分析的根本觀念、資料解讀中的認知偏誤、以及數學模型的要點，這些都是資料分析人員(如處理大型系統營運問題的工程師)所應具備的知識。

本書的特色之一，是由同一位作者(而非多位作者共同執筆)來將各方論點彙集成冊，讓讀者感到一氣呵成、高度一致性的入門書籍。

本書為「資料科學的建模基礎 - 別急著 coding！你知道模型的陷阱嗎？」之續作。前作的主軸擺在「以能夠獲取合適的資料為前提，來剖析如何建構模型」，而在本書當中，則是當我們打算分析、解讀資料時，所需要的預備工作以及解讀時該注意的事情。也因為這樣，模型建構的部分就不多贅述，有興趣的讀者可以閱讀前作。這兩本書相輔相成、卻又各自獨立，若能夠一併閱覽，當然能夠以較為宏觀的視野來看待資料解讀上所需的背景知識。而即便是單獨閱讀本書，亦是能夠建構起如何掌握解讀資料所需要的能力。

本書分為三篇：

● **第一篇、資料性質的相關知識**

資料會因為分析對象的不同而呈現各種特性，例如變異程度大小、是否有人為心理因素造成的因果關係、是否無法測量而衍生影響等，族繁不及備載。因此在本書第一篇裡，就會說明該如何分析、解讀各種資料的特性，而這些分析與解讀所帶來的影響又是如何，再延伸到各種資料適用的處理方式。

● **第二篇、資料分析的相關知識**

當我們手上有一筆資料時，為了要能夠正確選擇「設定分析問題的方法」跟「分析技術」，就得要了解「分析的目標」跟「整體分析流程」。在第二篇會說明有哪些具體的手法、而我們又該仰賴哪些觀念去選出符合需求的技術。從「處理資料階段」開始，經「選用正確分析手法」，到「數學模型建模」等內容，都會循序漸進地帶著讀者認識。

● **第三篇、資料活用的相關知識**

資料分析中最為重要的是(也是本書的主題)如何去解讀結果。事實上，現實中滿少只分析一次就順利解決的問題，通常會遇到的是我們必須納入其他分析結果，來進行全盤考量、進一步去剖析出我們要的答案。另外，因為分析人員的認知偏誤，所導致一些非資料本身的特徵，被過度放大而衍生的問題也常發生。於是在第三篇的內容裡，我們不僅會透過技術面，也會從實務面來說明那些容易因為資料解讀方式所導致的盲點。

另外，縱使我們在資料分析上已有很好的結果，若無法活用，也只是紙上談兵。我們會運用實際案例來說明：無論是與他人之間的溝通上有誤解、或是實際操作上發生的各種問題，都需要充分了解、處理，才有可能實現「正確地運用資料」。

一如上述所提，本書運用了各式各樣的觀點來說明資料解讀上的諸多問題與背景知識。期許本書能是各位讀者在邁向資料科學家的大道上的一盞引路明燈。

關於本書的 Bonus 檔案以及範例程式，請至旗標科技官方網站下載，網址：

https://www.flag.com.tw/bk/st/F1368

目錄

第3章 測量誤差中的隨機誤差 (Random Error) 與偏誤 (Bias)

第4章 資料抽樣方法論

第二篇 資料分析的相關知識

第5章 資料分析的基本流程

第6章 干擾因子 (Confounding Factor) 與因果關係

第7章 單一變數的分析手法

第8章 探究變數之間的關係

第9章 解讀多變數資料

第10章 數學模型的要點

第三篇 資料活用的相關知識

第11章 分析資料的陷阱

第12章 解讀資料的陷阱

第13章 運用資料的陷阱

第一篇

資料特性的相關知識

在本書第一篇中，我們會說明什麼是「資料」、探討「取得資料」的相關事項、以及各式各樣的資料特性。我們要先對資料有初步的了解，接著嘗試用適切的方法取得資料、處理資料，才能夠在資料分析過程中得到正確結果。

第1章 測量其實並非易事

本章首先說明「資料」的基本概念。大多時候我們分析的資料，都呈現偏頗、或者可能是有缺漏的狀態，要獲得好的資料並非易事，有許多必須要留心的地方。至於如何取得資料，會在第 2 章之後解說。

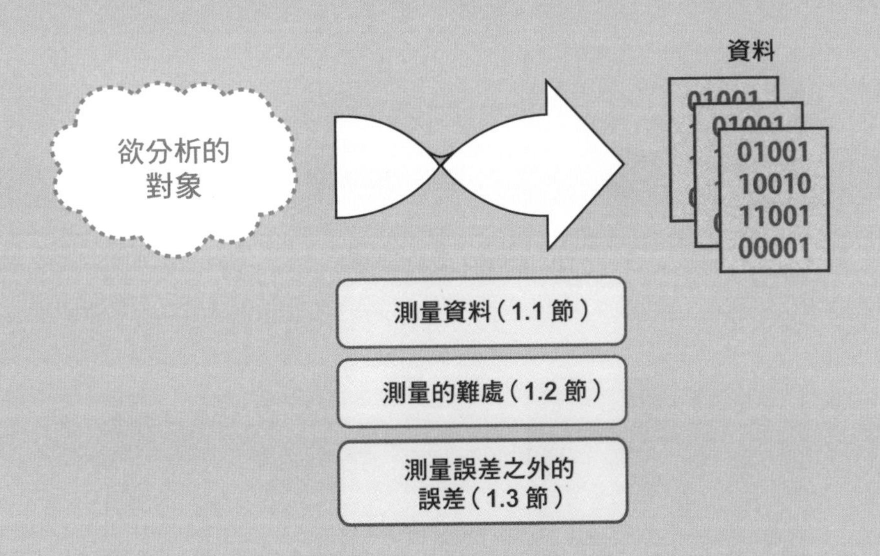

1.1 測量資料

從分析對象取得需要的資訊

資料分析就是將手上的資料轉換為我們可以解讀、運用的形式，進而理解甚至預測目標系統（又稱為母體，母體是目標系統可能產生的所有資料）。而從目標系統取得資料的過程稱為**測量**或**量度**（measurement），比如量物體溫度是一種測量、問卷調查是一種測量。不過重點是我們並不一定能透過測量來獲得正確、適合我們的資料，很多測量的過程當中反而會因為一些緣故而產生**測量誤差**（measurement error），細節後續會再談。我們要如何去面對、處理測量資料時產生的測量誤差，將會是資料分析的過程中非常重要的環節。

圖 1.1.1　測量資料

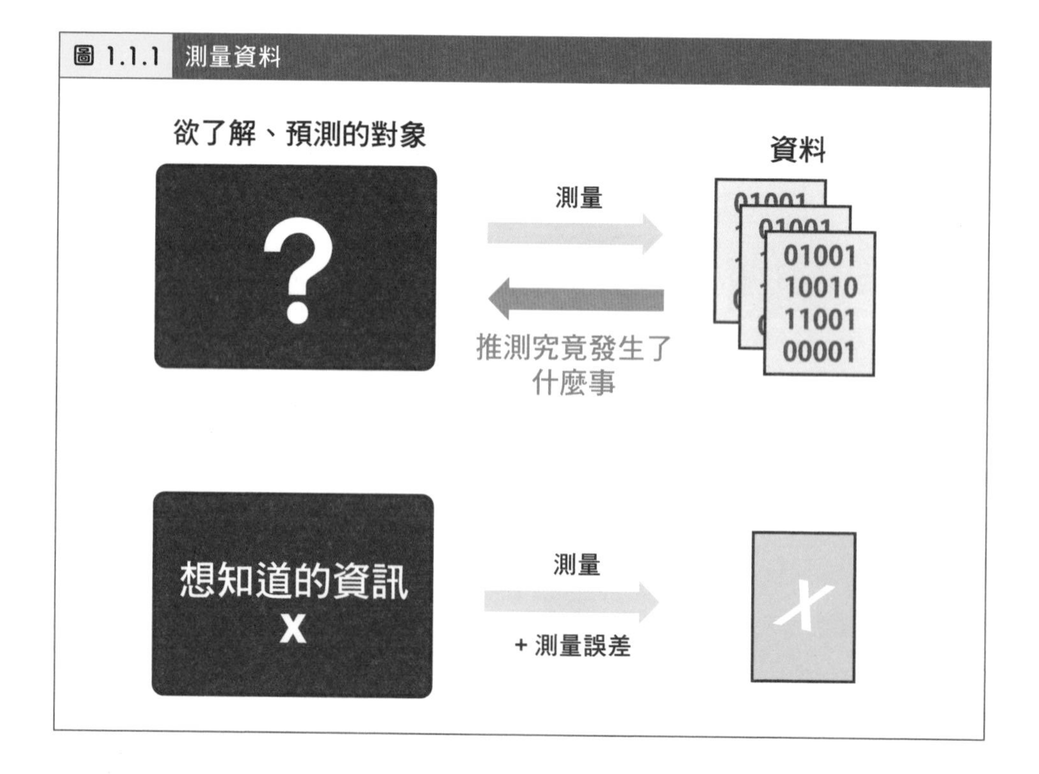

Garbage in, garbage out.

在資料分析的領域流傳著這麼一句話：Garbage in, garbage out，直觀理解就「你輸入垃圾，輸出也會是垃圾」。恰巧說明了「即便你有高超的分析手法，若是資料品質太差時，所產出的結果可能也沒什麼用途」，請把這點牢記在心(圖 1.1.2)。

稍早提到資料分析是為了將測量到的資料轉換為便於運用的形式，從這個觀點可知資料的品質是會反映在分析結果上。而在測量資料時難免會產生測量誤差，因此如何消除、調整這些測量誤差就很重要。即便是專家，也可能因為沒有注意到測量誤差，推得錯誤的結論。尤其是在一些新問題、新資料中(編註：比如在 2019 年底，要分析新冠肺炎資料，就是很新的問題)，適當處理測量誤差是一件困難的工作，即便我們認為已經很細心、卻還是有可能得到錯誤的結果[註1]。接下來的內容我們也會說明一些要點，來儘量避免這些錯誤。

反之，當資料的品質夠好時，就能嘗試各式各樣的分析手法，提升分析的品質。只要能取得優質資料，問題經常能夠迎刃而解。

圖 1.1.2 資料品質決定分析結果品質

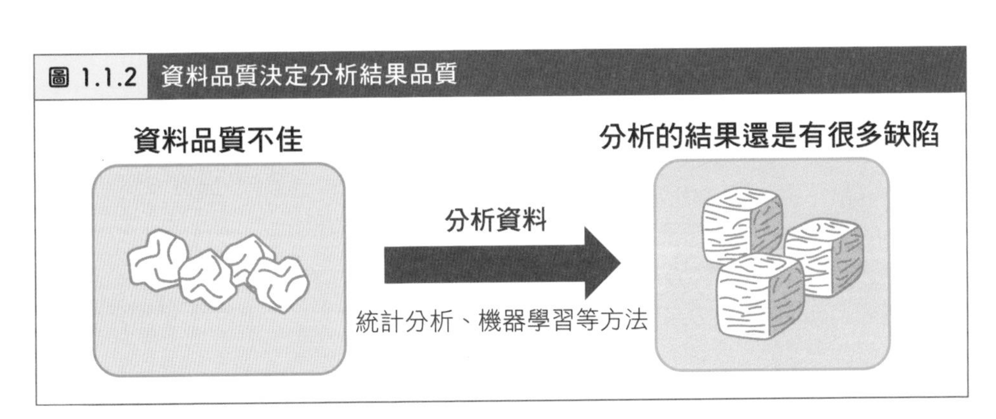

註1 2019 年底開始爆發的新冠肺炎疫情，有許多關於染疫患者的分析跟預測，引起了輿論的波瀾。然而令人遺憾的是除了極少數的專家所提供的見解之外，包含大型媒體在內很多都沒能夠提出嚴謹公正的結果。

1.2 測量的難處

並非每次都能理所當然地拿到想要的資料

近幾年來，科技的進步讓許多東西都已數位化，我們的日常生活當中每天都產生龐大的資料，而在這種時空背景之下，有時會認為每件事都能很容易取得想要的資料。然而事與願違，與日俱增的資料常常就是那些本來就很好測量的資料，而難以測量的資料依舊是很難取得。

比如，或許我們很難想像，世界上幾乎所有國家都還無法知道國民人口是增是減，日本政府每年還得耗費將近 1000 億日圓，只是想要知道人口增減的統計資料（編註：可能的問題像是調查員挨家挨戶訪問有遺漏某一戶、調查員不清楚負責調查範圍，畢竟街道還分街巷弄，有時地址較混亂時可能沒弄清負責調查的範圍）。更別說一些關於戰爭、疫情的資料，有時迫於時局，就只能運用相當侷限的資訊進行決策。而在商業、研究上，還必須將時間、金錢成本控制在最低的狀態來進行分析。由此可見，有時候要得到更多資料所需的代價真的很高。

合理解讀資料所代表的意義、有效率地做出決策，都是仰賴品質優良的資料。

測量那些「無法量化的東西」

測量資料時，並非每次我們都能記錄到那些想知道的資料。有些資料如「人口」是很具體，能夠測量到的資訊。但要是我們遇到的測量項目是抽象的概念，那要怎麼取得資料？

比方說，我們想知道「各大專院校的研究力」、「民眾對新產品的好感度」、「一個人聰不聰明」，就需要將這些原本不是以數值所呈現的內容，轉變為數值資料，換句話說是用「某個能夠量化的指標」取代原本抽象的概念。不過要記得，指標不能代表真正測量的項目，我們只能儘量找一個較好的指標。

概念定義與操作定義

假設我們想知道一個人的智力時，需要先決定「智力的定義是什麼？」。這個問題沒有標準答案，這邊先定義智力為「具備理性且邏輯來思考事物、進而解決問題的能力」。這種下定義的作法稱為**概念定義**（conceptual definition）。然而，即使我們定義了智力，並不表示我們就能量化智力。知名心理學家大衛・韋克斯勒（David Wechsler, 1896-1981）開發出一套智力測驗：韋克斯勒成人智慧量表[註2]，此測驗嘗試量化智力，分數越高代表這個人的智力越高。這種透過明確指出測量目標系統的操作方法或步驟的方式，來為該目標系統下定義的作法，稱為**操作定義**（operational definition）[註3]。

對於操作定義，我們要時時提醒自己：操作定義產生的數字，只讓我們看見目標系統當中「能量化的面向」而已（圖 1.2.1）。比如，世界衛生組織對於新冠肺炎（COVID-19）的確診定義（https://apps.who.int/iris/bitstream/handle/10665/332023/WHO-2019-nCoV-FFXprotocol-2020.3-chi.pdf）是「無論有無臨床症狀或體徵，經實驗室確診的 COVID-19 病

註2　雖然這是最廣泛使用的指標，但還有其他如查爾斯・斯皮爾曼（Charles E. Spearman, 1863-1945）所發表的 g 因子等許多指數，都是用來衡量智力。

註3　諸多科學領域（如物理學）中構成學問基礎，正是將基本概念定義為操作定義。例如「質量」能在天秤上進行測量、同時也能使用牛頓運動定律（受外力作用而產生移動時的加速度方程式）來定義。

例」，這可以作為概念定義。而實驗室會使用 PCR 檢測結果的 CT 值，來判定是否確診新冠肺炎，這可以作為操作定義。但是，若在日本 CT 值低於 40 算確診，假設在台灣 CT 值要低於 35 才算確診，那如果有人檢測結果的 CT 值是 38，到底算不算確診？這是使用操作定義時，需要考量的事情。

圖 1.2.1　量化的問題

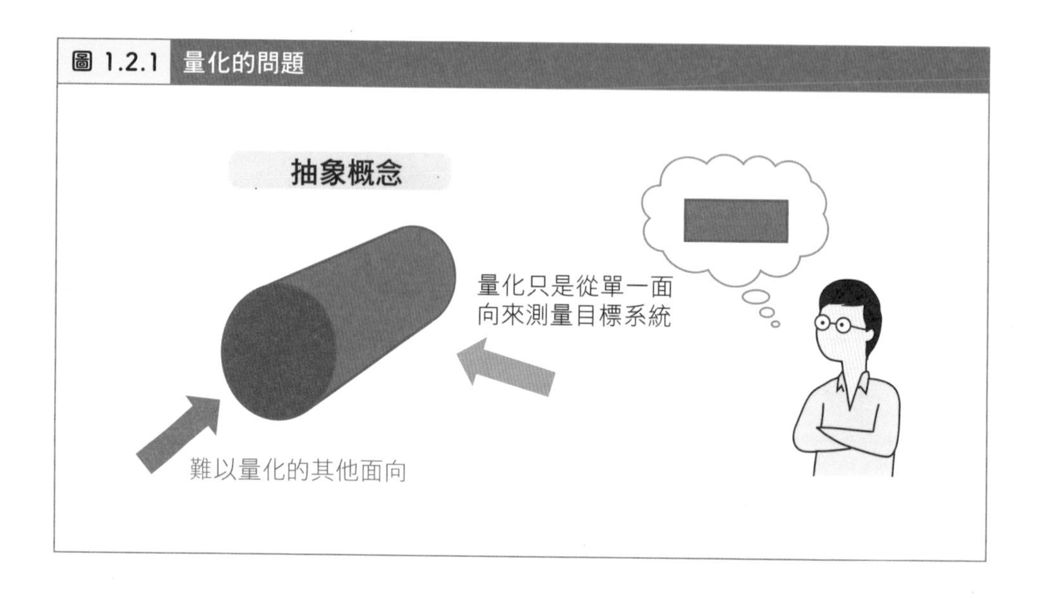

要避免量化後造成解讀的錯誤，最重要的就是掌握以下兩點：

1. 量化後的數字是什麼東西
2. 「真正想要測量的東西」有遺漏什麼

此外，要知道自己略過了哪些面向、當發生預期以外的狀況時要能夠想起曾經遺漏的觀點。又或者我們不能過度依賴於單一指標，應盡量以多個面向來進行量化，也許就能得到我們期望的成效。

舉例來說，想要知道「研究人員或機構的研究成果」，「研究成果很好」的概念定義可以是「該研究成果對於後續研究有顯著的影響」，而操作定義就要慎選指標。如果這時候為了便宜行事，把「研究經費」作為操作定義，那就會變成「研究經費等於研究產出的成果」，偏離了我們原本想知道「研究成果對於後續研究有顯著的影響」。其實在這個範例，操作定義可以選「研究成果的論文被引用的次數」，會比較適合。

當我們嘗試去量化目標系統時，有時候會誤用了可以簡單量化的指標，但這些指標並不見得能夠反映出我們希望測量到的東西，這點需要特別注意。

因「標準化」導致資訊遺漏

假設我們打算針對本書進行讀者問卷調查，並將獲得的結果回饋到未來修訂本書時使用。問卷有「內容的難易度」、「是否具參考價值」、「份量是否剛好」這些問題，每個問題設定了 5 個等級的選項請各位讀者填寫。像這樣採用勾選預設選項的答覆方式，可以減輕事後分析的負擔。

事前訂定測量資料時可能的數值，將其設定為問卷的選項，稱為**標準化**(standardization)[註4]。先做好標準化，有利於之後彙整資料並進行處理與分析，也能降低填寫表單的人的負擔。然而，因為 5 個等級的答案分別以數字呈現，導致我們在蒐集問卷的階段會失去一些資訊。

可能失去什麼樣的資訊呢？就拿本書內容難易度來說，假設這本書大多數的內容確實是深入淺出，但是第 1 章的內容艱澀難懂。在這種情況，就算我們做了前述的問卷調查、蒐集了大量的問卷，可能也無法知道第 1 章內容需要修改。反之，當我們找來了 1 位實際閱讀過本書的讀者，面對

註4　標準化的作法在不同領域的意思並不一定相同，比如在統計學，標準化是轉換資料的一種方法，調整後資料平均為 0、標準差為 1。

面仔細詢問他的看法，也許會得到第 1 章的建議修改方向。但只根據 1 個人的建議，足以了解本書第 1 章的真實狀況嗎？他的意見是否足以代表了廣大的讀者群的認知呢[註5]？

所以，我們對資訊量的掌握、以及在處理上的細膩度，都必然需要取捨(trade off)(圖 1.2.2)。近來，標榜著取得大量資料後進行大數據分析的作法蔚為風行。但其實配合我們的目標，去設定需要的資料量、拿捏資料的細膩度，是重要的觀念(編註：並非一昧追求資料量多就是好)。

圖 1.2.2　問卷調查案例與資料標準化

～本書問卷～

◆內容難易度
1. 太過簡單　2. 稍微簡單　3. 剛好
4. 稍微困難　5. 太過困難

◆是否有參考價值
1. 不具參考價值
2. 沒什麼參考價值
3. 是有能參考的部分
4. 具參考價值
5. 非常具有參考價值

◆份量是否剛好
1. 太少　2. 有點少　3. 剛好
4. 有點多　5. 太多

蒐集少量資料

能仔細探究每一筆資料所蘊含的訊息

僅知道一部分的情況

蒐集大量資料

需要標準化

能知道整體的傾向

註5　或許有人覺得在問卷中增設一個自由填寫的意見欄就解決問題了。然而請讀者自由填寫問卷所蒐集到的資料，通常還是沒有與讀者面談來的多。

1.3 測量誤差之外的誤差

除了測量誤差之外，還會有其他原因導致我們無法獲得所有想知道的訊息，比方說我們想知道某商品在全國各地的知名度時，是沒辦法請所有國人填寫該商品的問卷。像這種只能從已填過問卷的對象當中獲取相當有限的資料，就是分析上常遇到的問題。又比方說，我們能請朋友或是家人填寫問卷，並從填寫的結果來了解商品知名度。但這個結論不一定能代表商品在全國的知名度，畢竟家人、朋友都是我們常相遇的人，彼此的生活模式可能較為相似，因此這樣的問卷調查可能會得到**誤差**。

倘若我們能夠請填寫問卷的人都用公平公正的心態，填寫的答案沒有任何偏頗，那或許就能夠從全國的人(編註：母體)當中選出少部分的人(編註：樣本)，透過他們所填寫的問卷內容去來推估全國的狀況。這種從全體中選出部分資料作法，稱為**抽樣**(sampling)(圖 1.3.1)。若能適當地執行抽樣，就有機會從局部的測量結果去預測出準確率較高的整體現象，詳細的抽樣方法我們留到第 4 章再說明。

圖 1.3.1 抽樣概念圖

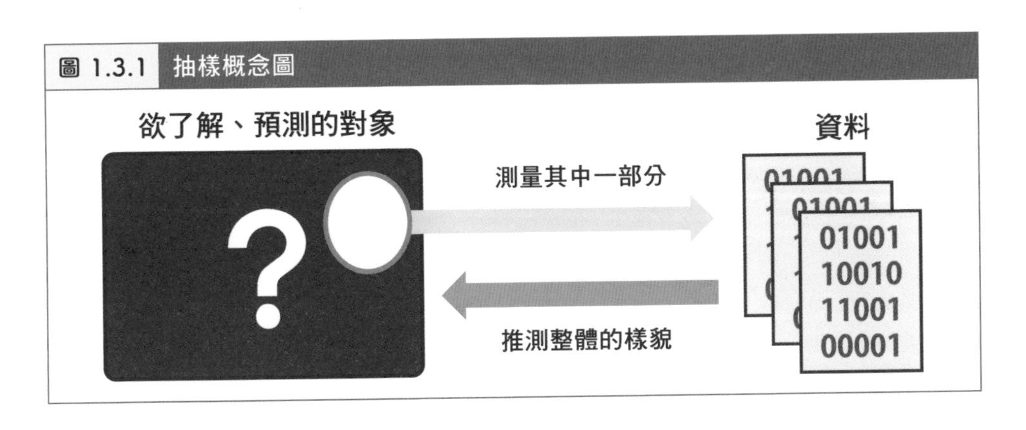

不過抽樣並非每次都很順利，例如我們會遇到無法選擇測量對象的時候（編註：想要知道某個疾病在各地的傳播狀況，但是沒有足夠資金去別的城市進行抽樣）、甚至我們會遇到根本無法進行抽樣的情況，只能使用手頭上的資料來進行分析（編註：想要知道某個疾病的影響，但是找不到患有此疾病的人）。各式各樣的問題將會在第 2 章說明。

第 1 章小結

- 測量資料就是從欲了解的目標系統當中提取資訊。
- 資料品質會直接反映在分析的品質。
- 並非總是能夠獲得想知道的資訊。
- 想要擁有的資訊筆數，與每筆資料的細膩程度，存在著取捨。

資料誤差

資料當中存在各種誤差，釐清誤差來源，才能夠正確對症下藥，解決問題。本章會跟讀者介紹常見的誤差，並於下一章仔細探討測量誤差中的隨機誤差（Random Error）與偏誤（Bias）。

誤差

- 測量標準的選擇（2.1 節）
- 問卷帶來的問題（2.2 節）
- 抽樣母體誤差（2.3 節）
- 沒觀測誤差（2.4 節）
- 回答者帶來的問題（2.5 節）
- 發表偏誤（Publication Bias）（2.6 節）

2.1 測量標準的選擇

一致的測量標準

當我們從天氣預報得知今天最高溫是 35 度時，大多數人之所以都能想像那究竟有多熱，是因為物理學上從以前到現在「35 度」的意思都相同，因此溫度的標準是一致的。然而，我們有時候會遇到無法用一致標準去測量的目標系統（編註：比如想要知道新產品的受歡迎程度，但是很難定義一個「受歡迎」的標準），可能是因為沒有為此制定標準，甚至可能會遇到實際上無法以相同方式測量相同項目的情境（編註：比如想要知道新產品的在美國各州受歡迎程度，也許在新澤西州跟阿拉斯加州的測量方式可能會不同，因為這兩個州的人口密度差異太大了）。

本節當中就要談談這件事。

要有一致測量標準並不容易

當我們要將目標系統轉化為資料時，或是為了能夠處理資料，要先採用一致的定義、測量標準，才能夠做後續的分析。我們以日本律師聯合會所頒布的「律師白皮書 2019 年版」作為範例，從國際的角度來看看律師總人數的比較（圖 2.1.1）。

報告當中有考慮到總人口數的影響，因此不是單純用律師總人數，而是每位律師需要服務多少國民（總人口數除以總律師人數）。乍看之下會覺得日本的律師非常稀少（平均一位律師要服務的國民人數很多），但這其實也跟甚麼身分才能稱為「律師」有關（編註：日本的律師稱為辯護士，專指在法院進行辯護的人員）。日本有另外區分辯理士、稅理士、司法書士、行政書士，但在許多國家這些職業可能都算「律師」，以致於「其他國家認為的律師」人數會比「日本國內認為的律師」人數還多。當我們用「其他國家認為的律師」的標準來計算日本國內的律師，就會發現日本每一位律師需要服務的國民人數，跟其他國家比起來是差不多。

圖 2.1.1 每一位律師服務的國民人數之國際間對照（2019 年）

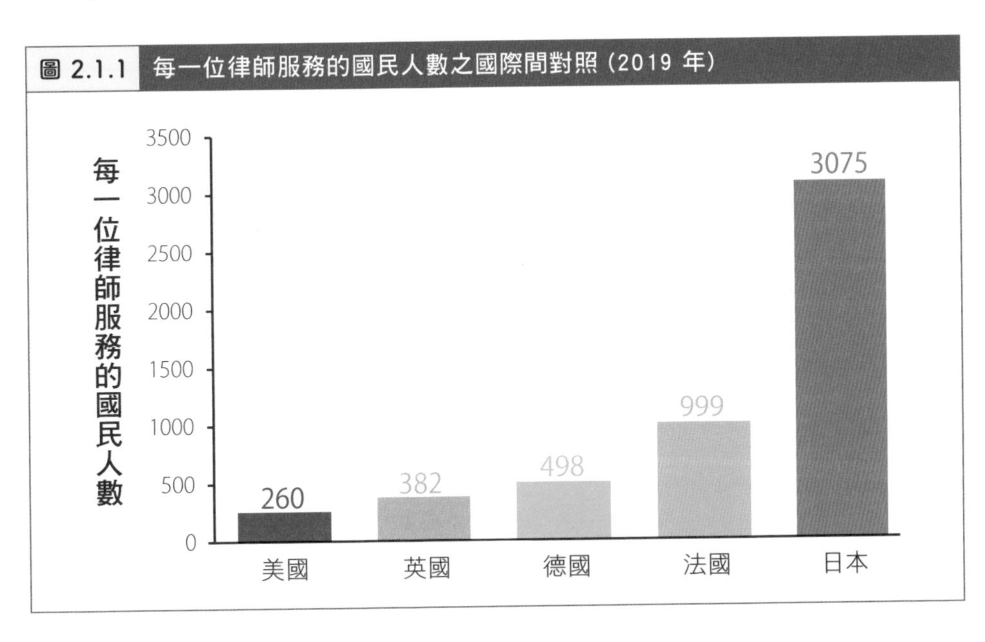

就連這乍看應該很單純的測量標準，卻還是無法準確定義，更遑論特別針對不同國情進行比較的時候了。自己在蒐集資料時是相對容易察覺資料沒有一致性、或是說標準不固定，但若是那些經由他人所蒐集的資料，就非常可能疏忽這個環節，因此我們要有反覆確認測量標準的習慣。

隨著時間而改變的標準

我們「測量出來的東西」，有時候會隨著時間的變化而偏離了原本「想要測量的東西」。比如，當我們想了解美國自閉症[註1]患者比例的走勢時，可以查美國國家教育統計中心的「教育摘要」，如圖 2.1.2。單看此圖勢必

註1 這類發展障礙通常很難有明確的診斷標準，近年來將亞斯伯格症候群等病症視為是自閉症，使得自閉症的範疇更廣。所以說，測量標準也是會隨著時代而改變。

會認為整體趨勢明顯上升，但事實上自閉症兒童比例是否真的一路增加呢？不曉得有多少媒體爭相報導「自閉症兒童人數增加的原因，可能是不同時代的飲食習慣、生活方式的改變所致」這種推論？事實上真是如此嗎？

雖然討論的是自閉症這個議題，但是有可能大家之前對此疾病的認識不夠深，其實像是注意力不足過動症（attention deficit hyperactivity disorder, ADHD）跟亞斯伯格症候群（Asperger syndrome, AS）這類的發展障礙也是近年才被注意到，並視為是自閉症的一種。因為納入了 ADHD 和 AS，結果自閉症兒童比例並沒有降低，甚至還呈現了增長的趨勢。

在這個案例裡，測量的對象並沒有改變，但是測量的標準改變了，因此得出的數值所代表的含義也改變（編註：例如越來越多症狀會被歸類在自閉症）。如果允許進行適度的校正，我們會建議先校正資料之後再來分析。比如，當我們在看過去與現在社會新鮮人的第一份薪水時，可以用物價指數修正通膨影響，就能進行比較公平的分析。

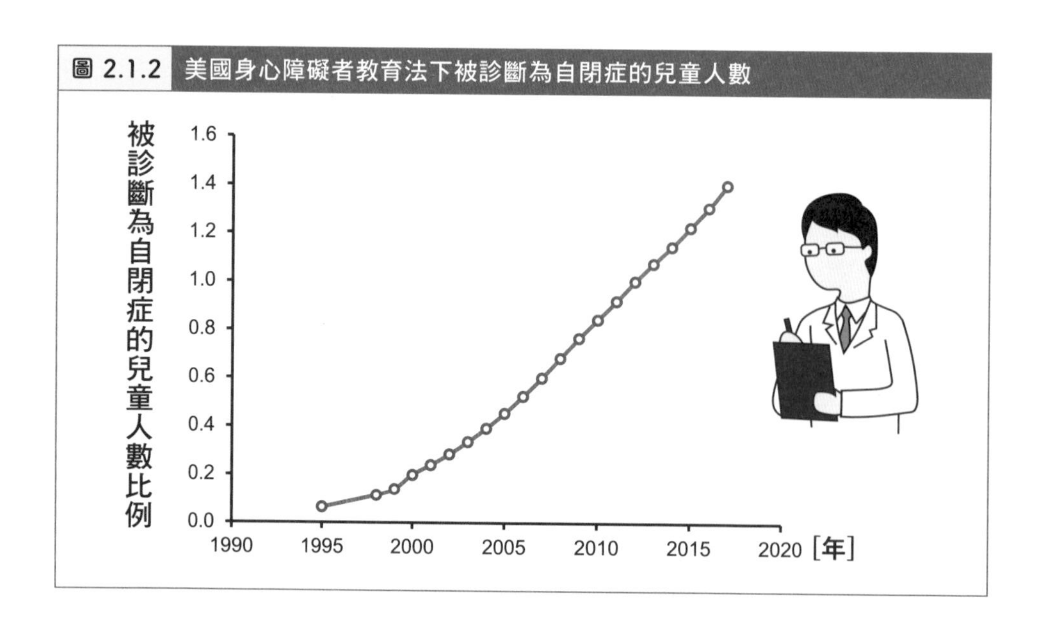

2.2 問卷帶來的問題

資料分析的對象是「人」，經常會因為心理的因素，導致真實資訊難以轉成為我們想要的資料，因為我們所採取的測量行為、或者是執行的實驗步驟，本身就已經先影響分析對象。本節就來談談這些偏誤。

問題很難「問對」

先嘗試以問卷的方式來了解大家的思考方式吧。比方說，我們有下述的問題以及選項(讀者也可以一起填問卷)：

問題 A：您求職時最重視對方公司的哪個項目呢？

1. 薪水　2. 工作輕鬆　3. 公司評價　4. 其他

再來是同一個問題、但選項更豐富，讀者會怎麼選呢？

問題 B：您求職時最重視對方公司的哪個項目呢？

1. 薪水　2. 具備得以讓自己成長的環境　3. 不常加班　4. 有無外派機會

5. 工作場所的氣氛　6. 是否容易請假　7. 公司評價　8. 其他

問題 B 比問題 A 多了「2. 具備得以讓自己成長的環境」，並且把問題 A 選項中的「2. 工作輕鬆」換成問題 B 的 3～6 這些項目。

問題 B 回答「2. 具備得以讓自己成長的環境」的受測者在問題 A 理當要回答「4. 其他」，但事實上可能很多人在問題 A 並非回答「4. 其他」吧？根據研究指出，這是因為相較於「其他」這個項目而言，大多數人會覺得「不如就從既有的項目當中做出選擇」的心理作用。

另外，雖然我們期望在問題 A 回答「2. 工作輕鬆」的人，能跟問題 B 回答 3～6 選項的人，比例差不多。可惜實際上問題 B 回答 3～6 選項的人比例變多。因為問題 B 那些答案有相似意義、卻又分成了好幾個的選項，使人在進行判斷時，比起包羅萬象的單一選項「工作輕鬆」顯得更有存在感。

當我們試著去比較雷同的問卷調查結果，若不知道有心理層面的影響，可能就會得到錯誤的結論。比如，我們找一群人回答問題 A，另一群人回答問題 B，雖然剛剛說問題 B 的選項 2 跟 3～6，分別對應到問題 A 的選項 4 跟 2，但實際調查結果可能不會是如此。

誘導受測者回答問題的心理效果案例

- **默認傾向**

  採以「是／不是」的方式，讓受測者比較容易選擇正面的選項。

- **中心化傾向**

  以「非常不同意、稍微不同意、沒意見、稍微同意、非常同意」回覆的問題，中間的「沒意見」最容易獲得答題者的青睞。

- **滯後效應（carry-over effect）**

  上一個問題的答案會影響下一個問題的答案。

接下頁

● **運用問題的敘述方式誘導**

如同「近年來資料分析的需求攀升，貴公司對資料運用是某有足夠的關注呢？」一般，在問題的前半段加上多餘的資訊，會影響受測者回答問題。

敏感性問題

針對那些會觸碰到敏感議題的問題，很可能無法獲得正確資料。比方說「您有沒有前科呢？」，受測者就算是「有」，可能也會回答「沒有」。所以我們得出的資料就會遠比真正有前科的人數還要更少。

解決這個問題的基本方法就是透過匿名來減輕受測者的心理負擔，或考慮使用隨機化回答（randomized response technique）（圖 2.2.1）。假設我們有個原本能以「是／不是」回覆的問題，在沒有人看到受測者擲公正硬幣的結果的條件下，硬幣結果是正面時，問卷都回答「是」；硬幣結果是反面時，則老實回答「是／不是」。這種方法會有 50% 的人擲出正面並回答「是」，因此施測者並沒辦法知道哪一位受測者擲出反面並且照實回答「是」，所以那些擲出反面硬幣的受測者也能更輕鬆地說出心裡的想法。依照統計學的角度，那些擲出硬幣反面而需老實作答的受測者當中，若沒有人選擇「是」的情況下，那所有問卷的「是」跟「不是」會各佔 50%；而當老實作答的人當中有些人選擇「是」，「是」跟「不是」的比例會從 50% 偏移，這樣就能夠推測實際上「是」的比例。當然，擲硬幣的結果會有隨機誤差，所以要使用這個方法，就需要足夠多的受測者，才能藉由人數來降低隨機誤差的影響（編註：從圖 2.2.1 的結果來看，當最後蒐集到的問卷中，回答「是」的人有 11 位，回答「不是」的人有 9 位，代表擲出反面硬幣的人當中有 1 位回答「是」。而擲出反面硬幣的人只佔全體受測者的一半，因此可以推測全體受測者約有 2 位實際答案為「是」）。

圖 2.2.1　隨機化回答的概念圖

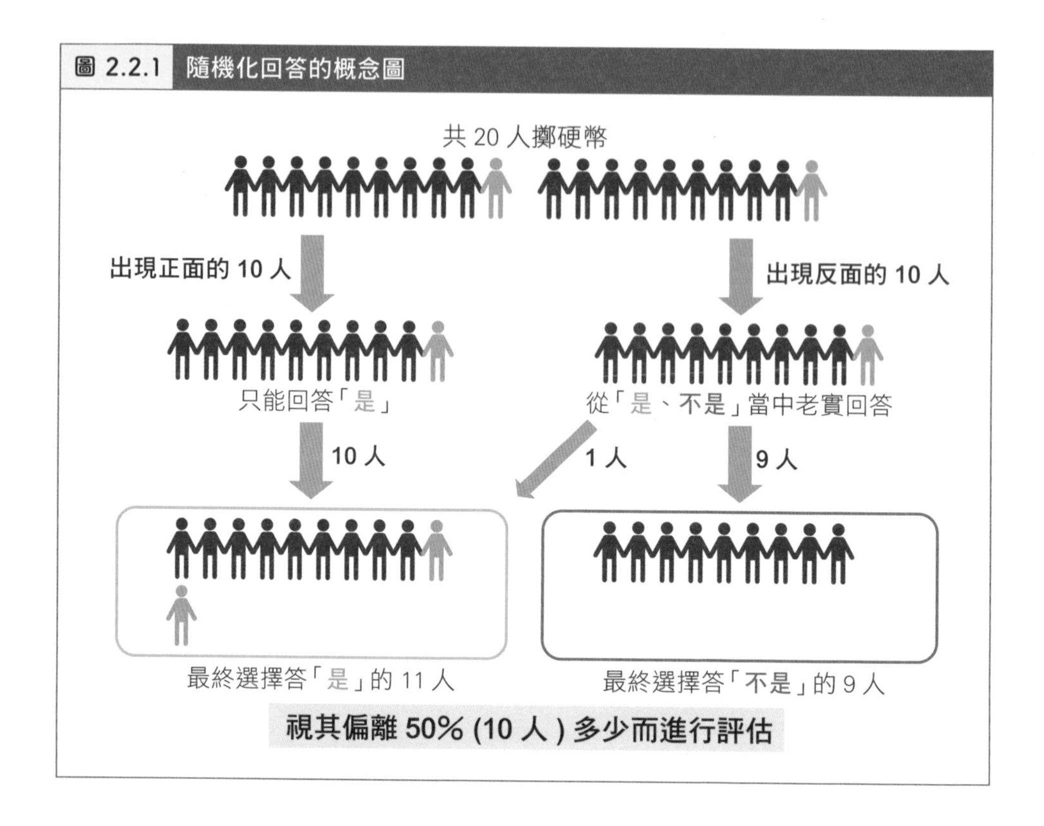

問卷設計要有心理學的基礎

即便是那些看似很單純的問題，也不見得就能從受測者中獲得正確的資訊。

這邊來介紹個有趣的心理學實驗[註 2]。受測者在購物商場，於距離自己不到 1 公尺之處，在工作人員依序上架的 4 款絲襪當中，選出自己認為最優質的商品，並請教受測者做出選擇的原因。事實上，這 4 款絲襪是一模一樣的東西。結果，越晚上架的絲襪，受測者選擇的機率越高(依序為 12%、17%、31%、40%)，很顯然上架順序確實影響受測者的選擇，但是受測者卻沒有察覺，甚至受測者會說選擇該商品是因為品質較佳(如「彈性較佳」等)。

註2　T. D. Wilson, R. E.Nisbett, Soc. Psychol. 41:118-131(1978)。

人類心理影響統計實驗的案例

為了要取得資料，所以需要提問、觀察、實驗，然而這些過程都會對目標系統造成影響。像是受測者的過度解讀、以及新藥臨床實驗的安慰劑效果(有吃藥有保庇的心理作用)，都是血淋淋的例子。

還有其他的著名案例叫做霍桑效應(Hawthorne effect)。這是在美國霍桑工廠的一個針對勞動環境進行的調查，目標是要提升勞工生產力。研究結果發現，比起微小的勞動環境改進，身為受測者或是受到上司關注的勞工更能激勵出士氣、提升作業效率。

有人會因為身為受測者，而出現與平時不同的反應。所以分析相關資料時，就需要考量這個問題。

2.3 抽樣母體誤差

抽樣時所使用的候選清單（編註：可以想成是籤筒），稱為**抽樣框架**（sampling frame）。要是母體中有些可能產生的資料不在抽樣框架裡，就會產生偏誤，這稱為**涵蓋誤差**（coverage error）（圖 2.3.1）。例如，當進行電話調查時，我們可以選擇根據電話簿來抽樣，但是有些人的聯絡方式可能不在電話簿上，甚至會不會有人沒有電話，這就出現涵蓋誤差[註3]。涵蓋誤差對抽樣的影響有多大，要看抽樣框架遺失多少母體當中可能產生的資料。只是，抽樣框架所遺失的資訊，是否真的會影響分析結果，也不容易評估。

圖 2.3.1　涵蓋誤差概念圖

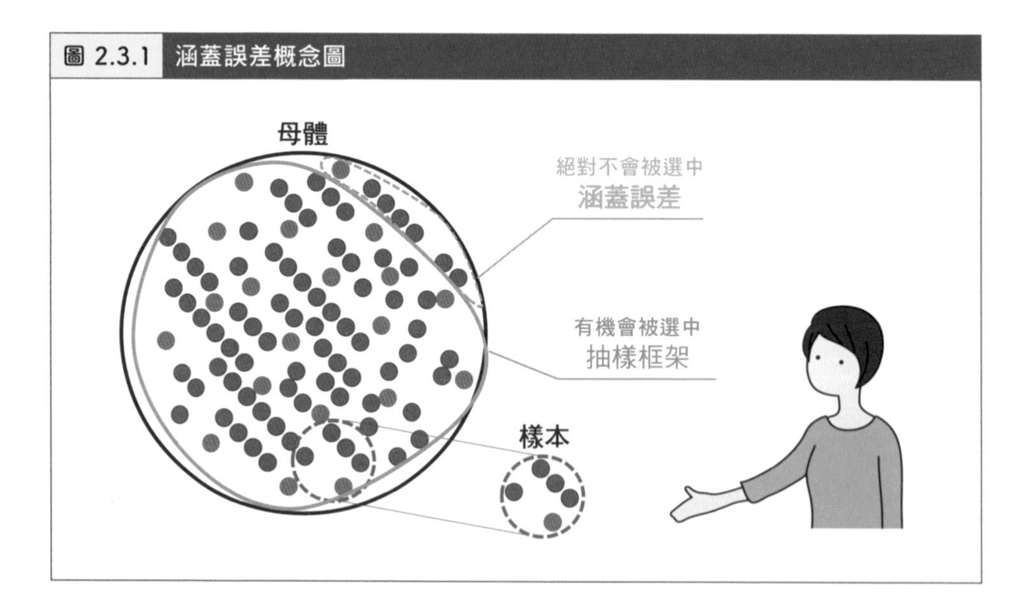

註3　目前的電話調查是使用 RDD，這是一種透過隨機組合數字的方式，來產生電話號碼。

這邊分享有名的案例。在第二次世界大戰時，統計學家沃德・亞伯拉罕（Abraham Wald, 1902-1950）針對成功回航的轟炸機彈痕分佈進行了研究分析（圖 2.3.2）註4。一開始美軍分析的結論認為應該補強受到較多攻擊的部分，但亞伯拉罕卻認為應該補強那些損傷較少的位置。為什麼呢？因為這個案例當中所獲取的資料，都是受到攻擊後仍能平安回航的轟炸機，所以資料中沒有那些遭受攻擊後就墜毀的轟炸機。乍看之下沒有受到攻擊、毫髮無傷的位置，其實是因為中彈之後就墜毀，根本無法返航，與資料所呈現的情形恰巧相反：應該補強的是那些沒有彈痕的位置。這稱為**倖存者偏誤**（survivorship bias），又稱為**抽樣母體誤差**中的**少含**（undercoverage）問題。

圖 2.3.2 轟炸機資料的偏誤

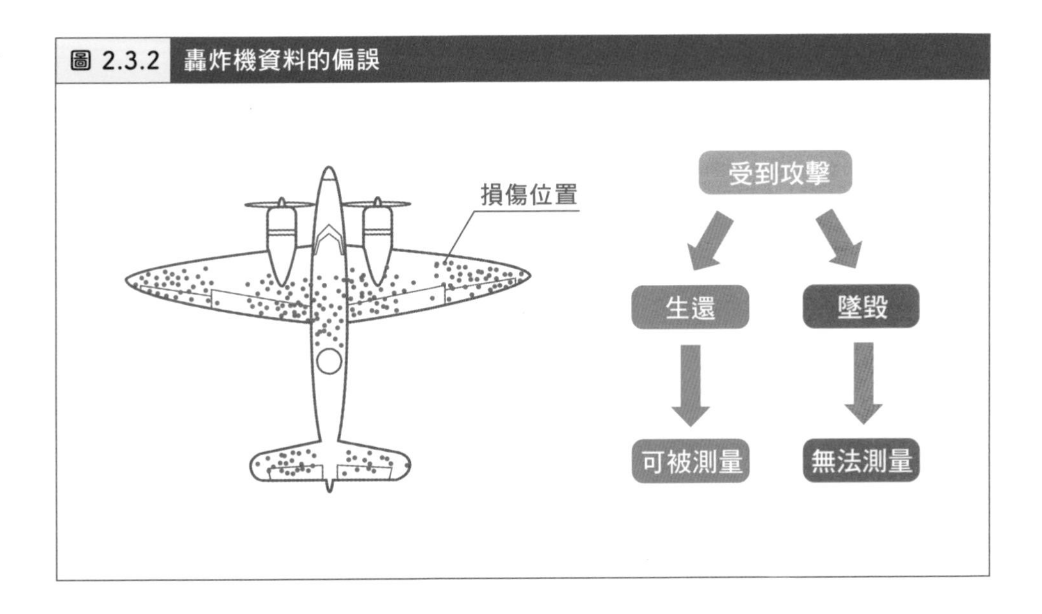

註4 本圖為虛構。

想要透過調查了解大眾的某些事情，但是卻以校園當中的人做為實驗對象時，常常得到一些無法套用在大眾身上的偏頗結果，這是抽樣母體誤差中的少含問題。從一般市民當中招募受測者總可以了嗎？但此時願意前來的人們通常對於參加「這個實驗」有較高的意願，抑或是對於「這個實驗」內容有點好奇，所以也可能會導致偏頗的結果。比如，進行有關於健康的研究時，可能只會招募到一些對自己的健康有信心的民眾。其他如心理學實驗、經濟學實驗也有類似的困境：願意前來參與的受測者，通常都是有相對高的好奇心，結果導致我們所獲得的資料，事實上已經偏離母體平均數。這稱為**自願者偏誤**（volunteer bias），也是抽樣母體誤差中的少含問題。

商業界常有類似「事業長青：企業永續經營的準則」、「追求卓越：探索成功企業的特質」的報導，當中都談論著成功企業有何共通點。不過，那些被拿來當案例宣導的企業，可能恰巧就是撰寫當下發展的還不錯。因此就算找出當下意氣風發企業的共通點，也不見得就是成功關鍵。這也是抽樣母體誤差中的少含問題。

調查員要找受測者時，如果是要挨家挨戶拜訪受測者，就只能問到那些有待在家中的人。如果使用市內電話調查，而不是使用**雙底冊電話調查**（dual-frame）（其實就是同時使用市內電話跟手機進行抽樣），那只使用行動電話的人就無法抽到，特別是這種市內電話抽樣常常無法正確獲得年輕族群的資料。如果在網路上進行問卷調查，雖然網路問卷調查通常蒐集到的資料，會比上述那些傳統方式還多，而且抽樣成本很低，但是只會選到常上網的對象。以上這些都是抽樣母體誤差中的少含問題。

2.4 沒觀測誤差

在長時間的調查過程中，受測者可能因健康狀態、經濟狀況惡化，或是失去動機等，不再繼續參與計畫，可能就會導致最後剩下的受測者，跟最初所設定好的狀況不同。比如，研究教學環境與健康的關係，就只會調查到還在工作的教職員，那些因病請長假、正在請產假、或是已經退休的人，就無法得到相關資訊。這種抽樣後已經抽到的受測者，卻無法觀測該名受測者，稱為**沒觀測誤差**。

當報社打算調查輿論風向時，僅能得到願意接聽電話的資料。那些聽到「您好，我們是○○報，目前正在做一份調查…」後，仍願意耐著性子聽電話並給予意見的人們，大多都是對於該報社有些認同感，而抽到一些對報社沒有認同感的人，就無法觀測到，這也是沒觀測誤差。

在街頭調查，當我們因為調查而占用受測者一點點時間時，正在趕時間的人就難以配合、不方便回答問題。或是用郵寄問卷並附上回郵信封，期望收件人填寫完畢後寄回的調查方式，最後只能收到那些願意專程回信的人所提供的資料。或是電話訪問中，遇到拒接陌生來電的人。以上這些都算是沒觀測誤差。

2.5 回答者帶來的問題

2016 年美國總統大選時，事前抽樣調查得知希拉蕊・柯林頓會壓倒性勝出，後來發現那是因為唐納・川普的支持者私下彼此呼籲，接到抽樣調查時不要說實話所導致。已經抽到樣本，但可能因為各種原因，回答者並沒有正確回答問題。

其他如針對企業進行像是「資料運用方式」、或是「對個資保護所做之努力」等調查，已經落實的企業可能會誇大，尚未做到的企業則通常是悶不吭聲。還有受測者面對填問卷拿好禮，或是服務使用心得的問卷時，可能會想要早點解脫而隨便寫寫，導致取得的資料不太有價值。如果是在一個需要長時間等待的場合（例如：等醫院門診），此時受測者填寫問卷時，會比較有耐性提供較正確的資訊。

2.6 發表偏誤（Publication Bias）

資料分析跟統計調查都要一視同仁，不能有存心、有一些預設立場。這裡所謂的預設立場，是像「新藥很有效」、「某個生活習慣會對健康造成影響」、「結果呈現哪個理論是正確」這類情境。問題是，當無法得出符合預設立場的結論時，這個分析會被丟棄而就不會提報。但有時即便預設立場本身就是個錯誤，又因為抽樣的問題或資料的隨機誤差，導致「恰巧」得出符合錯誤的預設立場，這個結論卻仍會被提報出來。這種資料上的偏頗以及因此而誤導出的結論，近年來在學術界是鬧得沸沸揚揚，稱為**發表偏誤**（publication bias）。「不符預設立場的資料（大多數的學術雜誌與媒體調查）就沒有被公開」是如此常見，我們更要留心那些「被公開的內容有可能是偏頗的資料」。反之，那些沒有預設立場的統計調查所得出的結論，通常就能免於這類問題。

小編補充 關於業界對於誤差的分類，請參考本書 Bonus 檔案，下載網址：
https://www.flag.com.tw/bk/st/F1368

第 2 章小結

- 要先有一致的定義、測量標準，才能有後續的分析。
- 問卷設計不良會帶來誤差。
- 抽樣之前要先確認抽樣母體是否完整。
- 要考慮到是否可能無法觀察到受測者，或是受測者不願意回答。
- 進行資料、統計分析，不能存有預設立場。

MEMO

測量誤差中的隨機誤差 (Random Error)與偏誤 (Bias)

測量資料的過程中會有測量誤差，而測量誤差可以分為隨機誤差與偏誤。我們需要了解誤差的類型來決定合適的資料分析，此時充分了解機率分佈基本知識，正是了解誤差不可或缺的工具。

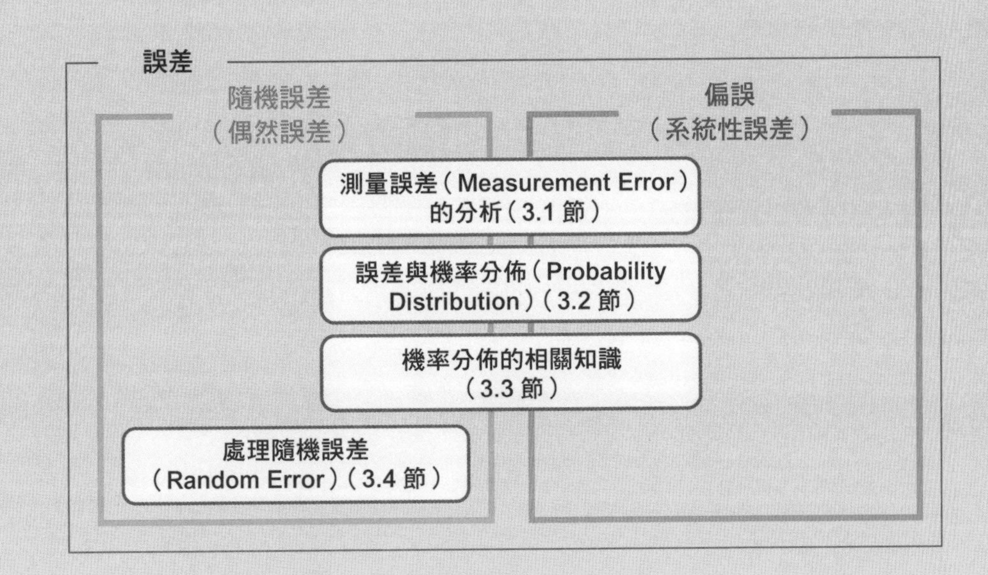

3.1 測量誤差 (Measurement Error) 的分析

何謂「測量誤差」

假設我們每天量體重，期待能有效管理身體健康。我們希望盡可能地正確記錄體重，所以使用最小單位可達公克的體重計。不過在短時間(比如 1 分鐘)內測量體重數次，每次站上體重計測量的結果都些許不同，這個情況所測量到的數據就含有誤差。

在短時間內測量體重，真正的體重數值(稱為**真實值**；true value)應是固定，但每次的測量都出現不同數值。這種存在於真實值跟測量值之間的差距，稱為**測量誤差**(measurement error)。

誤差變大就會遺失資訊

假設有一台體重計，測量誤差為正負 10 公斤。那麼我們所測量的體重數值，有可能這次量出來比真實值多 8 公斤、下次量出來比真實值少 7 公斤。誤差這麼大的體重計，根本看不出體重的變化是減重計畫的成效，還是體重計誤差導致，所以誤差變大就會讓資訊流失。

隨機誤差與偏誤

測量誤差可以分為**隨機誤差**(Random Error)與**偏誤**(Bias)。「測量結果的期望值」與「真實值」的差異，稱為偏誤；而「每次測量的結果」與「測量結果的期望值」的差異，稱為隨機誤差。

在前述測量體重的範例中，如果受測者穿著厚重衣服測量體重，則衣服的重量算是偏誤的來源之一。因為不管測量體重多少次，測量結果的期望值，一定會多了衣服的重量，因此就會跟真實值有所差異。

另外，即便衣服跟體重在短時間內不會有改變，但是多次測量體重，可能會得到略為不同的數值，則這些差異即為隨機誤差。

圖 3.1.1 拆解誤差

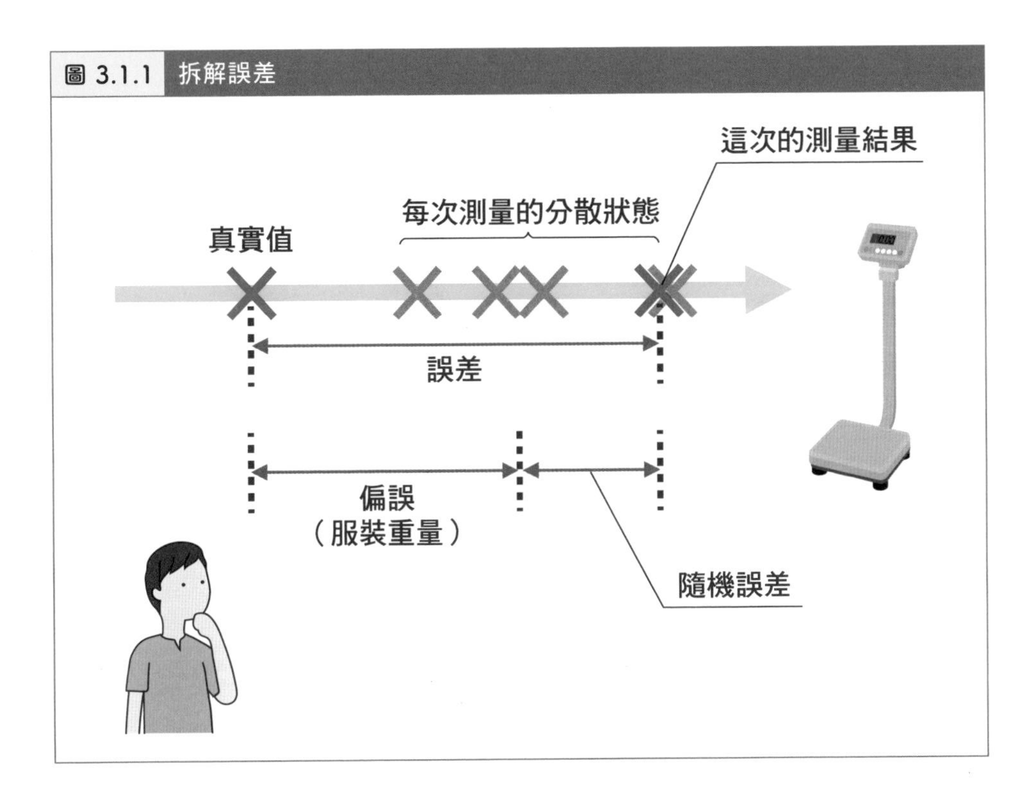

接著來看看各種誤差的組合會導致產生什麼情況。

（1）偏誤跟隨機誤差兩者都較小時（圖 3.1.2 左上）

每次測量的數值都很接近真實值，量出的數值也都具有可信度，是最好的狀況。

（2）偏誤較小、隨機誤差較大時（圖 3.1.2 右上）

若已經知道待測的目標系統（母體）具有偏誤較小、隨機誤差較大的特性時，在進行實驗之前，建議要隨機抽樣更多樣本，來增加推測目標系統（母體）的準確率（詳見 3.4 節）。

（3）偏誤較大、隨機誤差較小時（圖 3.1.2 左下）

雖然隨機誤差所產生的分散程度較小，但每次測量的數值都偏離真實值。如此一來就算經過多次的測量，那些數值也不見得可信。這跟上述第二種情況（偏誤較小、隨機誤差較大時）不太一樣，第二種情況雖然隨機誤差大，但還是有機會量到接近真實值。但是第三種情況是數字都差不多，但都離真實的數值很遠。就好像我們穿著厚重的衣服來量體重，唯有將衣服脫下後量體重，或是要預先知道衣服重量，才能知道真正的體重是多少。

遇到這種情況時，為了排除偏誤，我們需要思考以下 2 件事情：

1. 了解偏誤的來源
2. 消除偏誤帶來的影響

即使是單純的測量問題，通常我們也很難知道偏誤的來源，甚至不知道測量結果中是否含有偏誤。比方說，假如體重計壞了導致量出來的數值總是會多 5%，其實很難察覺。反之，當我們能夠掌握、鎖定問題點，是有機會將偏誤完全消除。以體重計的範例來說，可以運用已知重量的砝碼，來校正體重計測量時的數值，就能排除偏誤所帶來的影響。

（4）隨機誤差跟偏誤兩者皆大時（圖 3.1.2 右下）

在這個情況下很難釐清數值變化的來源是什麼。以實務上來說，當我們沒有仔細思考就開始測量資料、或是僅限於用某些案例的資料，就容易遇到這種情形。

圖 3.1.2 各種誤差組合

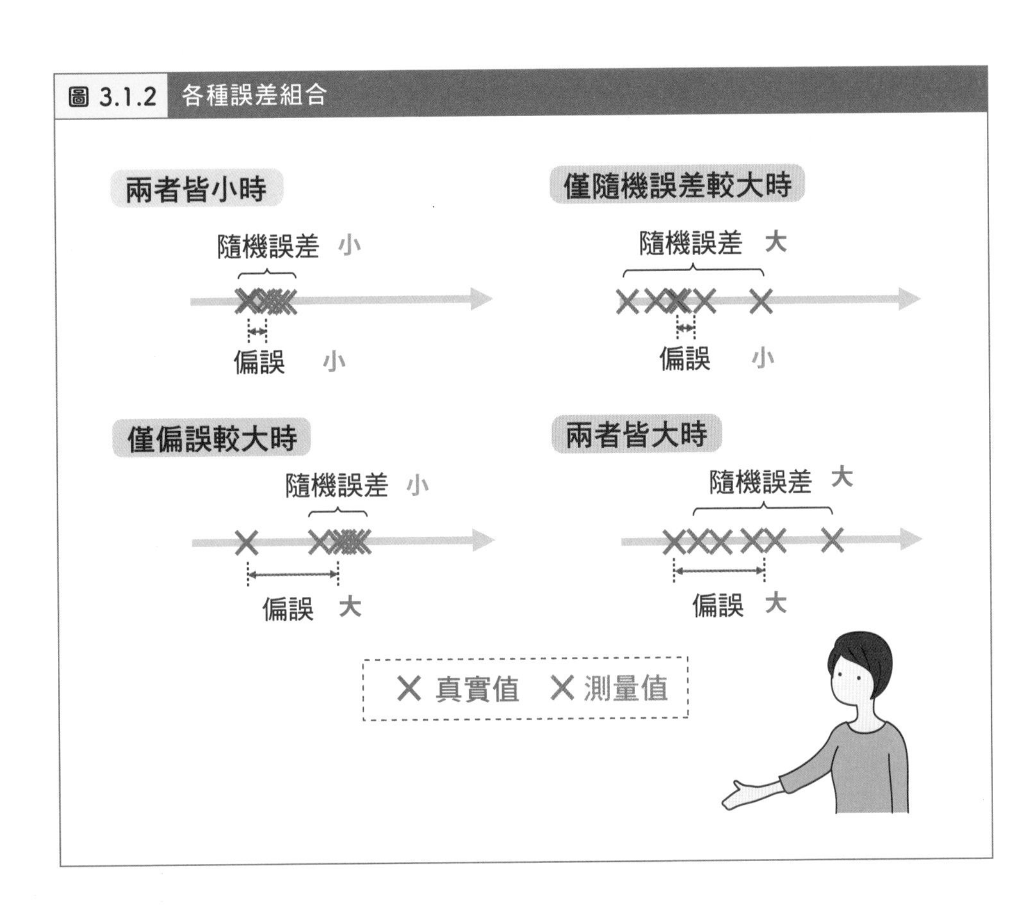
兩者皆小時
隨機誤差 小
偏誤 小
僅隨機誤差較大時
隨機誤差 大
偏誤 小
僅偏誤較大時
隨機誤差 小
偏誤 大
兩者皆大時
隨機誤差 大
偏誤 大
真實值
測量值

3.2 誤差與機率分佈（Probability Distribution）

找出隨機誤差的特性

測量結果會有隨機誤差，究竟該如何面對才好呢？假設有一位受測者 A 總共量了 10 次體重（圖 3.2.1 左上），並且我們先假設沒有偏誤，單純將數值變化歸咎於隨機誤差。為了要找出隨機誤差的特性，我們總共量了 1 萬次體重。這些數值要表示在數線上會有困難，所以改用圖 3.2.1 左下的直方圖彙整。圖中我們以每 0.02 公斤為一個區間（每個區間稱為 bin），用高度來呈現落於該區間內的資料數量。比如，約有 771 次的測量結果落在 50.00 到 50.02 公斤的區間。

圖 3.2.1　視覺化多次測量體重的結果

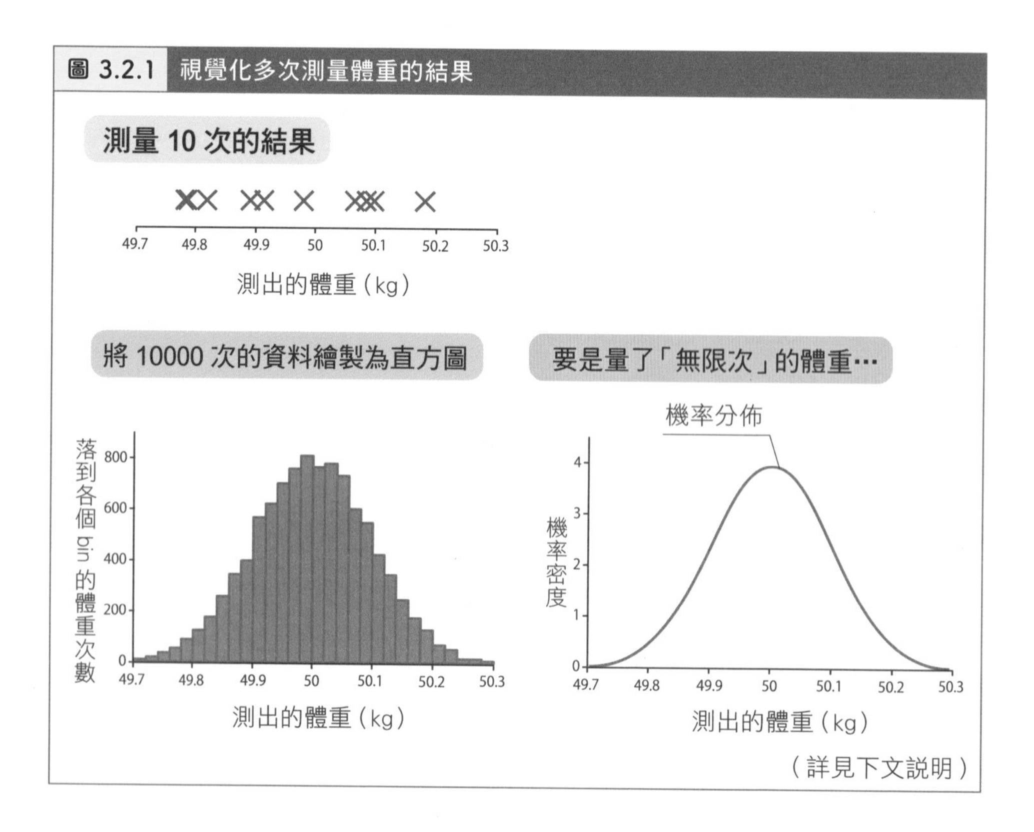

我們可以將「落在每一個區間的測量結果數」，除以「總測量次數」，就可以轉換成測量結果出現的**相對次數百分比**。比如，10000 次的測量中，大約有 771 / 10000 = 0.0771 = 7.71% 的測量結果落在 50.00 到 50.02 公斤的區間。

如果將「相對次數百分比」除以「每一個區間的寬度」，並且進行無限次的測量、每一個區間為無窮細，最終就會呈現如圖 3.2.1 右下角的圖形。這條曲線即為測量隨機誤差的**機率分佈**（probability distribution）[註1]，其中垂直（y）軸是**機率密度**（probability density）。本章稍後會詳細說明機率密度，現在只要先知道它所代表的是每個數值有多少可能被測量到就可以了。

探究資料背後真正的分佈

要找出資料中隨機誤差的特性，第一步就是要認知我們所獲得的資料，事實上是來自一個機率分佈，也就是我們依循一個機率分佈獲取部分的資料。什麼叫做依循一個機率分佈獲取部分資料？這可以用擲骰子來說明，當我們決定了骰子的樣貌，骰子點數的機率分佈也就確定了，擲出骰子可以想成從該機率分佈當中隨機獲得一個數值（編註：我們拿一個公平的骰子，則骰子的每個點數出現的機率都是 1/6，此骰子即為一個均勻分佈（uniform distribution））。還沒擲骰子之前，我們不知道骰子會出現什麼數字，所以是一個**隨機變數**（random variable）。當我們不斷地隨機取得數值時，就能透過研究這些數值背後的機率分佈[註2]，看出隨機誤差的樣貌（編註：關於隨機變數的定義，請參閱本書的 Bonus 檔案，可於 https://www.flag.com.tw/bk/st/F1368 下載）。

註1　更具體來說，應是稱為機率密度函數（probability density function）。

註2　雖然可以將此機率分佈稱之為真實分佈（true distribution），但事實上我們會遇到的大多數案例，都無法得知真實分佈，只能夠過建模（modeling）去一步步推論。

再次提醒，即便是測量體重這樣單純的事情，實際上隨機誤差產生的原因，有可能因為每次些微不同的姿勢、氣溫、電子體重計剩餘電量等，而量出不相同的體重數值，還有電子體重計的電路所帶來的隨機誤差可能因溫度、溼度變化都不同。所以，造成隨機誤差的原因太多，要依情況選擇合適的工具分析隨機誤差，使用機率分佈只是其中一個方法。

3.3 機率分佈的相關知識

接著我們會簡單解說關於機率分佈的相關知識，我們會從平均數、變異數等基礎切入，已有基礎的讀者可以快速瀏覽。

平均數（Mean）與變異數（Variance）

首先來複習**平均數**（mean）、**變異數**（variance）、**標準差**（standard deviation）（圖 3.3.1）。將所有測量值數值相加，除以測量值總數量，即為平均數[註3]。將所有測量值與平均數之間的差值平方後加總，再除以測量值總數量，即為變異數。它是用來量化測量值距離平均數有多遠，所以當變異數越大，資料就越分散。標準差就是將變異數開根號所得之數值，同樣用來顯示資料分散的程度，因為標準差跟原始資料的單位相同，比較好直覺理解，因此應用廣泛。

圖 3.3.1 平均數與變異數

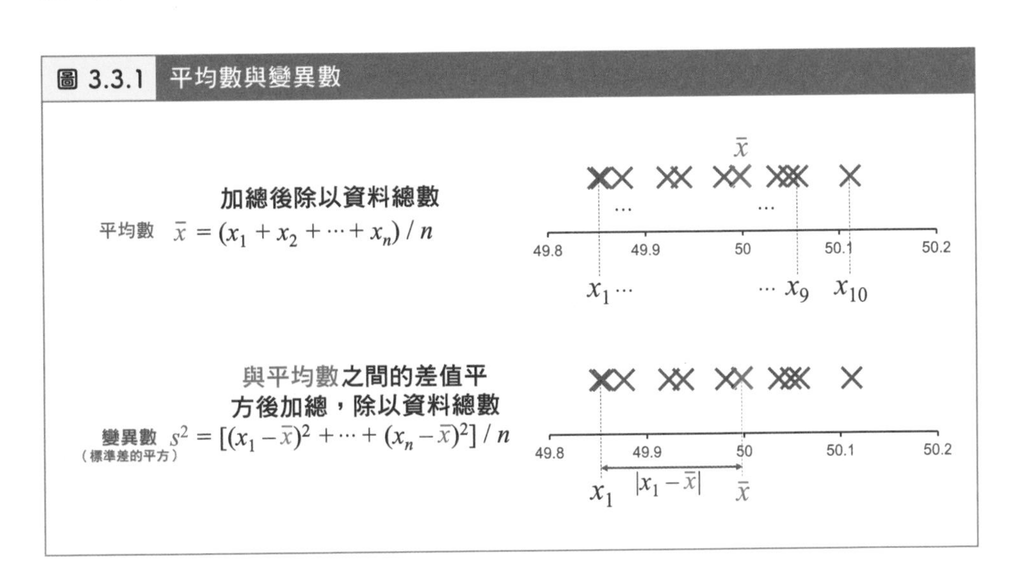

註3　後面的篇章會說明平均數不一定能「良好」呈現資料 。

數學上的機率與統計上的機率

若要深入探討圖 3.2.1 出現的機率分佈，得先認識一下資料處理常說的**機率**（probability）是什麼意思。

高中數學所提到的「機率」，基本上都是歸類在數學上的機率，它的基本假設是「基本（或稱簡單）事件發生的可能性相同」。比方說擲硬幣，出現正面與出現反面的可能性相同，因此我們分配給二者的發生機率都是 1/2；又例如擲骰子，6 個面出現的可能性相同，所以每個骰子點數分配到的機率就是 1/6。這就稱為**數學機率**（mathematical probability，編註：一般是叫古典機率或 Laplace 機率）。

不過，現實當中的問題無法使用這樣的思維來設定機率，因為大多數的現象不存在所謂的「事件發生的可能性相似」。假設真正在擲骰子時，因為骰子的品質問題（或是作弊的骰子），以致某些骰子點數出現的機率偏離 1/6，則沒辦法用「事件發生的可能性相同」來設定機率，只能改用其他方式來推估機率。這時候通常會多擲幾次骰子，藉由記錄骰子點數出現的次數來算出機率。而透過這種計算才得出的機率，稱為**統計機率**（statistical probability，編註：亦稱為頻率理論機率）。

圖 3.3.2 使用了直方圖，將多次拋擲骰子[註4]後每個點數出現次數（頻率，frequency）畫成圖。每個點數出現次數除以總拋擲次數後，就能算出每一種點數出現的可能性，這稱為相對頻率（relative frequency）（圖 3.3.2 右方）。當我們持續增加測量次數，也就是增加拋擲骰子的次數時，點數出現的可能性就會收斂在特定的數值[註5]，此時的數值（相對百分比）就定義為統計上的機率。

註4　這個實驗是用一個公平的骰子，每一個點數出現的機率都是1/6。

註5　先不去考慮那些太過特殊、無法收斂的情境。

當我們討論未知資料的機率時，主要是用統計機率。然而，要有「足夠多的測量次數」經常是困難的工作，因此，資料分析就是運用相當有限的資料，來推敲那些與機率相關的特性。

圖 3.3.2 在統計上對機率的定義

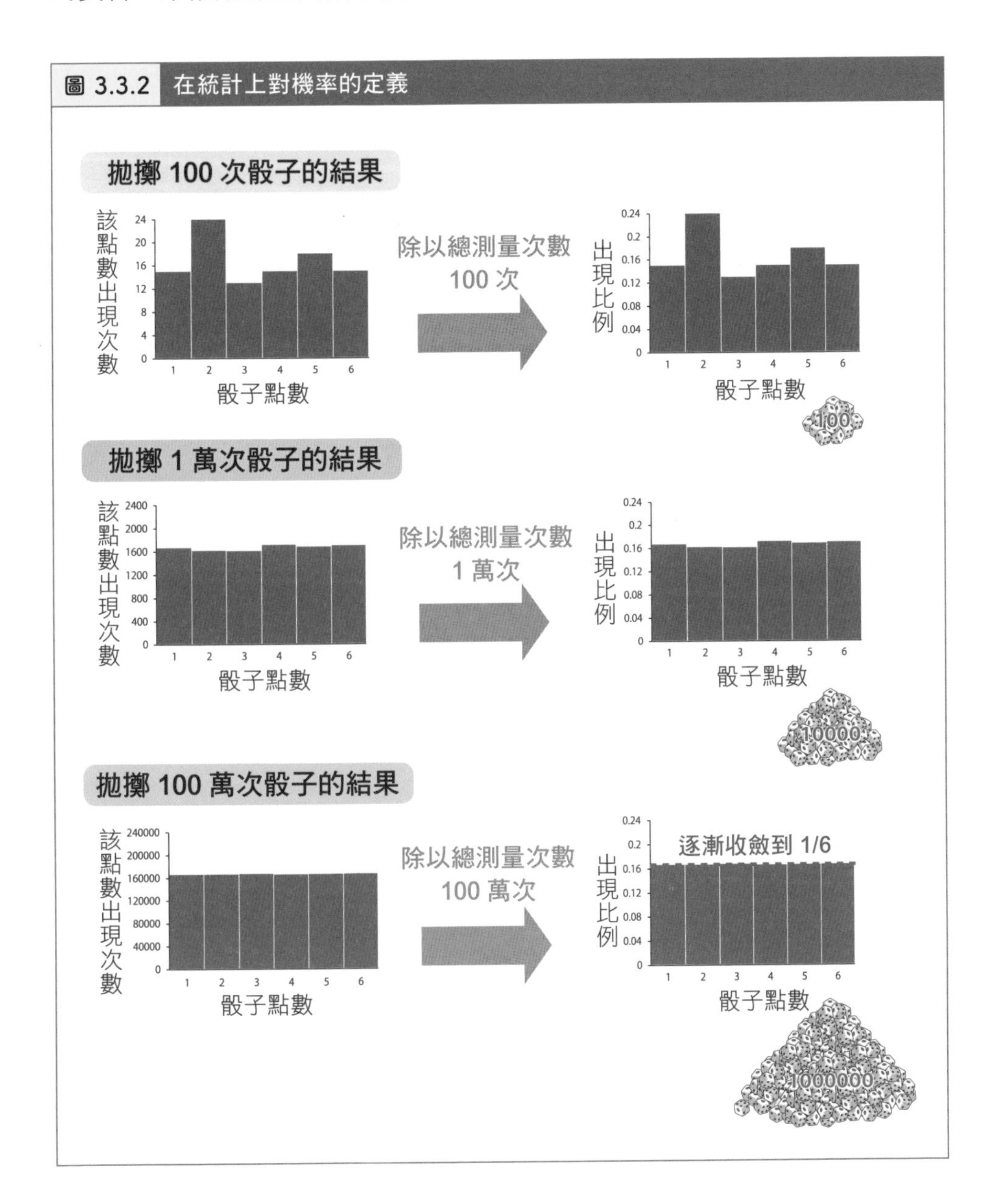

離散隨機變數的機率分布 (Probability Distribution)

所謂機率分佈，是描述資料中每個數值的發生機率。比方說，當我們描述「每面骰子點數的出現機率都是 1/6」時，這就成了骰子點數的機率分佈。資料 X 的機率記為 $P(X)$，而 $P(X)$ 的意思是「隨機變數 X 的出現機率會依循著機率分佈 $P(X)$」。使用符號來表示後，就能將骰子點數 1 的出現機率寫成 $P(1)=1/6$ 。

假設我們真的準備相當充足的資料，並且將**相對次數百分比**繪製為直方圖，如圖 3.3.2 右下圖。直方圖含有 6 個藍色長方形，每一個長方形為一個 bin，每個 bin 都含有上限值跟下限值，bin 的高度代表測量值落在該上下限值之間的個數。因此，每個 bin 的高度確實就很接近各個資料的發生機率。當我們處理離散隨機變數時，只要將直方圖的 bin 切很細，每個 bin 的上限值跟下限值差異很小，此時每一個 bin 都只含有離散隨機變數的一個可能值，就可以得到每個資料的發生機率。比如骰子各點數的出現機率，直方圖的 bin 總數最多就是 6 個，也就是點數 1 到 6 分別都有獨立的 1 個 bin，所以就呈現為如圖 3.3.2 的樣貌。

連續隨機變數的機率分布 (Probability Distribution)

並非所有資料型態都能如擲骰子一樣，皆為有限可數的隨機變數(稱為離散值，discrete value)。比如本章提到的體重測量誤差，拿到的資料都是隨機的**連續值**(continuous value)[註 6]，所以就需要使用**機率密度函數**(probability density function)來定義機率分佈(編註：關於離散值與連續值的說明，請參考本書 Bonus 檔案，可於旗標科技官方網站下載)。會需

註6　事實上我們無法區分比測量精度更小的數值（比方說，精度為100g 的體重計，是無法量出小於100g 的差距，使得那些體重差異小於100g 的人，測量結果會呈現一樣的數字），因此可以將測量出的數值看成離散的資料。不過，當兩個相鄰的離散數值差距太小，將資料近似成連續數值來處理時，也不會造成太大的問題。

要使用機率密度函數，是因為當資料是連續值的時候，依循此機率密度函數所產生的可能數值有「無限多個」，導致我們計算的某一個事件發生的機率變成 0[註7]。以測量體重為例，世界上真的有人的體重剛好是 50 公斤嗎？真的不多也不少嗎？即便真的有人體重極度接近 50 公斤，那也有可能是 50.0000...1 公斤，依然不是剛好 50 公斤。

當我們處理的是連續隨機變數，我們一樣將資料繪製成直方圖（圖 3.3.3），並且計算「每一個 bin 的相對次數百分比」除以「該 bin 的寬度」，接著可以想成蒐集無窮多資料、把 bin 數設定成無窮多，每個 bin 的寬度將會變得無窮小，最後得出的就是機率密度函數。

剛剛提到在連續隨機變數中，計算某一數值的發生機率，計算結果會是 0。那來試試看計算特定範圍數值的發生機率，比如我們算出體重介於 50.0~50.1 公斤這個區間的發生機率，此時只要計算機率密度函數的 50.0~50.1 公斤曲線下面積，就能夠求出特定範圍中的資料占了整體的多少百分比，也就是機率了。

在機率密度函數當中，某區域的發生機率，即為該區域的直方圖面積（將機率密度函數積分後的值）（圖 3.3.3）。也因為面積大小等於機率大小，所以將機率密度函數對所有的區域積分後，肯定會是 1。再次提醒，機率密度函數曲線上，某一個點的數值不是機率，是機率密度，所以機率密度的數值可能會比 1 大。此外，機率密度函數不會是負數。

小編補充 直方圖 x 軸上某一點的機率密度，也就是該點對應到直方圖上的 y 軸數值，可以大於 1。但是，某一點的發生機率是直方圖的面積，而某一點的面積是「該點的機率密度」乘上「該點所在的 bin 寬度」，該點所在的 bin 寬度趨近於 0，所以算出來的機率趨近於 0。並沒有違反機率相加等於 1。

註7 一旦我們給連續隨機變數中的某個數值大於0的機率，也許會無法滿足所有可能數值的機率加總等於1，因此就違反機率的基本定義。此外，這邊排除一些特別的函數，如狄拉克（Delta）δ 函數。

圖 3.3.3　從直方圖進階到機率密度函數

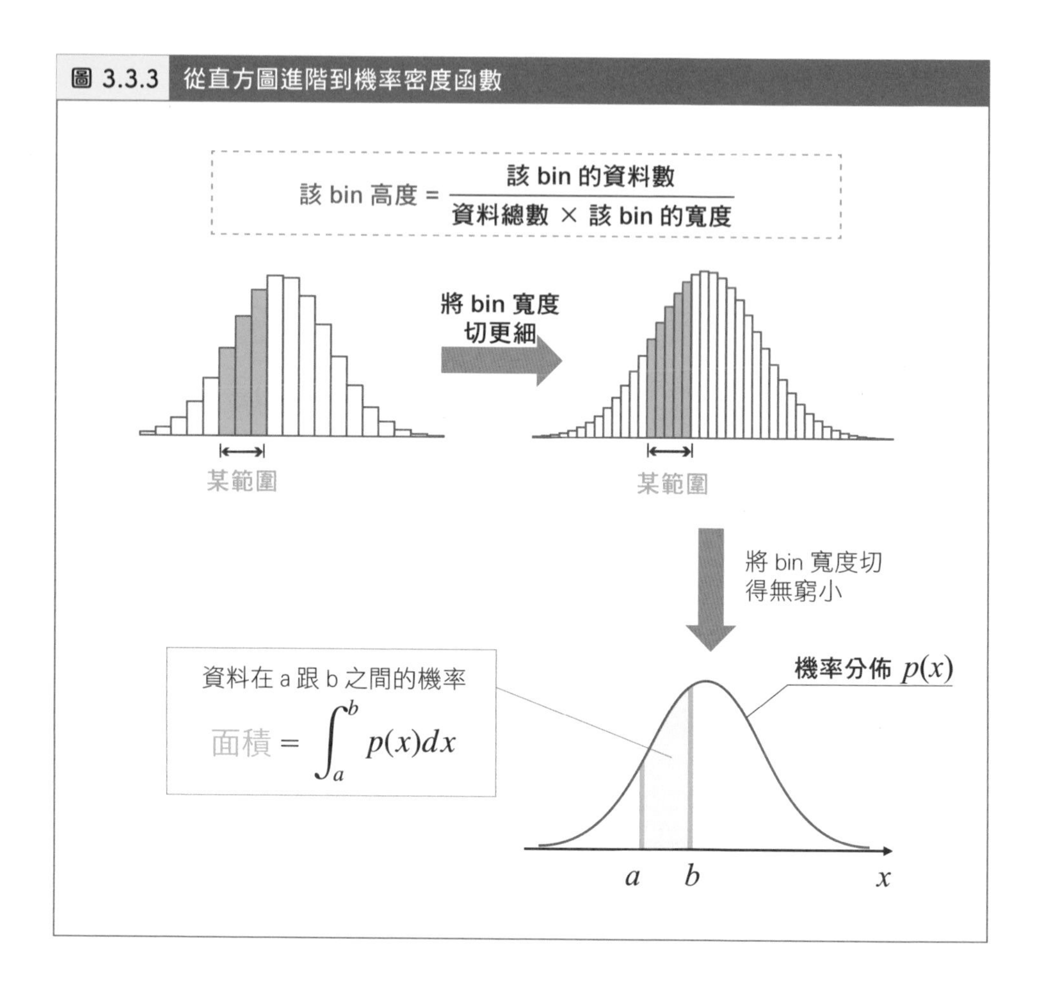

常態分佈（Normal Distribution）

在機率分佈當中常態分佈（normal distribution）又稱高斯分佈（gaussian distribution）很重要。現在來看看常態分佈有哪些特性吧。

如圖 3.3.4 所示，常態分佈是一個山形的機率分佈，透過指定平均數（μ）跟標準差（σ）來決定山的位置及形狀：平均數決定山峰位置，標準差決定山的寬度。這兩個會影響機率分佈形狀的數值，稱為常態分佈的**參數**（parameter）。

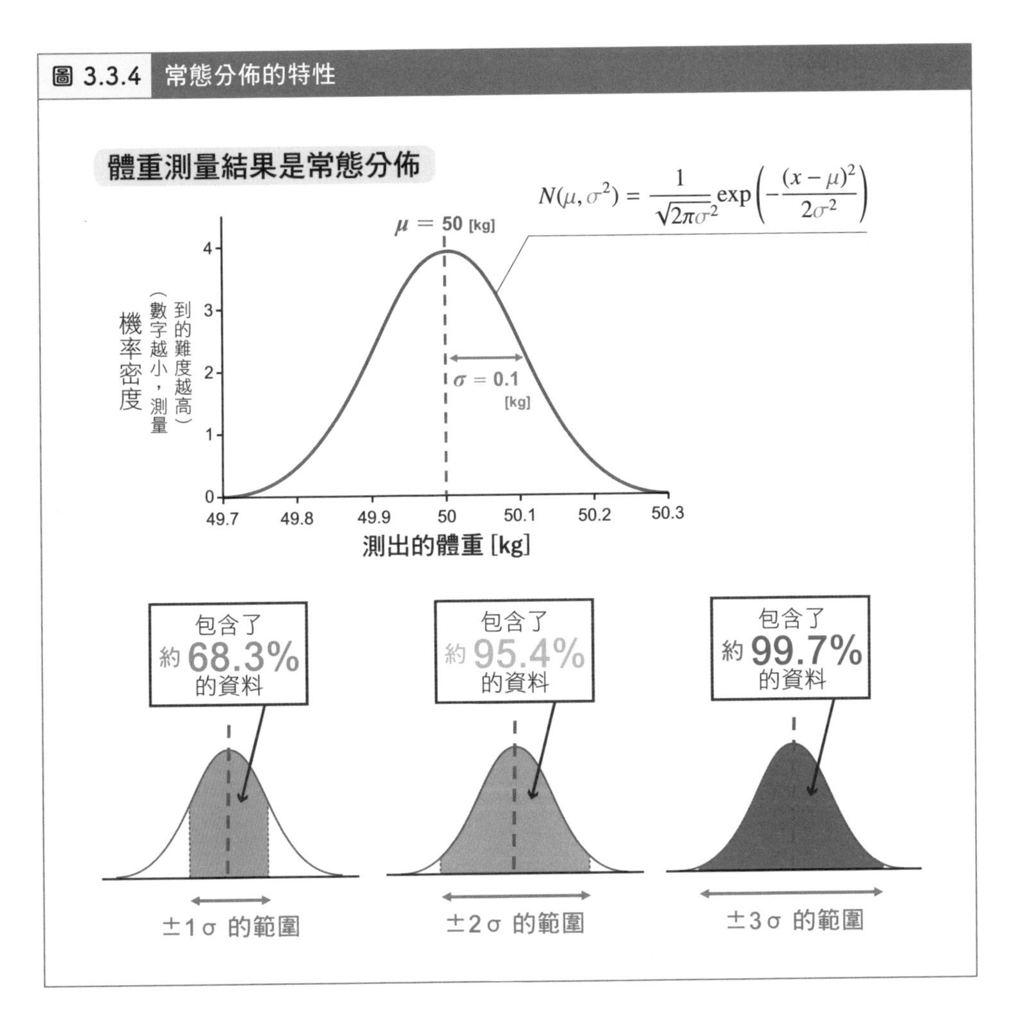

反過來說，藉由指定平均數跟標準差這兩個參數就能得到一個常態分佈，因此一個常態分佈可以簡寫成 $N(\mu,\sigma^2)$，也可以簡寫成 $N(\mu,\sigma)$。

平均數 變異數 平均數 標準差

常態分佈的平均數位置即為山峰位置，具有最高的機率密度。隨著距離平均數越遠，機率密度也跟著遞減。一般來說，距離平均數左邊跟右邊 1 個標準差的範圍內，包含了大約 68.3% 的全部資料；平均數左右 2 個標準差範圍內包含約 95.4% 的全部資料；平均數左右 3 個標準差範圍內包含約 99.7% 的全部資料。比如，假設隨機抽出 20～29 歲男性受測者的身高平均數為 171 公分、標準差為 6 公分，並呈現常態分佈。此時，平均數左右 2 個標準差範圍是 171 公分 －2×6 公分 =159 公分到 171 公分 +2×6 公分 =183 公分，身高落在這個範圍的男生佔全體男生比例大約是 95.4%；身高落在平均數左右 3 個標準差範圍的男生佔全體男生比例大約是 99.7%。

常態分佈的特性是距離平均數 3 個標準差之外的數值，出現機率很低。比如，應該不會有身高 290 公分的人，這個身高大概距離平均數 20 個標準差[註8]。不過有些問題不適合用常態分佈，比如日本每戶年收入的平均數約為 600 萬日圓，標準差約為 400 萬日圓，而比平均數多 20 個標準差的每戶年收入是 8600 萬元。雖然這樣的家庭不多，但也不是可以完全忽視的比例。所以，每戶年收入的分佈不適合用常態分佈來描述。

中央極限定理（Central Limit Theorem, CLT）

前面提過，用來描述「擲骰子可能得到點數」的變數叫隨機變數。雖然僅擲一次公正骰子(一個隨機變數)的機率分佈不會是常態分佈，而是均勻分佈(圖 3.3.5 的左圖)。若是同時擲數個骰子，並將出現的點數全部加總。比如同時擲 10 個骰子，出現的點數總和可能是 10(每個骰子都是 1)到 60(每個骰子都是 6) 當中的任意整數。所有可能出現的點數總和，其分佈會像圖 3.3.5 的中下圖，山峰位在 35 的山形。

事實上，只要擲的骰子數越多，其機率分佈就會趨近於常態分佈(圖 3.3.5 的右下圖)。這樣的特性不僅出現在擲骰子上，大多數我們只需要有更多隨機變數參與加總，其總和的機率分佈就會接近常態分佈。這稱為中

註8　截至目前的正式紀錄當中，身高最高的人是叫羅伯特．潘興．瓦德羅（Robert P. Wadlow, 1918-1940），身高為 272 公分。

央極限定理(central limit theorem)[註9]。所以，即便我們不知道隨機變數原本的分佈長相，但是只要將很多隨機變數相加，就會出現常態分佈，因此常態分佈才會如此重要(編註：關於中央極限定理的詳細描述，請參考本書 Bonus 檔案，可於旗標科技官方網站下載)。

另外，有些事情並不是隨機變數的「和」，而是隨機變數的「乘積」，例如投資的金額以複利的方式成長。在這種情況，隨機變數的乘積就不再是常態分佈，而是其他分佈，我們留到第 7 章再跟大家介紹。

圖 3.3.5 機率變數總和的分佈

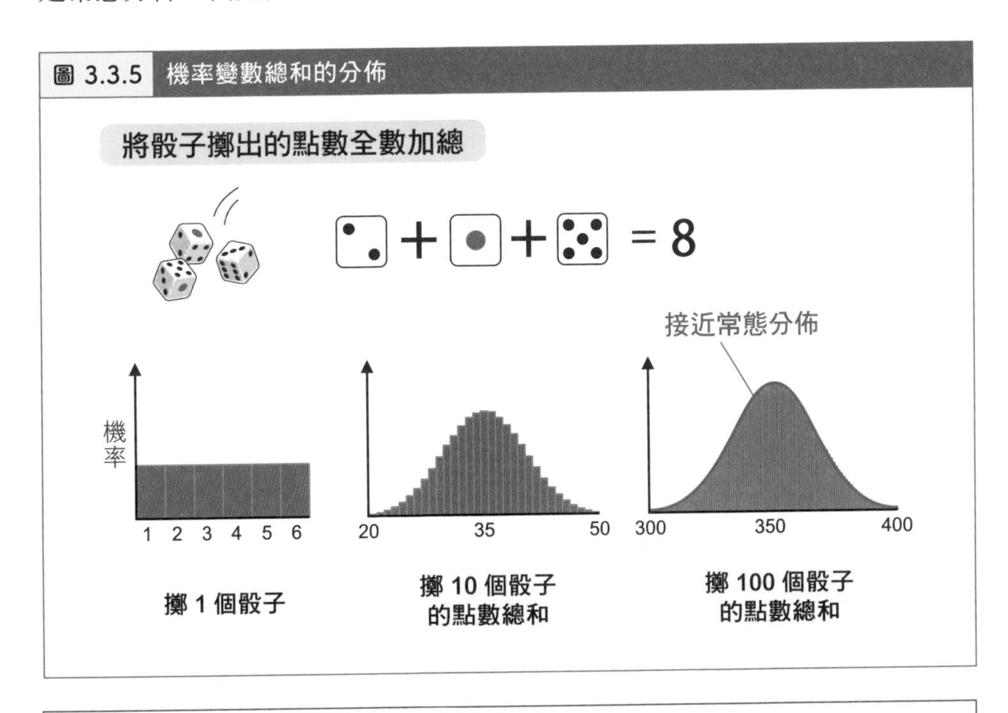

編註 學理上，擲 10 個骰子可能會出現點數總和為 10 或 60，可是機率真的很低，所以繪製此圖的實驗，也許剛好不曾出現點數總和為 10，因此 x 軸最小值只有 20。

註9 雖說中央極限定理的定義是「機率分佈中平均數 (μ) 與變異數 (σ^2) 皆為有限的隨機變數 n 個加總，當 n 趨近於無窮大時，其總和會收斂為平均數 $n\mu$ 、變異數 $n\sigma^2$ 的常態分佈」。不過在實務上，就算是那些沒有滿足前述條件的隨機變數，總和後也經常會近似於常態分佈。

經驗分佈（Empirical Distribution）與理論分佈（Theoretical Distribution）

到目前為止，我們提過數次「將手上的資料繪製成直方圖」，用這個方法獲得的機率分佈，稱為**經驗分佈**（empirical distribution）。反之，像是常態分佈這類透過數學假設所計算出來的分佈，則稱為**理論分佈**（theoretical distribution）。

資料分析中常會使用理論分佈來解釋經驗分佈，以便進一步理解資料，所以得先好好辨別這兩者之間的差異，才能正確運用此作法。經驗分佈是依據測量出的資料而製成，勢必是沒這麼漂亮，而且是一個一個資料點（又稱離散的資料）所構成的分佈。然而理論分佈是數學公式定義出的分佈，比如常態分佈就有對應的數學公式，因此會是平滑、漂亮的曲線，並且能夠獲得連續的數值。

小編補充 對理論分佈來說，不管是什麼數字，都能直接用公式算出機率密度值。但是經驗分佈是來自實驗結果，做實驗的次數有限，因此經驗分佈是離散的型態。如果想要知道某一個數值的機率密度，然而實驗中不曾發生過該數值，那也許只能推測該數值的機率密度。

誤差的分佈與資料的分佈

本章從「思考誤差的機率分佈」開始，一路講解到有關機率分佈的基本知識。為了幫助讀者理解，我們用了擲骰子與量身高為範例。但這些仍然沒有涉及「誤差」的分佈。接著就要來談談這部分。

假設真的有一位體重剛剛好是 50 公斤的人，重複測量體重且沒有偏誤的結果呈現常態分佈（圖 3.3.6 左上），這時候我們得到的是「測量值的分佈」。接著把測量值減去 50 公斤後所遺留下來的數值，就成了隨機誤差的分佈（圖 3.3.6 右上）。

看完一個人測量體重結果的分佈後（圖 3.3.6 的左上跟右上圖），接下來我們思考一群人測量體重的結果，分佈如圖 3.3.6 左下，這是一群人測量體重後資料的分佈。

根據圖 3.3.6 的左上圖，如果有一次量體重的結果是 50.1 公斤，我們會說「隨機誤差為 0.1 公斤」。但是，圖 3.3.6 的左下圖中，如果有一次量體重的結果是 50.1 公斤，我們會說「有一位學生的體重是 50.1 公斤」，而不會說這是誤差。

因此，一個機率分佈，可能是誤差的分佈，也可能是資料的分佈。在判讀機率分布之前，必須先釐清分佈的意思，才不會誤判。

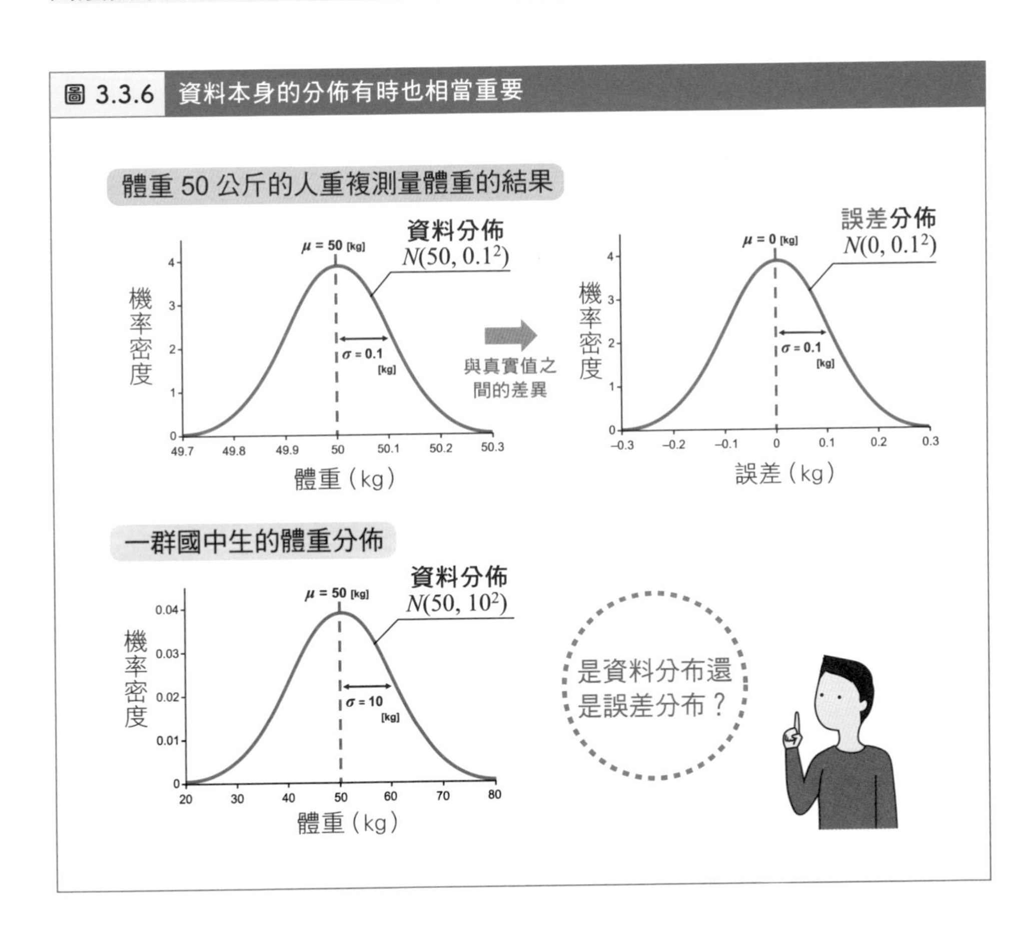

圖 3.3.6 資料本身的分佈有時也相當重要

3.4 處理隨機誤差（Random Error）

運用平均數來減少隨機誤差

處理隨機誤差的最基本方式，就是將多個測量值進行平均。我們假設隨機誤差的分佈，其平均數為 0 [註10]，並且假設沒有偏誤。我們將每次的測量值都視為「真實值」加上「從隨機誤差的分佈中產生的某個隨機值」（圖 3.4.1），然後我們要來算這些測量值的平均數。對多次測量所獲得的數值取平均，稱為**樣本平均數**（sample mean）。我們知道每次的測量，真實值都是固定且不變，所以將測量結果取平均後，就能獲得「真實值」加上了「隨機誤差平均數」，及 $\bar{x} = \mu + (e_1 + e_2 + \cdots + e_n) / n$。

如果某次測量時所出現的隨機誤差，是不會影響其他次測量的隨機誤差時，也就是隨機誤差之間互相獨立。當樣本數量（sample size）為 n 的樣本平均數，其「隨機誤差平均數」所構成的分佈，與「隨機誤差」所構成的分佈，標準誤（隨機誤差平均數的標準差）是 $\frac{1}{\sqrt{n}}$ 倍 [註11]。所以，當我們持續增加樣本數量，「隨機誤差平均數」就會比「隨機誤差」的分散程度小，同時樣本平均數就會越來越接近真實值。此外，根據中央極限定理（central limit theorem），當我們持續增加樣本數量，樣本平均數的分佈就會越接近常態分佈，便於我們做後續的分析。

註10　如果隨機誤差的分佈，平均數不是0，那可能暗中含有偏誤。

註11　這並非僅限於常態分佈，只要使變異數為有限值的機率分佈都會成立。另外，即使測量值之間並非獨立，樣本平均數中的隨機誤差分散程度，都還是會比單個測量結果的隨機誤差分散程度來的小。另外，$V(\bar{X}) = V(\frac{\sum X_i}{n}) = \frac{1}{n^2} V(\sum X_i) = \frac{1}{n^2} \sum V(X_i) = \frac{1}{n^2}(n\sigma^2) = \frac{\sigma^2}{n}$，因此可得 $\sqrt{V(\bar{X})} = \frac{\sigma}{\sqrt{n}}$。

圖 3.4.1 隨機誤差的平均數

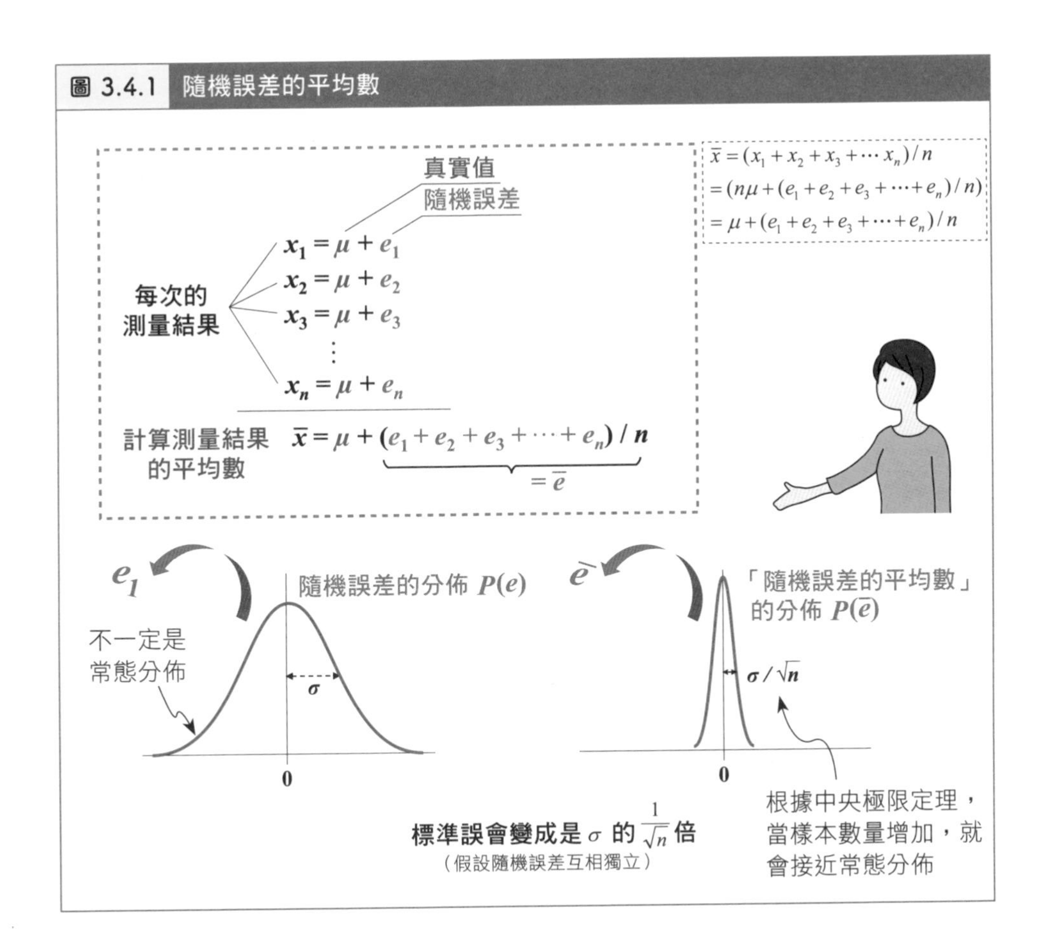

以統計學的角度來評斷

如果都能夠進行測量、求出樣本平均數的話，那問題就容易處理了。但現實當中大多時候都很難得到這麼多測量值（如果每次測量都是獨立，為了要將隨機誤差的標準誤降低為 1/10，測量數要 100 倍）。於是我們會用統計分析的方式來試圖降低隨機誤差的影響。這裡會先簡介概念，細節將於第 8 章詳述。

所謂使用統計分析的方式，是依照資料的分散狀態，以及我們所假設的機率分佈，來進行統計推論。比如，我們想知道有款新開發完成的藥是否有功效，實驗初期我們僅能透過相當侷限的人體實驗來評斷藥效，但藥效優劣與否卻會因人而異。因此，我們可以給 20 位受測者沒有任何藥效的安慰劑（沒有任何功效的藥）[註 12]、同時給另外 20 位受測者新藥。結果，拿到安慰劑的人當中有 10 位的症狀獲得改善，拿到新藥的人當中有 13 位的症狀獲得改善。乍看之下會覺得新藥確實有用，但有可能同樣的實驗找不同的受測者，結果就不同了（比如新的實驗中，有 11 位使用安慰劑後覺得症狀改善，只有 10 位使用新藥後症狀改善）。統計分析的假設檢定（Hypothesis Testing），可以告訴我們新藥實驗的結果，是否符合預設的臨界區域（critical region，常用如顯著水準 $\alpha = 0.05$）。如果符合臨界區域，我們就認為新藥有用。詳細請看本書第 8 章。

增加測量次數的成效

剛剛提到的新藥範例中，也許真正得到的結果是「受測者服用新藥後，自己也不知道有沒有改善」。所以這次我們各找多達 20,000 位受測者來為進行相同的實驗。服用安慰劑且症狀改善的人數是 10,000 位，新藥則是 13,000 位。雖然跟上述範例一樣都是 1.3 倍的差異，然而受測者有這麼多人，就不太會覺得「只是碰巧有 13,000 位感覺有改善」的想法吧？因為當目標系統的資料數（母體）一樣，但是我們抽出的樣本數量較大，就更有信心推論目標系統的狀態。因此，做實驗之前，必須要先規劃好預計要抽樣的樣本數量。

註 12　有些受測者心中想著「已經吃了藥」而覺得獲得改善（安慰劑效應），所以才會用這個方式做為評估新藥功效的對照組。

選擇量化的指標時，要考慮到隨機誤差對指標的影響

我們知道隨機誤差較小的資料比較好處理，而這也會影響我們要關注的資料，其數量有多少。

舉例來說，在美國職棒大聯盟使用的賽伯計量學統計方法，將選手個人的能力量化後評估技術是否進步。一般來說，投手的勝投數是重要指標，然而這項指標不見得能代表投手的綜效能力。原因在於即便是同樣優秀的投手，還是會因為比賽現場諸多因素而影響是否能夠拿到勝投（比如隊友無法上壘得分、或是隊友一直守備失誤），另外就是每一賽季當中先發投手能登板的次數有限（編註：一個球季約先發 30 場，勝投數最多約 20 勝左右），因此只看勝投數的話，資料的分佈會比較分散（編註：因為影響因素多但樣本卻很少）。

反之，三振率（取得三振的次數）就能很直觀地反映投手的實力，而且三振的次數通常也比勝投的次數高很多，是能成為值得信賴的指標。

因此，進行測量、量化之前，必須要先思考隨機誤差的影響：到底是想要了解隨機誤差，還是想要避免隨機誤差干擾。

第 3 章小結

- 測量誤差可以分為隨機誤差跟偏誤。
- 運用機率分佈評估隨機誤差的分散狀態。
- 將多個隨機變數加總起來，其加總值的分佈通常都會接近常態分佈。
- 透過增加樣本數量，或是使用假設檢定，可以幫助評估隨機誤差。

MEMO

第4章 資料抽樣方法論

本章要介紹抽樣，也就是「如何取得」以及「取得多少」目標系統的資料。若能正確抽樣，即便取得的資料量不多，也有機會準確推論目標系統的現象。反之，若一味只考量時間和金錢上的限制而便宜行事，蒐集到的資料往往都含有偏誤。接下來就來看看不同的抽樣方法以及該注意哪些細節。

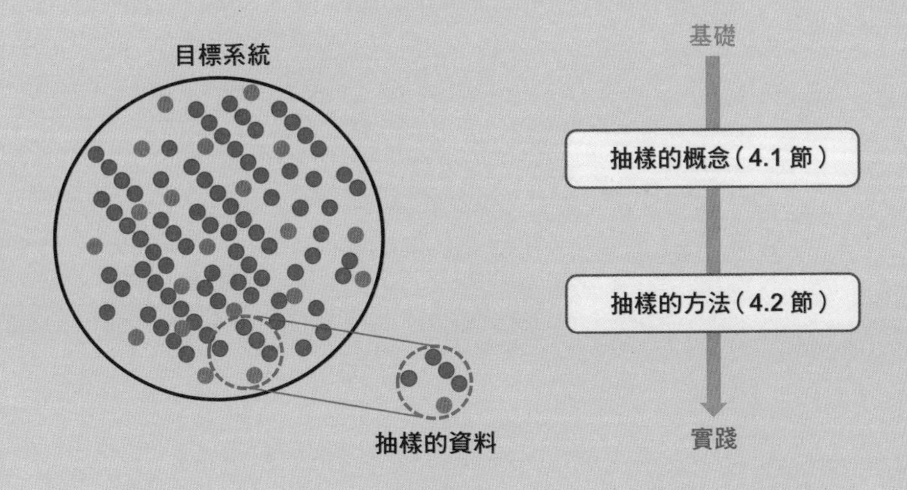

4.1 抽樣的概念

抽樣是什麼

第 1 章有提過，我們從目標系統當中抽取一部分的資料，並用資料來推論目標系統的特性，稱為**抽樣調查**（sampling survey）（圖 4.1.1）。**樣本**（sample）指的是從**母體**（population）（編註：目標系統可能產生的所有資料）當中選出小部分的資料；**樣本數量**（sample size）是一組樣本當中所包含的測量值個數，通常會用英文字母 n 來表示；**樣本組數**（the number of samples）是有幾組樣本，跟樣本數量是不同的概念，經常有人混淆。例如每天蒐集 100 位民眾的問卷，看看隨著時間過去民眾的想法是否改變。今天蒐集 100 位民眾的問卷，明天又蒐集 100 位民眾的問卷。此時樣本數量為 100，但樣本組數是 2（編註：一個樣本含有 1 張問卷，一組樣本含有 n 張問卷）。

圖 4.1.1　抽樣調查示意圖

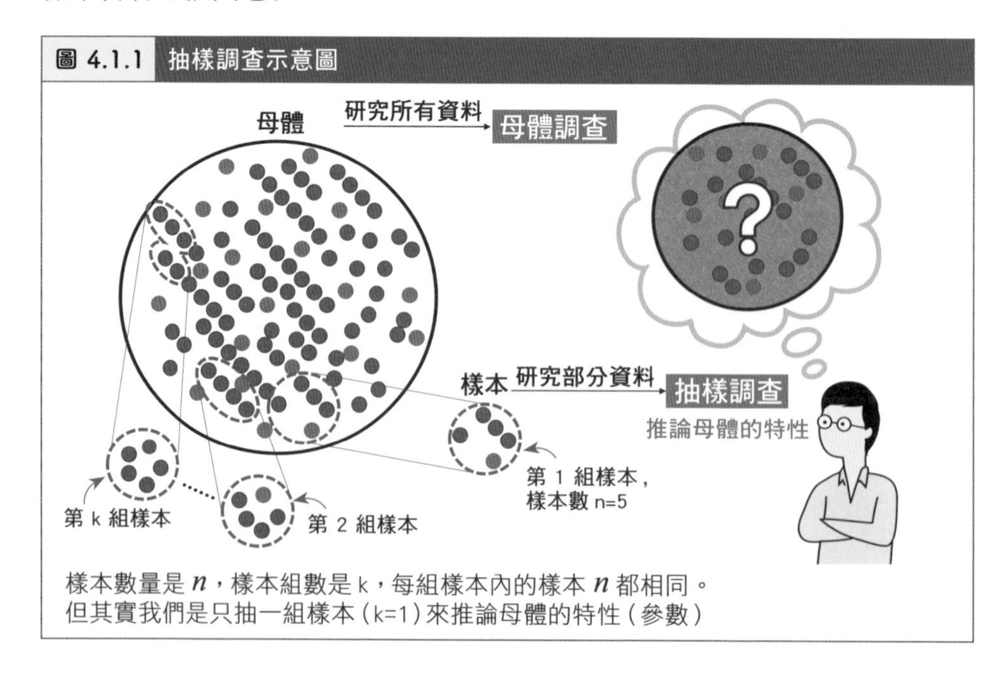

當研究的對象是直接針對母體內所有資料時，就稱為**母體調查**、**全數列舉**（complete enumeration）、或**普查**（census）（圖 4.1.1）。雖然能進行母體調查是最理想的狀況，只不過通常會因為成本考量而被迫選擇做抽樣調查。

以小見大

抽樣調查究竟能幫我們認識母體到什麼程度呢？舉例來說，在美國總統大選裡，有投票權的民眾會從兩位候選人當中，選擇自己支持的那位（先假設沒有棄權、廢票）。我們想要從擁有投票權的全部民眾（母體），算出每位候選人的支持率。此時可以從擁有投票權的全部民眾當中，隨機挑出 n 位民眾，問問他們目前想投票給誰。這種隨機抽出樣本的方式，稱為**隨機抽樣**（random sampling）。

假設擁有投票權的全部民眾，有 60% 支持候選人 A。我們接下來想要知道：樣本數量分別為 10 人、100 人、1000 人的時候，分別計算出來的候選人 A 支持率，能多貼近真正的支持率？作法是先決定樣本數量，接著進行隨機抽樣，然後計算樣本裡候選人 A 支持率，最後將上述動作重複 100 次（樣本組數為 100，不要跟樣本數量搞混），得到 100 個「候選人 A 支持率」的數據並畫出長條圖，結果如圖 4.1.2。

當樣本數量為 10 人時，理論上每組樣本中要有 6 位支持候選人 A，然而實際上還是發現某些組樣本中，支持候選人 A 的民眾略多（或略少）於 6 位。當樣本數量增加到 100 人甚至是 1000 人時，候選人 A 的支持率會接近 0.6（編註：這個範例中，樣本數量越大，估計候選人 A 的支持率會越準確）。乍看之下在這範例中，只要抽樣 1000 位民眾，就能推論候選人 A 有機會成為美國總統[註1]。不過只抽樣 1000 位民眾，這個樣本數量僅佔擁有

註1　美國總統是各州選舉人投票產生，所以即便從擁有投票權的全部民眾當中算出支持率，也不見得能推論出總統當選人。此外，如果候選人 A 的支持率是 50% 左右時，勢必需要增加樣本數量，以提升分析準確率，我們後續會詳細說明。

投票權的全部民眾(假設是 2 億人)的 0.0005%，比例可說是微乎其微，因此這個推論的結果，可能存在一些誤差，不過只要能將誤差控制在一定範圍，抽樣結果仍有其可信度。

圖 4.1.2　樣本數量與抽樣調查結果

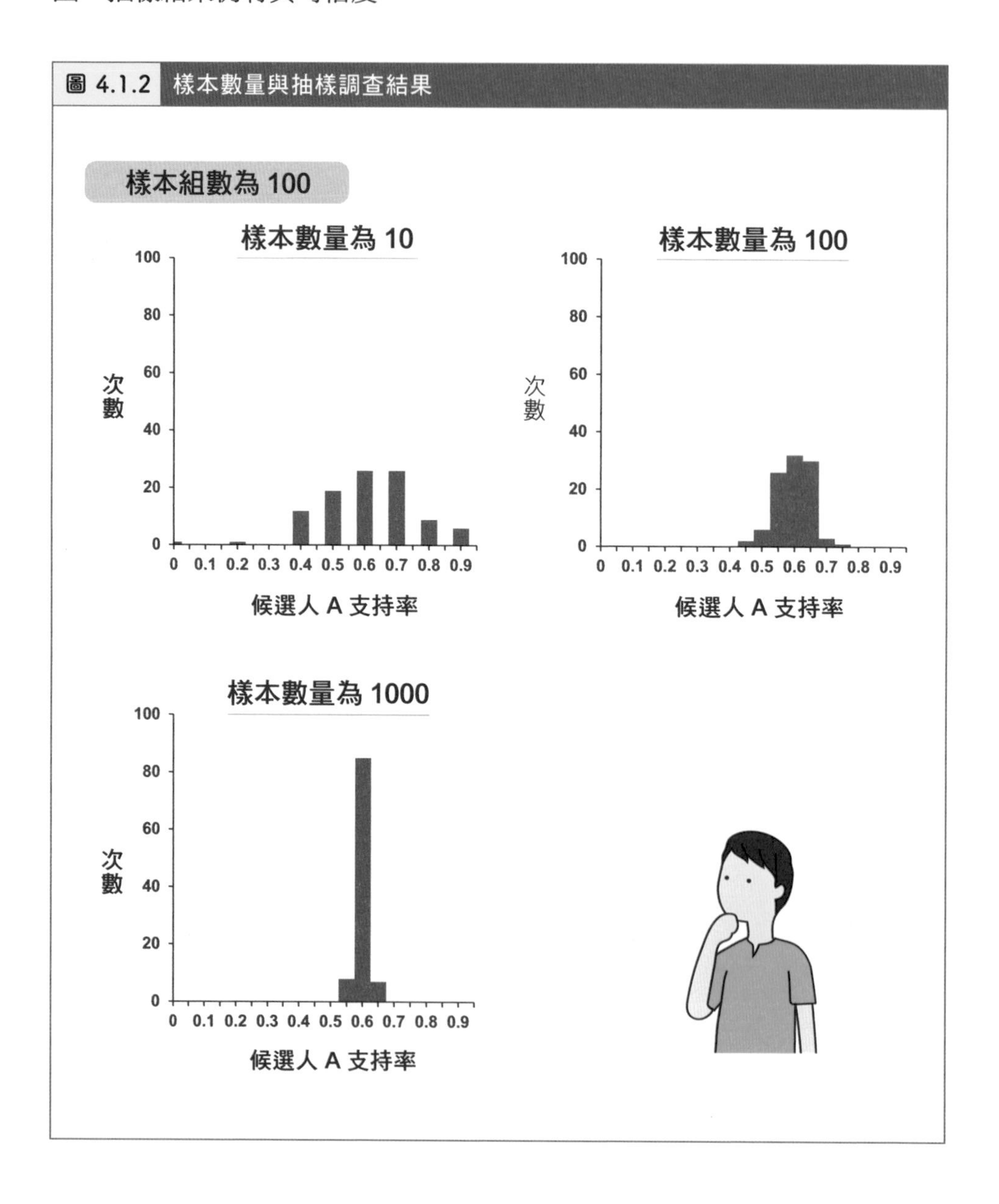

樣本數量（Sample Size）的決定方式

隨機詢問一位受測者是否支持候選人 A，可以用一個隨機變數 X 來記錄結果：X = 1 代表支持、X = 0 代表不支持。假設我們詢問了 n 位受測者，也就是樣本數量（sample size）為 n，就得到了 n 個不同的隨機變數 X。把「n 個隨機變數 X 相加」，就等於一組樣本中候選人 A 的支持人數（因為不支持者，X=0，不會計入加總值）。把「n 個隨機變數 X 相加」除以「隨機變數的個數 n（sample size）」，即是一組樣本數量（sample size）為 n 的樣本中「候選人 A 的支持率」。我們可以重複上述的流程很多次，得到很多個「候選人 A 的支持率」。比如，重複 100 次，就會有 100 個「候選人 A 的支持率」，也就是樣本組數為 100。

本書 3.4 節提到：當樣本數量（sample size）為 n 的樣本平均數，其「隨機誤差平均數」所構成的分佈，與「隨機誤差」所構成的分佈，標準誤是 $\frac{1}{\sqrt{n}}$ 倍。比如，假設現在支持率是 0.6，代表隨機抽樣 1 位民眾，該民眾支持候選人 A 的機率（也就是隨機變數 X=1 的機率）為 $p = 0.6$。帶入公式後[註 2]，可以得到「樣本」的標準誤為 $\sigma = \sqrt{0.6(1-0.6)} \cong 0.49$。隨機抽樣 1000 位民眾，得到 1000 個隨機變數，則「樣本數量為 1000 的樣本平均數」分佈的標準誤為 $\frac{\sqrt{0.6(1-0.6)}}{\sqrt{1000}} \cong 0.015 = 1.5\%$。

註2　計算公式是 $\sqrt{\sum (x_i - E[X])^2 f_X(x_i)} = \sqrt{(0-p)^2(1-p) + (1-p)^2(p)} = \sqrt{p(1-p)}$。

當我們使用樣本平均數時，支持率在 1 個標準誤左右的範圍是 58.5%～61.5% 註3、2 個標準誤左右的範圍是 57%～63%、3 個標準誤左右的範圍是 55.5%～64.5%。

從上面的描述當中可以發現，我們決定樣本數量(sample size)的時候，就可以得知樣本平均數的標準誤會縮小多少倍(圖 4.1.3)。本書 3.3 節有提過，我們關心的**母體平均數**(在這個範例是候選人 A 的支持率)有 95% 的機率是在「樣本平均數 ± 1.96 × 標準誤」的範圍當中，這個區間叫做 **95% 信賴區間**(95% confidence interval)。

圖 4.1.3　樣本數量與樣本平均數的離散程度

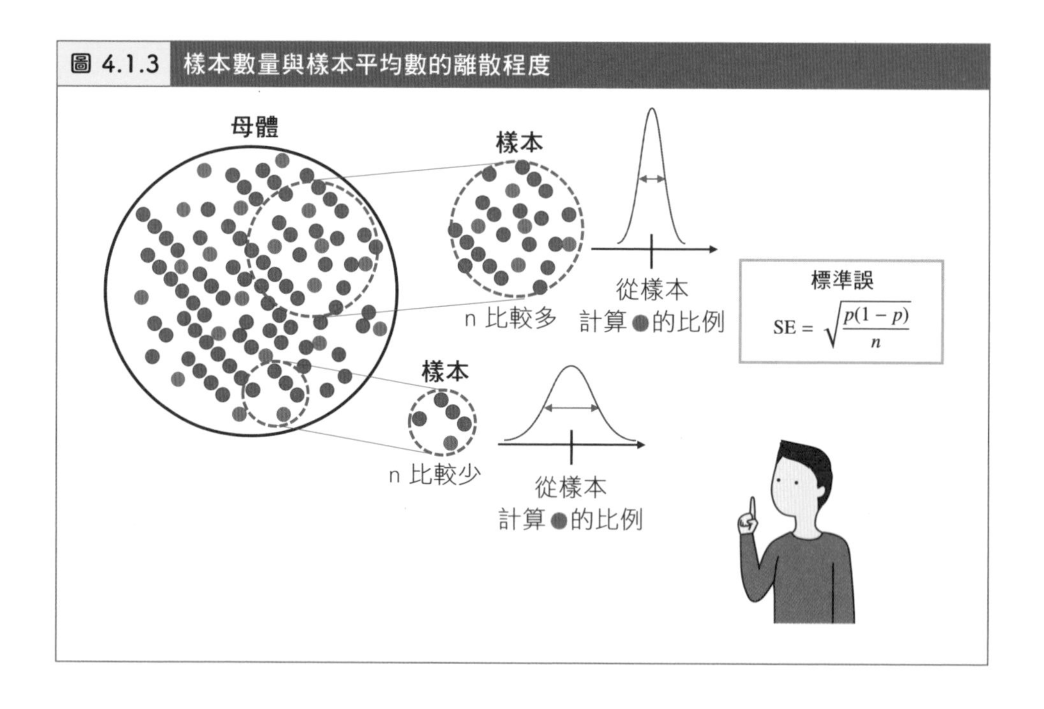

註3　此處我們是假設支持率平均數為 60%，因此 1 個標準誤的範圍是 60%±1.5%，2 個標準誤的範圍是 60%±2×1.5%，3 個標準誤的範圍是 60%±3×1.5%。詳細可參閱本書 3.3 節。

剛剛的例子展現了抽樣最基本的觀念。因為抽樣是隨機從母體選出一部分的資料，所以難免會讓結果有些偏誤，而且實際上，抽樣通常都只會進行一次。但是透過假設「無限多次抽樣時」的結果，就能知道「只抽樣一次的結果大致上會收斂在什麼範圍」。換個方式想，決定了資料分析的結果要收斂在什麼範圍是我們可以接受的(編註：比如收斂在 95% 信賴區間)，就能夠決定要抽出多少樣本數量[註4]。不過，我們可能還會需要一些事前調查或既有資料來相輔相成。

舉例來說，假設我們在事前調查或既有資料已經知道這場選舉，2 位候選人支持率很近，可能只差 1%，因此我們希望標準誤低於 1%(可接受的收斂範圍，編註：這樣才足夠鑑別出 2 位候選人支持率的差異)。該怎麼做？

我們可以先假設支持率是 $p=0.5$。如果樣本數量是 1000，可以算出標準誤是 $\sqrt{0.5(1-0.5)/1000}\cong 0.016=1.6\%$。所以，一次樣本數量為 1000 的抽樣調查結果，其標準誤是 1.6%，比 1% 還大，顯然是沒辦法給我們足夠準確的推論，這時我們就需要考慮增加樣本數量。

小編補充 關於抽樣誤差、隨機抽樣的延伸閱讀，請參考本書 Bonus 檔案，下載網址：**https://www.flag.com.tw/bk/st/F1368**

註4　詳細請參考福井武弘的「標本調査の理論と実際」(日本統計協會)、永田靖「サンプルサイズの決め方」(昭倉書店)。

4.2 抽樣的方法

隨機抽樣 (Random Sampling)

比如我們想要從全國人民當中隨機抽樣，最單純的做法就是準備一份包含全國人民的名單，從中隨機抽出即可，這稱為**簡單隨機抽樣法**（simple random sampling）。若我們不以隨機方式，而是在名單上以特定間隔去抽出，這稱為**系統抽樣**（systematic sampling）。不過這兩個方法都有一個缺點：為了要有全國人民的名單，就得耗費很多成本蒐集資料。再加上近年來個資意識提高，要取得名單的成本會越來越高。於是，實務上常用的方法是**分層多階段抽樣法**（stratified multistage sampling）。

「多階段」是藉由縮小隨機選擇的範圍，達到有效抽樣的好處。舉例來說，先隨機抽出城市，接著再從選中的城市隨機抽出居民。根據目標系統的特性，如果適合的話，也可以做多階段抽樣，比如先抽市，接著抽區，再抽里，最後抽民眾。

但是，只使用「多階段抽樣法」也有缺點。以人口抽樣為例，人口密集的都市跟人口稀疏山區，抽到的機率會相似，造成人口密集處的居民影響力變小。所以就會需要配合實際人口的比例，將不同人口密度的區域分組，接著根據人口分佈決定分別要從各組當中，抽出多少民眾，其抽出民眾分佈才會接近全國人口分佈。這種先分組再抽樣的方法稱為**層化**（stratification）。

在抽樣的過程中，同時應用「層化」以及「多階段」，就是分層多階段抽樣法。這個方法實務上很好用，請牢記在心（圖 4.2.1）。

圖 4.2.1 多階段抽樣法與層化抽樣法示意圖

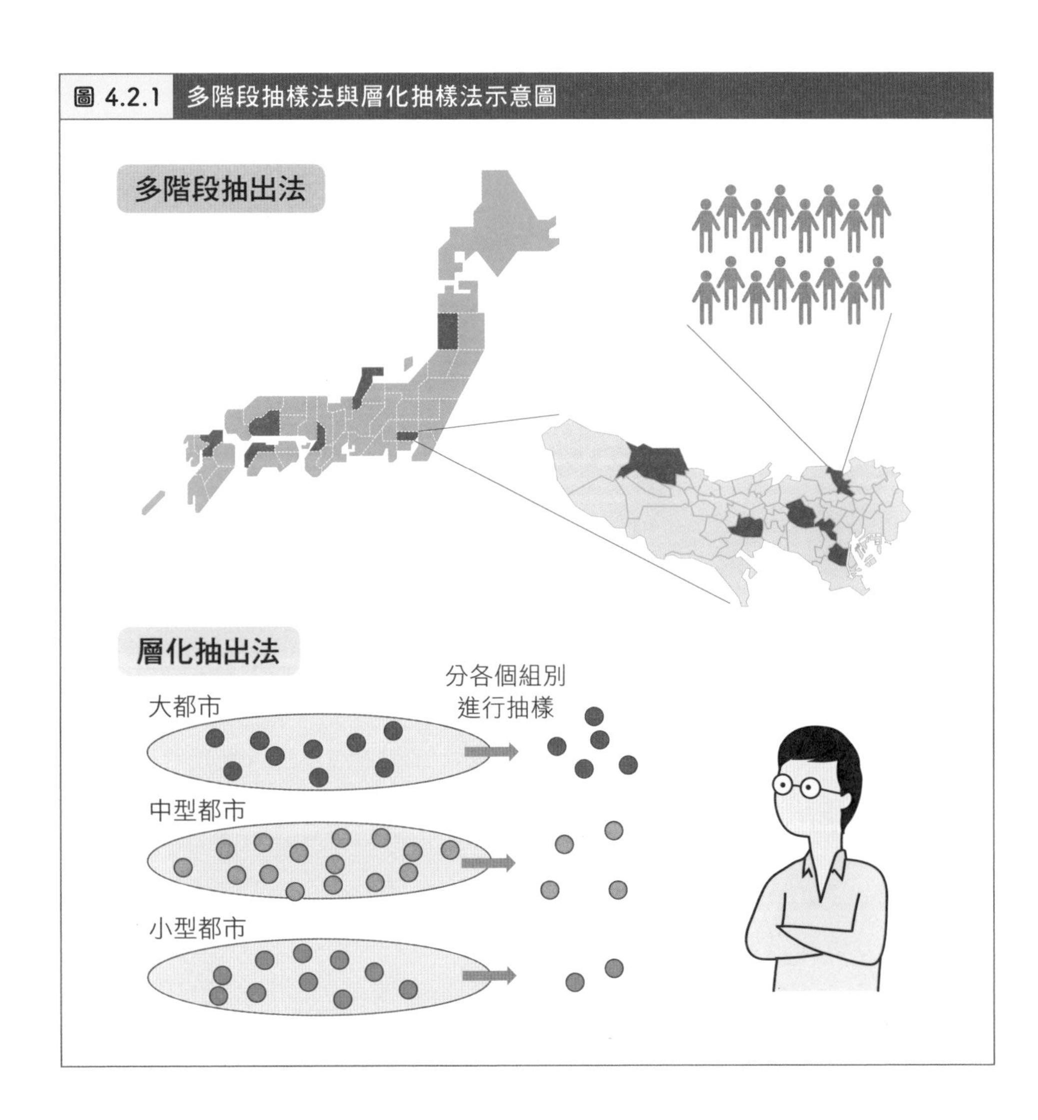

群體抽樣 (Cluster Sampling)

抽樣方式不同，所花費的成本也不同(細節會在下一節討論)。當我們試圖從大量的對象來蒐集優質的資訊時，通常都是勞民傷財。所以就會有人去思考到底有沒有能盡量壓低成本的抽樣方式。

當目標系統有一群一群的特性時，我們能運用這個特性取得樣本，稱為**群體抽樣**(cluster sampling)。比如，在社群網站上「取得某位用戶的全部聯絡人資訊」，一次取得同一個群體的資料，成本壓力會比較少。

非隨機的抽樣法

如上所述，從目標系統當中完全以隨機方式抽出樣本叫做隨機抽樣，要能做到隨機抽樣，其實有兩個條件：

1. 具有目標系統所有候選的清單(編註：例如具有全國人民的名單)
2. 能從隨機抽出的樣本獲得資料(編註：抽出某一位民眾後，真的有辦法訪問這位民眾)

當條件無法滿足時，隨機抽樣就不能用了。相對於隨機抽樣，主觀地去選出「足以代表目標系統」的樣本，這種相對刻意的做法稱為**立意抽樣**(purposive sampling)。雖然主觀抉擇可能導致資料含有選擇偏誤，因此無法確保分析結果是否足夠客觀。卻也因為能夠壓低抽樣成本的緣故，因此當我們將立意抽樣做為大規模抽樣之前的事前調查作業，其實是可行的。

如果再將條件放得更寬鬆，還有**便利抽樣**(convenience sampling)這種「只調查較易取得資料的對象」。一如大專院校的研究常以學生作為對象、又或是在商業上我們對自家公司的客戶進行問卷調查，都算是便利抽樣。而預先思考好執行便利抽樣時，會有什麼樣的偏誤，則是關鍵所在。無論是立意抽樣還是便利抽樣，都很難推論標準誤跟目標系統(圖 4.2.2)。

圖 4.2.2 各種抽樣方法

	成本	消除偏誤	推論標準誤
隨機抽樣	×	◎	◎
立意取樣	○	△	×
便利抽樣	◎	×	×

抽樣結果的一般性

使用可能會產生偏誤的方法進行抽樣時，最重要的是「運用樣本所分析的結果，放回到母體中，是否依然成立」，這稱為**一般性**(generality)、或**外在效度**(external validity)[註5]。通常公布分析結果後，會有一些人提出疑問，例如：會不會是巧合才有這樣的結果？然而，基本上根本不存在毫無偏誤的資料，面對這樣的質疑並不好回覆。因此，我們蒐集資料時，就必須要盡可能地找出有可能出現的偏誤，充分評估偏誤對於結論有著何等程度的影響，並且考慮這些影響後謹慎地提出分析結果。

一般來說，隨機抽樣在許多的應用場合，若希望樣本能反映出跟母體差不多的狀況，通常需要非常大的樣本數量。但是又因為要壓低抽樣成本，所以實務上經常會「刻意只選擇那些滿足部分條件的對象」。比如，將分析對象限縮在 20 到 29 歲的男性，減少因為年齡與性別對結果所帶來的影響。這樣的分析結果不一定能套用到 20 多歲的男性以外的族群，但也許依照我們的需求，這些樣本能提供的結論已經足夠(編註：根據需求來適度抽樣，比如，我們的客戶群是青壯年上班族。而非總是都無止盡追求完美抽樣)。

註5　在不同的領域中，一般性或外在效度會有不同的意思。例如在機器學習領域，訓練好的數學模型，是否能夠套用在未知資料，稱為普適性（generalization），詳細請看本書 10.2 節。

第 4 章小結

- 就算只是母體當中的極小部分的資料，只要合理、有效的抽樣方法所得的樣本，就有機會運用樣本資料來得到有用的推論。
- 考量可接受的成本跟抽樣偏誤，來選擇抽樣方式。

第一篇 摘要

到目前為止，資料的機率問題、各種偏誤、以及抽樣都介紹過了，相信讀者已了解取得資料時應該注意哪些事項、如何抽樣。至此所談論，都是為了讓我們能夠順利分析資料，所需要了解的基礎內容。接下來從第二篇開始，將會根據這些基礎內容，說明資料分析的技巧，過程當中有遇到疑惑，記得隨時回來複習第一篇的內容。

第二篇

資料分析的相關知識

在第二篇將會具體說明資料分析的知識，而在講解基本的資料處理方式與分析流程後，會再探討依不同情境設定問題、視情況選擇分析方法、以及資料判讀的部分。我們會將重點放在為何選用（或不選用）哪個分析方法，來告知容易出現的思考盲點。分析資料的方式很多，期許透過分門別類的描述，可以綜觀全貌。

第5章 資料分析的基本流程

取得資料、處理資料、保管資料等階段，都需要掌控資料品質，注意是否執行了錯誤的操作或處理。本章會從實務上的觀點，闡述處理資料的基本知識，包含讀者未來需要使用資料、或是操作資料轉換時，哪裡容易犯錯、該如何管理、以及個資相關的資料又該如何妥善保存。

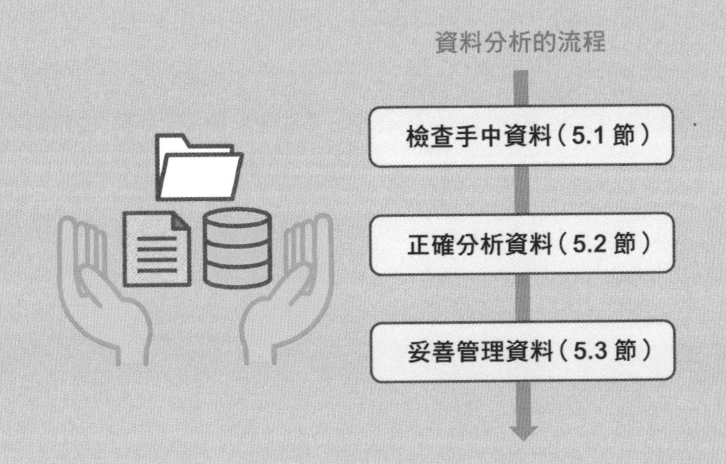

5.1 檢查手中資料

錯誤的資料

在分析資料的過程中，常常會使用同事或客戶提供的資料，但是這些資料可能都是因為特別的目的才蒐集而來，所以有經過一些資料處理、轉換；也可能來自於公開文獻、或從資料庫下載等等。

我們常常會不自覺認為「這些資料是經過正規方式取得，應該都有妥善處理過」，就直接開始進行資料分析。然而就筆者自身的經驗來說，透過別的單位取得的資料，有時會含不適用的部分。比如，有些隨著學術論文一併公開的資料，後續可能有勘誤，但是我們取得資料的當下，可能不是最新版本。

對於自己沒有參與的專案，要察覺資料是否有問題，並不容易。但是資料分析、解讀之後的結果，成為自己的論文，甚至拿來作重大決策，錯誤的資料影響可能就很嚴重。比如，論文發表的結果有誤，造成後續研究者要以此論文為基礎時，許多實驗都卡在確認能否重現相同的結果，所耗費的研究資源會很大。又比如，對自己而言，一旦發覺研究的資料有誤，就需要全部重來，那也會增加很多成本。此外，現在很少大型研究，能夠憑一己之力完成，要是一時不察，結果資料有誤，不只是自己白忙一場，也會對團隊造成傷害，甚至影響公司的市場決策，各種負面影響都不是用成本能夠計算出來[註1]。

註1　曾經有同事指出筆者的資料分析有錯，雖然仔細釐清之後認為沒有問題。不過，筆者的親身體驗可以跟讀者說：遇到這種情況的瞬間，感覺像是天打雷劈。

因此，資料分析不是只管分析結果就好，找出資料當中的錯誤，不僅是工作之一，更需進一步要求自己在進行資料分析時，資料正確性要做到萬無一失，才能發表。只是，人非聖賢、孰能無過？即使沒辦法做到「萬無一失」，也要盡可能培養優秀的資料科學素養。本章將提供「面對資料時需要特別注意的事項」，幫助各位讀者能夠盡最大的努力去避免可能的錯誤。初學者執行分析時經常出現的問題是「如何面對想追求的準確率」，這可能會造成分析結果淪為不堪用的水準。其實，資料分析時，更要注意的是「分析後所產生的責任歸屬」，請務必銘記在心。

數值的單位跟位數

首先，來探討那些容易在取得資料、輸入資料時出現的錯誤。第一點是單位、位數不同，單位的部分容易發生以下問題：

- 數量級不一致（比如千元還是千萬元）
- 匯率波動
- 英制或公制

這類型的錯誤，只要大家在處理資料有時留意，比如資料間互相對照，大部分都可以修正。

另外，在輸入資料時常見的錯誤則是0的個數打錯。雖然只要仔細一點就能避免，但其實讓資料不需要再經過人工輸入，才是最好的方法。請認知一個事實：資料碰越多，錯就越多[註2]。

註2 即使不是資料本身弄錯，錯誤也可能是因為程式有誤或異常導致結果出錯。

像是紙本問卷都還需要有人判讀結果再轉換成為電子檔，如果一開始是填電子表單，不僅讓流程簡化，也能降低人為疏失。

統計資料容易犯的錯，像是搞錯計算資料的範圍（尤其是試算軟體的列與行都設定為隱藏時），或者是未查明資料的排序方式（依身分證字號還是姓名），還有因為自動填寫功能導致數字變成日期。這些情況其實能夠透過資料驗證功能來避免犯錯。當然不需要鉅細靡遺地去確認所有的資料，可以檢查部分，確認結果是否一致，通常就能有效除錯。

檢查離群值（Outlier）

離群值是大幅偏離了其他測量值的資料。當資料當中存在離群值時，可能會導致分析結果產生重大的偏頗。因此，確實了解資料裡頭有無離群值，是一個重要的流程。如果發現離群值，必須追究產生離群值的原因。有時候其實無法剔除離群值（編註：出現一些偏離其他測量值的離群值，但實際了解後發現這些資料有意義），面對這種資料，可以考慮採用不會受到離群值大幅影響的分析手法（編註：比如決策樹模型）。

在剛拿到資料的時候，出現難以解釋的數值，可能是資料已經有某些錯誤，或是測量儀器的異常而導致數值有問題，這稱為**異常值**（abnormal value）。此時可以考慮刪除該資料，或是修正數值。比如，受測者的身高出現「1700 公分」，非常明顯是有問題，可以考慮刪除。但也有可能只是在輸入「170 公分」時不小心多打了一個 0。這種情況建議先詢問測量資料的人，或是比對原始資料。

最簡單快速找出離群值的方法，就是把資料視覺化。像剛剛介紹的身高案例，也能透過視覺化就能察覺問題（圖 5.1.1 左）。有時只看單一變數後沒發現離群值，但是同時觀察多個變數的相關性時，就察覺有離群值。就像圖 5.1.1 右方，以 0～100 表示的便利商店「冰棒銷量」與「關東煮銷量」的散佈圖（數值越大、營業額越高。此為虛構資料）。單看一個變數，資料的分佈似乎算正常，沒發現什麼離群值。可是當我們將兩個變數同時畫在散佈圖之後（圖 5.1.1 右下），除了發現這兩個變數有強烈負相關，也就是「天氣熱的時候冰棒賣很好，關東煮就賣很差」，也發現資料中似乎存在離群值。

有些日子不僅冰棒賣得好，關東煮也相當暢銷？這可能是資料輸入時的人為疏失，這代表資料有異常值，只要剔除、或是能修改的話就改正即可。但也可能是「資料為正確，有些人在天氣冷的時候一樣吃冰」，這代表資料有離群值，而非異常值，因為資料展現了有意義的現象。正因為這些離群值也反映了實際現象，所以保留下來一起進行分析，應該是較好的做法。

請記得有些離群值得要透過檢查多個變數的相關性才能觀察到。

此外，並非異常值都是很極端的數字。比如一個連續變數（例如 1.1425、－0.5289、3.3292、－1.2664、…，這樣的資料）的測量值當中，有可能會出現的錯誤就是許多數值都變成 0（或是 NaN）[註3]。通常大量測量的連續變數，幾乎不可能會出現 0，所以資料為 0 可能是測量或分析過程當中，已經產生問題。要抓出這種問題，我們可以用程式去計算有多少個 0，並且以肉眼瀏覽全部資料來檢查，當有一整排「0」在一起的時候會特別顯眼。

註3　此為 not a number 的簡寫，用於表示那些執行了無法定義的運算（比如除以 0）後的結果。另一種問題是 NA 或是 N/A（not available），代表該位置應該有測量結果，卻沒有真正填入資料，又稱缺失值。一般來說，處理含有 NaN 或是 NA 的資料時，分析過程很容易出問題而卡住，很難完全不受影響就得到結果。但是，關於「0」的問題，可能是計算錯才出現，相對來說較難察覺。

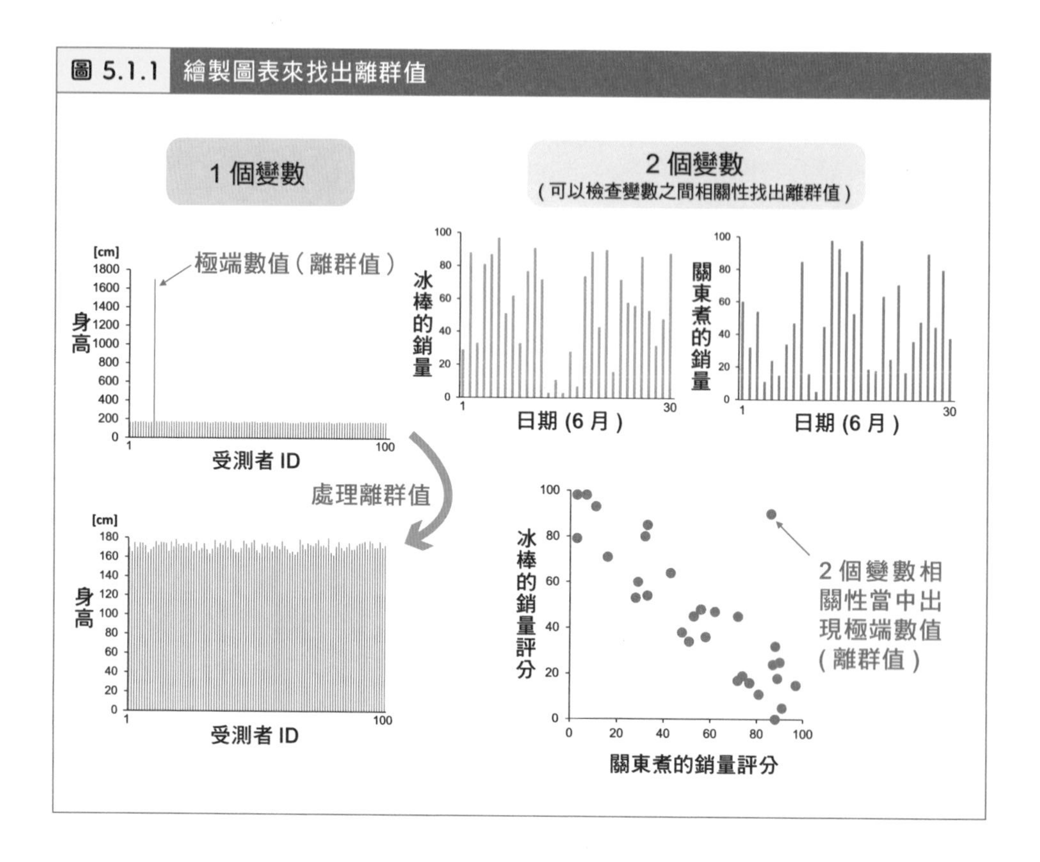

可以直接刪掉離群值嗎？

當我們發現資料怪怪的，卻不一定能判斷是異常值，因為有可能「這些數值本來就比其他測量值大很多(或是小很多)，測量值確實是正確值」。以一個事件為例，1985 年時，南極上空臭氧含量的測量結果，出現極低的數值，仔細檢視時發現是臭氧層破洞。事實上臭氧含量測量結果數值很低，早就已經出現了，只是專家學者將其視為異常值並且從資料當中剔除掉。

因此，實務上是否要去剔除那些乍看好像是異常值的資料，並不容易。當我們有足夠的信心與依據（例如儀器上絕對不可能出現這種數字，因此可以判定為測量錯誤時），不妨就膽大心細地剔除資料吧。反之，在沒有足夠的佐證之下，也許應將此資料視為離群值，不該輕易將它剔除。

具有意義的離群值

- **富豪的資產**

  在撰寫本書時，世界首富為 Amazon 創辦人貝佐斯，資產約有 2110 億美金。在美國，富豪們的資產屬於前 1% 的離群值，然而富豪們所擁有的資產佔了美國國民總體資產的 30% 以上，當然是無法忽略。

- **金融海嘯**

  次級房貸會設計成可以透過證券交易的金融衍生商品，事實上是因為忽略了那些數學上看似微乎其微，也就是離群值發生的機率。然而，這些微小的機率事件最後還是發生了，導致 2008 年次級房貸所引發的金融海嘯，席捲全世界。

- **前所未見的自然災害**

  雖然災害應變是依照過往的經驗來評估風險，然而現實中也是會發生規模超過以往的災害。

5.2 正確分析資料

資料分析的基本流程

這裡要開始說明具體的資料處理流程，從最典型的分析作業程序開始介紹[註4]（圖 5.2.1）。

首先就是取得資料。根據目的，需要設計不同的實驗跟調查來獲得資料，思考怎麼量化資料，決定是要下載開放資料或是跟專業廠商購買資料等。

取得資料後並非立刻進入資料分析，得先處理如離群值、缺失值（missing value，不幸漏掉的數值）、調整數值的格式、結合不同資料集、將資料分割、統一標示（解決相同的內容卻以不同的方式記錄）、剔除雜訊等諸多的作業，而這些統稱為預處理（preprocessing）[註5]。

預處理是決定資料分析的結果非常重要的階段，就好像料理之前得先處理好蔬菜、魚、肉等食材。在資料分析過程中，預處理常常是最花時間的階段。但無論如何，扎實做好預處理，才能夠期待產生好的資料分析結果。

預處理後，就能開始執行資料分析。根據我們目的選擇合適的分析手法，套用在已經預處理好的資料。最後，解讀以及應用分析的結果。關於資料分析跟解讀的部分，會在本篇後段進行說明。

註4　除了本節提到的分析流程，最根本的「要分析什麼問題」也是需要好好研究。所以該怎麼取得資料、如何分析資料等，其實都是後續的事情。

註5　詳細情看本橋智光的「前処理大全」（技術評論社）、石井大輔等所著的 「現場のプロが伝える前処理技術」（マイナビ出版）等書。

看到這邊也可以理解，從取得資料到資料解讀與運用，還要經過很多步驟。

圖 5.2.1 資料分析的基本流程

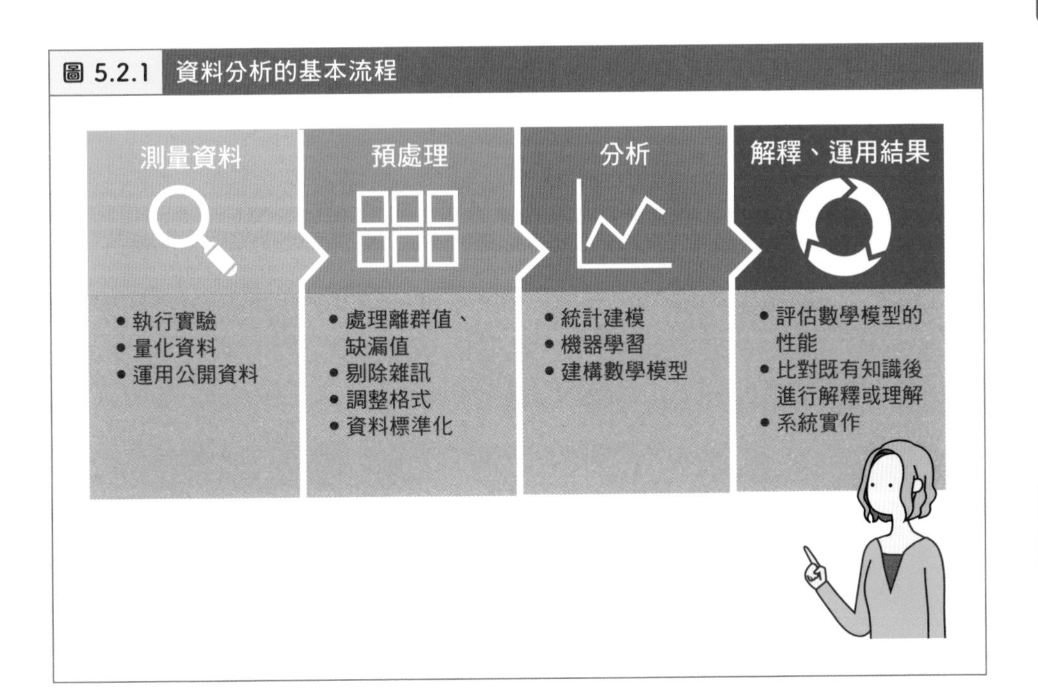

檢查各個處理中的錯誤

看過資料分析的步驟後，接著要說明每一個步驟中會面臨到的狀況。在預處理的時候，有諸多的工具可以選，像是自己寫程式來作分析（如 Python、MATLAB、C++、Java、R、Stan、SQL 等）、使用 Excel 表格計算、或是其他統計分析軟體。使用工具轉換資料的過程當中要避免犯錯，首先就是在每個處理之前、之後，都要逐一確認那些預想的處理，是否正確、完整套用在每一筆資料上。我們可以準備一些易於驗證的資料，將資料丟入分析工具，得到產出的資料後進行比對。驗證的資料至少要足夠讓分析工具可以完整執行過一次，比對出結果。我們要盡量在每個階段都檢查一次分析工具（圖 5.2.2 左）。

此外，不要直接對資料做一連串的處理、轉換。這不僅導致難以發覺資料有錯、也會讓我們即便知道有問題，卻不清楚問題發生的原因。尤其是當同時發生了兩個以上的錯誤時，多個錯誤的連鎖效應，即使專家也得耗上好一陣子才能找出問題(編註：讀者若有設計過大型程式，可能會遇過一個 error 導致另一個 error，最後不知該從何處開始檢查)。

圖 5.2.2　資料處理時需注意的事項

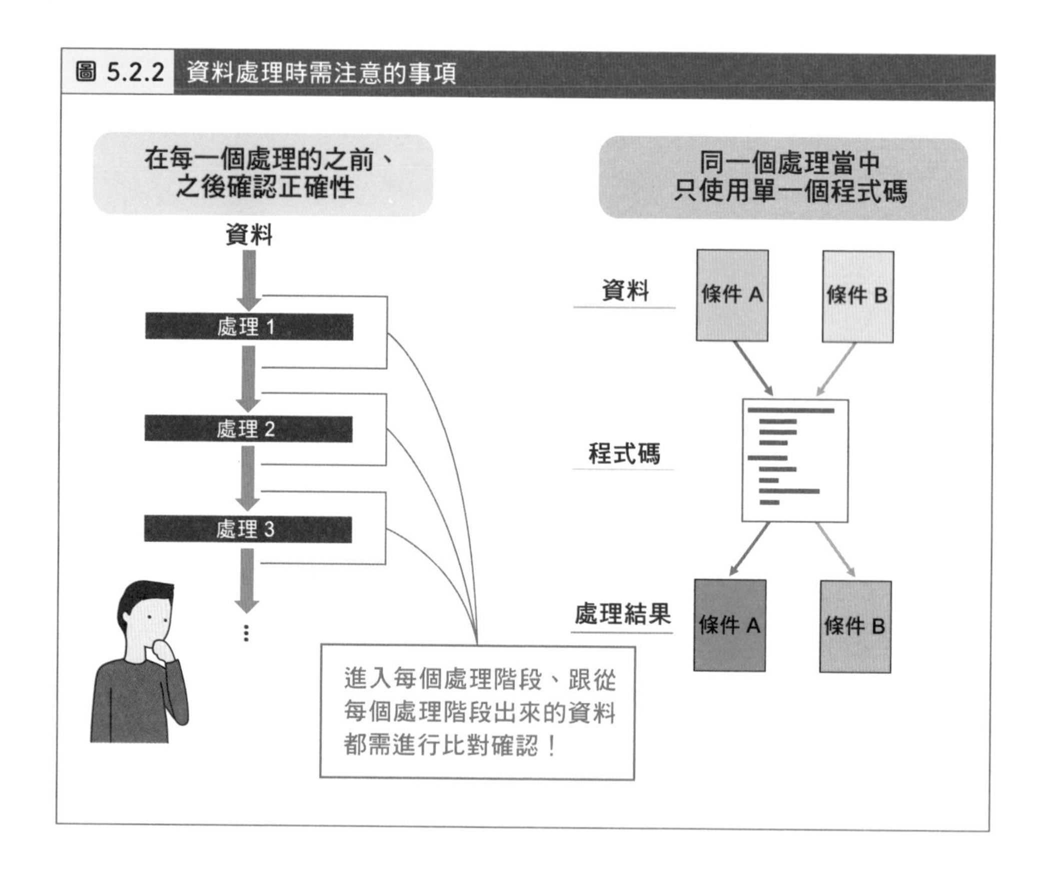

統一程式碼

設計資料處理的程式時，將執行同樣處理的程式碼整合為一個檔案，是實務上相當重要的觀念(圖 5.2.2 右)。要是我們使用不同的程式碼，分別處理那些條件不同(實驗組　vs　控制組)的資料，所帶來的風險除了程式碼本身的差異(如版次或參數)很有可能導致結果有所不同，若往後的分析發現需要追加實驗，還需要分辨程式檔、版次、參數等。因此，將執行相同處理的程式碼放在一起(編註：同一檔案或同一資料夾中)，而且不要隨意複製，避免新舊版本混在一起。如果有修改或更新程式碼時，務必確實記錄修改日期，以及修改哪些內容(編註：可以善用 Git 或 Github 等版本管理工具)。

管理程式碼

資料分析程式碼的檔名，以及其所產生的輸出檔名，要能夠對得起來。不僅僅是為了方便管理，更是為了當遇到分析結果有些問題時，看檔名就能回溯程式檔。如果有使用分析軟體，也必須要記錄哪些資料曾經使用過什麼軟體處理。

經常去對照用於分析的程式碼，以及程式產出的資料，來確實掌握程式究竟做了哪些處理。依筆者自身的經驗，來回確認程式、資料都是必經之路。因此，只要程式和資料都妥善管理好，需要求證時就能獲得正確的資訊。

近年來，發表學術論文的時候，越來越多要求一併公開分析程式碼。如果只想著能做出分析結果就好，往往會太過於專注「程式設計」，漸漸地程式碼就變得越來越複雜、難懂。當分析程式不再只是自己使用時，要考慮到讓他人也能看懂。正確管理程式以及資料，藉此降低來回檢查時間成本，也比較符合這個時代的研究要求。

此外，使用試算軟體進行分析時，請不要直接編輯原始資料，建議用開啟複本功能，先建立複本，再去調整資料內容。這不僅是遇到問題時，方便回頭確認哪裡出了錯，也可以避免一直處理同一個檔案，就很難回溯過程中資料的變化。

軟體的運用

使用分析軟體或是開放函式庫時，最令人擔憂的就是這程式到底有沒有問題。尤其像是統計分析或演算法等複雜的分析，免不了遇上這個問題。最理想的情況是自己手動算一次或是自己設計程式，來確認軟體是否能到相同的結果。就算做不到，也可以找其他軟體或函式庫來執行同樣的分析，比較看看結果是否相同。通常不太會有兩個軟體或函式庫出現一模一樣的錯誤，所以直接比較數個軟體的輸出是一個可以考慮的方法[註6]。

其實比較常遇到的問題是軟體計算結果跟我們的預期根本不一樣。比如，當我們使用 Excel 算標準差，如果選用了「=STDEV(數值 1,[數值 2],…)」，事實上這個函式並不是計算本書第 3 章提過的標準差，而是算不偏估計量(unbiased estimation)標準差(編註：又稱樣本標準差)[註7]。所以，當要執行這些不太熟悉的軟體操作時，請務必先確認好每個軟體、函式的功能，包含參數的數值。

小編補充 關於不偏估計量的詳細說明，可以參考 Robert V. Hogg 等人所著的「Introduction to Mathematical Statistics」(Pearson) 第八版第二章內容。

註6　不過要檢查是不是兩個分析軟體表面上不同，實際上後台運算是一樣（編註：例如 Python 很多分析套件的運算工作，背後其實都是交給用同一個 Numpy 套件來處理)。

註7　本書提到標準差的計算是「每一筆資料減去平均數」的「平方」後再「除以資料總數」，最後「開根號」。但是，當我們是以樣本去預測母體的標準差時，使用上述公式計算結果會低估母體標準差。為了要正確估計母體標準差，要將原本的「除以資料總數」換成「除以資料總數減1」，這稱為不偏估計量。此外，用 Excel 計算本書提到的標準差，要使用「=STDEV.P (數值 1,[數值 2],…)」。

將程式碼寫得淺顯易懂

- **一目瞭然的變數名稱**

  要讓人只看名稱不看註解，就能判斷用途。名稱稍微長一點也無妨。

- **需要多次使用的程式放在一起**

  運用函式和類別設計，彙整那些常用的處理。

- **將冗長的處理分段**

  處理的內容越多時，切分成好幾個函式會比較好管理。

- **程式並非越短越好**

  比起那些過於簡短卻反而難懂的程式碼，不如讓程式稍微長一些，相對好懂比較重要。

5.3 妥善管理資料

保管資料

管理資料跟管理程式碼相似，都為了讓需要回頭檢視的時候，還能夠順利找到原始資料，並且我們也希望做實驗的材料也能盡可能地妥善保存。

論文內容所使用的資料，原則上需要妥善保存 10 年[註8]。而實驗過程中的資料，如果允許長期保存，建議保管 5 年。若不是學術界，則要依專案以及營運成本來判斷。重點是在計劃蒐集資料的階段，就要決定好未來資料將由誰、以什麼方式、保存到什麼時候。沒有管理好資料，日子久了資料找不到，所產生的問題也很大。

資料量不大時，可以使用 Excel 檔或是 csv 檔來管理資料。資料量很龐大時(比方說好幾百萬筆客戶資料)，就需要專門存放資料的資料庫了。至於資料該放在一般硬碟、NAS 檔案系統、或是線上網路硬碟服務，則要看各自的需求以及成本。

資安管理

我們都會希望資料存好之後就萬無一失，然而實際上有些資料外洩的案例，是自己人搞砸，而不是被外面的人入侵。例如同事莫名點開惡意軟體，或是搞丟筆電或硬碟，又或是帳號密碼不小心被外人看到等。

註8 如果真的資料太大，難以長久儲存，那可以只保留原始資料，分析過程中的產出可先刪除，需要的時候重新執行程式就好了。此外，保存 10 年感覺很久，然而實際上也許有認真的研究人員，會仔細研究 10 多年前所發表的論文，所以保存 10 年還是有其必要性。

若有高強度資安的需求，通常不能將儲存設備連上網際網路，還要確實管理存取設備的權限，也必須要求禁止攜出。每個環節的設計，不是只要能將資料抓下來運用就好，也要思考資料如何管理。設定資安層級時，要權衡資料運用以及資料外洩之間的風險，聽起來有點麻煩。但我們換個方式思考，那些會因為外洩而導致重大問題的資料，本來就不應該太容易取得。

個資運用

保管資料時，特別要注意的就是個人資訊(簡稱：個資)的運用了。個資[註9]所指的是跟人有關的資料當中足以「辨別身份」的資訊，像是資料當中有姓名、出生年月日、大頭照、指紋、基因組、護照號碼等。另外，足以「鎖定個人」的資訊，比如會員帳戶資訊，也算是個資。

個資的取得、保管、轉讓等運用在「個人資料保護法」中有所規定[註10]。當我們的資料中含有個資時，請務必仔細確認法規上的原則後，才進行合適的應用。隨時提醒自己不要嘗試取得非必要的個資，也是減低風險的重要概念。

即便學術單位可以用學術研究為理由，適度繞過「個人資料保護法」，但是，研究過程中依然要遵守基本的研究倫理與道德才行。

註9 不同國家可能會有細部定義上的差異。此外，個資的定義、範圍，也是隨著時代逐漸調整。

註10 本節內容是依據撰寫本書的時間點所求證後之資訊，可能會因為隨後法規修訂而有所變更。繼請務必參照最新版本的法規資訊。

隱匿個資資訊（去識別化）

雖然個資的運用上有相對嚴格的法規，但我們可以重新加工來隱匿個資，使資料不再能夠「辨別身分」或「鎖定個人」，就可以在相對寬鬆的法規下，進行更廣的運用。隱匿個資的案例如下：

- 替換掉足以辨識身分的資訊。例如：只保留名字當中第一個字母。
- 刪除個資或其他與個資相關的資料。
- 刪除足以鎖定個人的特殊資料，例如：117 歲[註 11]。

隱匿後的資料無需經過本人同意，即可在符合法規之下運用。如此一來，像是交易數據、交通卡的搭乘紀錄、醫療機構的診療資訊、手機的足跡追蹤等，都可以有更為廣泛的運用。

另外，運用很多人的個資來進行統計處理，原則上不屬於個資保護的範疇。比如，蒐集符合條件的個資後，計算出平均數，這樣是不受「個人資料保護法」所管制（編註：指的是統計結果不受個資法限制，原始資料仍受個資法保護）。

如本節所述，資料分析不僅僅是取得資料、分析資料，如何妥善管理資料、運用資料，都需要完善、縝密的事前規劃，請牢記在心。

小編再次提醒讀者 請先查閱最新的個資相關法規，才開始蒐集、運用個資。

註 11　撰寫本書時，世界最長壽的人。

第 5 章小結

- 資料分析上的錯誤操作可能導致嚴重後果。
- 妥善管理，以利資料分析過程中能夠反覆確認。
- 資料管理計畫當中，重點包含個資運用、資安問題，必須確實考慮清楚。

MEMO

第6章 干擾因子（Confounding Factor）與因果關係

在測量體重的範例中，我們用體重的數值，或是說體重這個變數(variable)，來表示一個人的特徵。然而一個人的特徵並非只有體重，還有如身高、體脂肪率等的元素。當我們蒐集多個變數的資料，並且研究變數之間有何關聯，也是資料分析常見的問題設定之一。無奈的是在現實當中，變數之間的關係通常是混亂難以釐清。本章就打算針對變數與變數的關聯性，該如何推敲因果關係，更針對變數彼此難分難捨的糾纏進行處理。

兩個變數之間的關聯（6.1 節）

面對並處理干擾因子(Confounding Factor)（6.2 節）

無法使用隨機對照試驗（Randomized Controlled Trial）的處理方式（6.3 節）

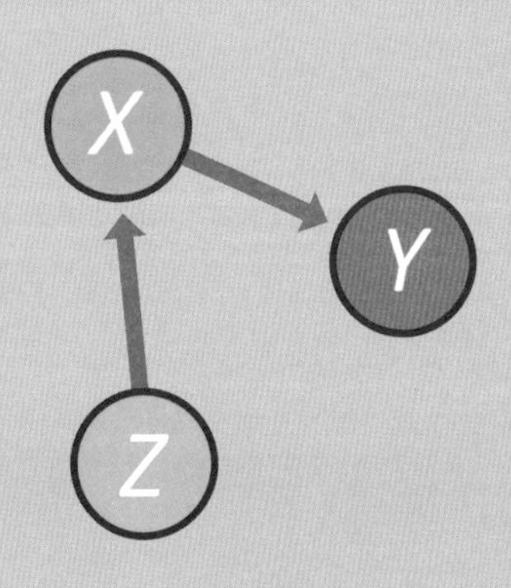

6.1 兩個變數間的關聯

變數的相關性

某所學校有 100 位學生的數學與物理考試成績，結果如圖 6.1.1 左側所示。數學好的學生、物理也不錯，反之亦然。由此可初步研判數學與物理的成績肯定有些什麼關聯。

將兩者關係量化的正是相關係數（correlation coefficient），這個係數可以將資料當中兩個變數的關係，轉化為介於 -1 到 1 的數值。相關係數為正值時，一個變數的數值增加，另一個也隨之增加，稱為兩個變數「具有正相關」。而當相關係數為負值時，一個變數的數值增加，另一個卻反而變小，則稱為「具有負相關」。

圖 6.1.1　變數之間的關係與相關係數

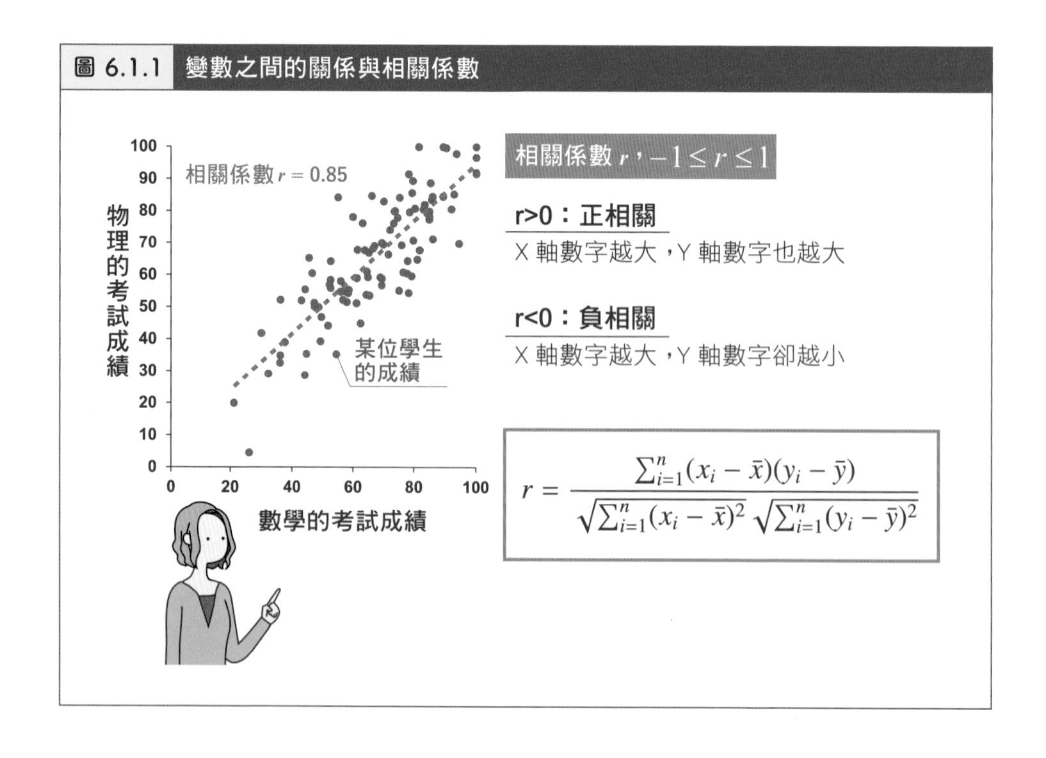

$$r = \frac{\sum_{i=1}^{n}(x_i - \bar{x})(y_i - \bar{y})}{\sqrt{\sum_{i=1}^{n}(x_i - \bar{x})^2}\sqrt{\sum_{i=1}^{n}(y_i - \bar{y})^2}}$$

通常，相關係數的絕對值越大(越靠近 -1，或越靠近 1)，代表彼此的關聯性越強(不過凡有規則、必有例外，這會在第 8 章詳述)。如果我們隨興找兩個完全不同領域的變數，計算相關係數的結果，其絕對值應該都不會很大。反之，當相關係數的絕對值較大時，經常就表示變數之間可能存在某種關聯性。

變數之間的因果關係

當這個現象影響了另一個現象時，我們會說「那兩件事之間有因果關係」。就像因為吃藥所以病好了、因為有唸書所以考了好成績、因為做了肌力訓練所以肌肉增加了，都在這個範疇之中。常常我們分析資料，是為了要釐清「原因與結果有沒有關聯」。可是，要「找出因果關係」，經常不是那麼容易。

相關與因果關係

當變數之間有著強烈的因果關係時，一般來說會反映在變數之間的相關性(編註：相關係數的絕對值較大)。可是，當變數之間有相關時，並不一定代表變數之間有因果關係。比如，我們知道「唸書唸得越久，考試成績就越好」這樣的因果關係，所以圖 6.1.2 中「唸書時數」跟「數學考試分數」就有呈現相關性，我們還可以進步一知道「因為多唸書 1 小時，所以平均可以增加 3 分」(圖 6.1.2 左方)[註1]。

註1　此為虛構資料，並且不考慮其他因素（比如天賦異稟的學生，就算唸書時數低，分數也很高）。

圖 6.1.2　具備相關並不代表有因果關係

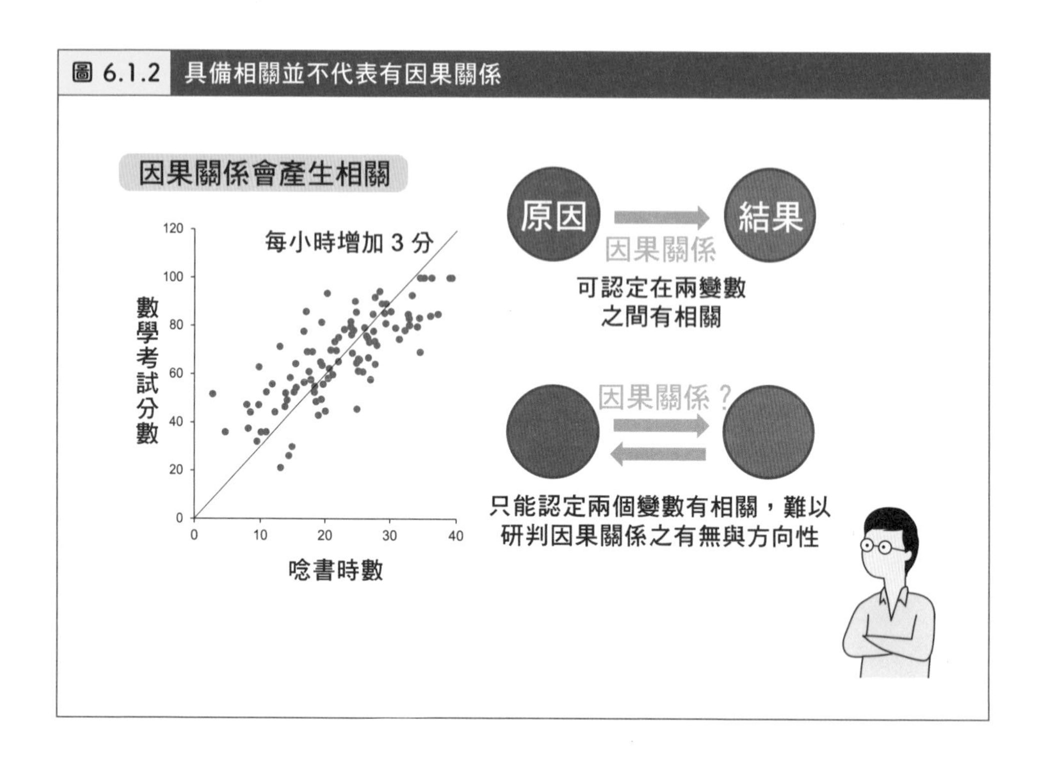

接著我們來看另一個範例。某地區 8 月每天的冰棒銷量跟中暑人數的統計結果(圖 6.1.3)[註 2]。從圖上也能看出資料具有正相關，但是否能說「因為冰棒賣得越好，所以中暑的人就越多」的因果關係呢？不要懷疑，有些人可能會因為解讀變數的相關性而做出奇怪的結論。

影響冰棒銷量跟中暑人數的原因其實是「氣溫」。像這種不在分析當中，卻足以影響分析結果的變數，就會讓人誤以為手上的資料具有因果關係[註 3]。

註2　此為虛構資料。

註3　雖然這也稱為偽相關 (spurious correlation)，但這兩個變數是「真的」有相關性，只是因果關係不確定。

圖 6.1.3 有相關、卻無因果關係

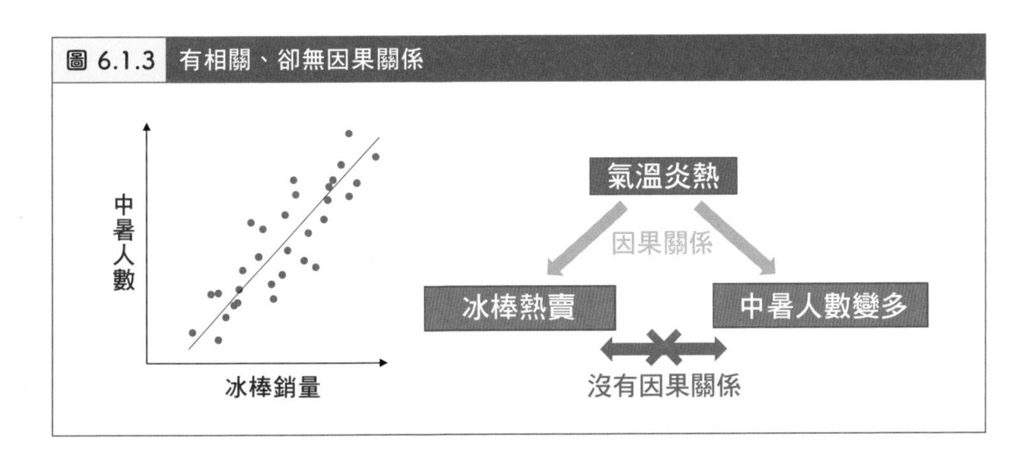

最後再介紹一個例子。圖 6.1.4 是取得美國數學博士學位的人數，以及核電廠的鈾存量 註4。這兩個變數當然沒有太多關聯性，然而實際計算後發現：這兩個變數的相關係數為 0.95。

圖 6.1.4 沒甚麼相關的兩個變數

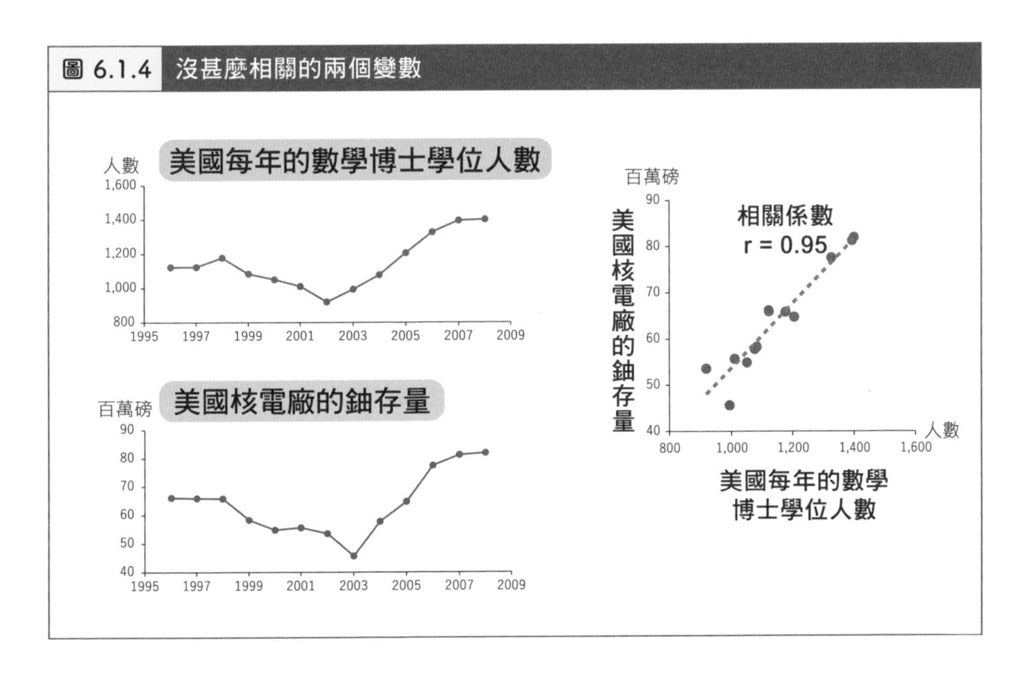

註4 資料來自 spurious correlations（https://www.tylervigen.com/spurious-correlations）。此網站有 Tyler Vigen 蒐集的各種具有很高相關係數的變數，儘管變數之間沒有太多的關係。

先說結論：這是巧合。這兩個變數恰巧就是許多資料當中，走勢幾乎一樣的組合。而且這也只是手上的資料（1995 年到 2009 年）看起來很像而已，也許蒐集更多新資料後，會發現其實這兩個變數沒什麼相關性。

如同上述的案例，可以了解「變數之間的關聯性有各種可能性」。而每個情境（直接因果關係、間接因果關係、有相關性、恰巧有相關性）還有不同的應用（圖 6.1.5）。

圖 6.1.5　變數之間的關聯、以及其中所蘊含的可能性

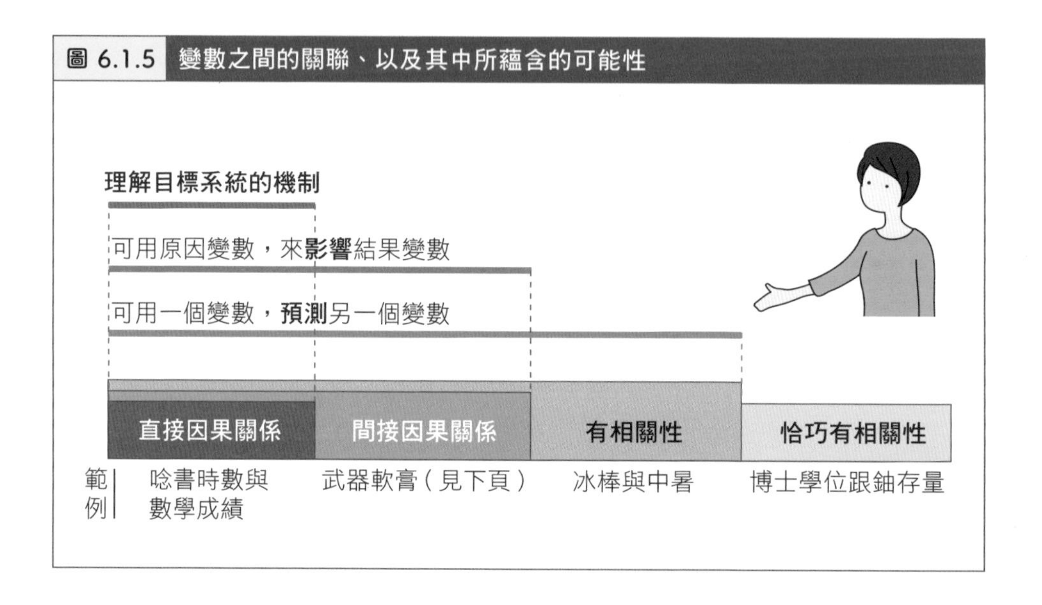

變數之間有直接因果關係

首先，可以確認變數之間具有直接因果關係的情境時，我們可以操作**原因變數**來改變**結果變數**，這個動作也稱為**介入**（intervention）。透過此操作如果可以額外理解目標系統的運作機制，就能以此為依據套用在其他的資料上。比如，唸書時數對數學成績造成的影響具有強烈因果關係，那麼除了可以知道認真唸書有用，也可以將這個因果關係套用在其他科目。

變數之間有間接因果關係

即便變數之間沒有直接因果關係，卻可能有著間接因果關係。比如，武器軟膏是 16～17 世紀時，流行於歐洲的療法。當時的人們深信，在戰鬥中受傷時，藥膏其實不是抹在傷口，而是塗在武器上才能讓傷口更快速地痊癒？！

科學界已經對這個現象給了說明。在那個時代，衛生還沒有這麼先進，甚至還有一些可能對人體有害的藥品，使用這些藥品反而讓傷口惡化。那如果將這些藥品塗在武器上，避免這些藥品傷害身體，可能傷口還會比較快癒合(仰賴自然治癒)。

因為將藥物塗抹在武器，所以對身體完全沒有任何藥效，進而減少藥物對傷口的傷害，產生了間接因果關係[註5]。在當時，人們對於「將軟膏塗在武器上，會產生不可思議的力量」這種認知，雖然不太正確，但因為存在著因果關係，使得原因變數(使用武器軟膏)，能間接(塗在武器)影響結果變數(傷口容易痊癒)。

變數之間有相關性，沒有明確因果關係

變數之間不存在因果關係，但可能有相關性。如前面提過的冰棒銷量與中暑人數，這兩者之間沒有因果關係，所以限制冰棒銷售量，並不會減少中暑人數。可是，兩個變數之間有相關性的時候，一個變數的數值變化，會發現另一個變數也有對應的數值變化，這樣的特性就可以用來做預測，細節我們會在第 10 章詳述。換句話說，如果我們只是想要做預測，並不需要找出變數之間有什麼因果關係，有相關性就可以了。

註5 「要不要在傷口抹藥」在這裡扮演著連結因果關係中的媒介，這其實應稱為**中間因子**(intermediate variable)。不要跟接下來要說的**干擾因子**(confounding variable)混淆。**干擾因子**會直接影響兩個變數；而**中間因子**只會影響因果關係中的**結果變數**，並且因果關係中的**原因變數**會直接影響**中間因子**。

變數之間沒有明確相關性，也沒有明確因果關係

最後，乍看好像有相關性，但實際上沒有關聯的兩個變數，這樣的特性無論是想要操作原因變數、或者進行預測等，可能都沒有什麼成效。然而，這種乍看有關，實則不然的案例，卻比比皆是。

那些會產生看似具有因果關係的情境

- **恰巧產生了關係**

  實際上完全無關的兩個現象，只是剛好看起來有關係。

- **彼此之間有共同的原因**

  正在分析的兩個變數，有相同的干擾因子，於下一節說明。

- **反向因果關係**

  例如「因為警察人數越來越多，犯罪也隨之增加」，其實是「因為犯罪層出不窮，所以才需要更多警力」。

- **透過選擇偏誤（selection bias）來操作資料**

  使用片面的資料使得變數之間看似有關係。

6.2 面對並處理干擾因子（Confounding Factor）

糾纏不清的變數

最理想的情況，當然是只看兩個變數就能告訴我們所有的答案，但往往目標系統當中，存在許多彼此糾纏的因子。

有個相當知名的實驗叫做「棉花糖實驗」（編註：Mischel, W., & Ebbesen, E. B. (1970). Attention in delay of gratification. Journal of Personality and Social Psychology, 16(2), 329－337.）。對 186 位的 4 歲幼兒說：「桌上的棉花糖是要給你，不過如果你願意等我 15 分鐘之後再吃，我會再多給你 1 個棉花糖」，並看看這些幼兒是否能等 15 分鐘。實驗結果顯示：那些忍耐 15 分鐘的幼兒，日後都成了世人眼中的成功人士，所以才有「具有毅力，才能成功」的說法。

之後，增加受測者人數並再次進行實驗，發現是否能夠忍住 15 分鐘不吃棉花糖，其實是與孩子們的家庭背景有關，也就是經濟條件較好的家庭，其養育的小孩比較可能覺得眼前的棉花糖並沒有太大的吸引力，所以可以忍住 15 分鐘。至於孩子們能否成為社會上的成功人士，主要的成因也是家庭背景。所以，是否能忍住 15 分鐘不吃棉花糖，跟是否成為社會上成功人士，主因都是來自家庭的經濟條件。這個案例跟冰棒銷量與中暑人數之間的關聯性很類似。

我們會誤以為「冰棒銷售量」、「是否忍住 15 分鐘不吃棉花糖」是原因變數，還有「中暑人數」、「社會成功人士」是結果變數，是因為有一個因子與這兩個變數都有關係，這稱為**干擾因子**（confounding factor）

實際資料當中有著數不清的干擾因子（圖 6.2.1）。為了要準確剖析目標系統裡頭，變數彼此之間的關聯，很重要的工作是要盡可能地去排除掉干擾因子，資料蒐集時就要控制干擾因子，或是在分析資料時排除干擾因子。

圖 6.2.1　變數與干擾因子

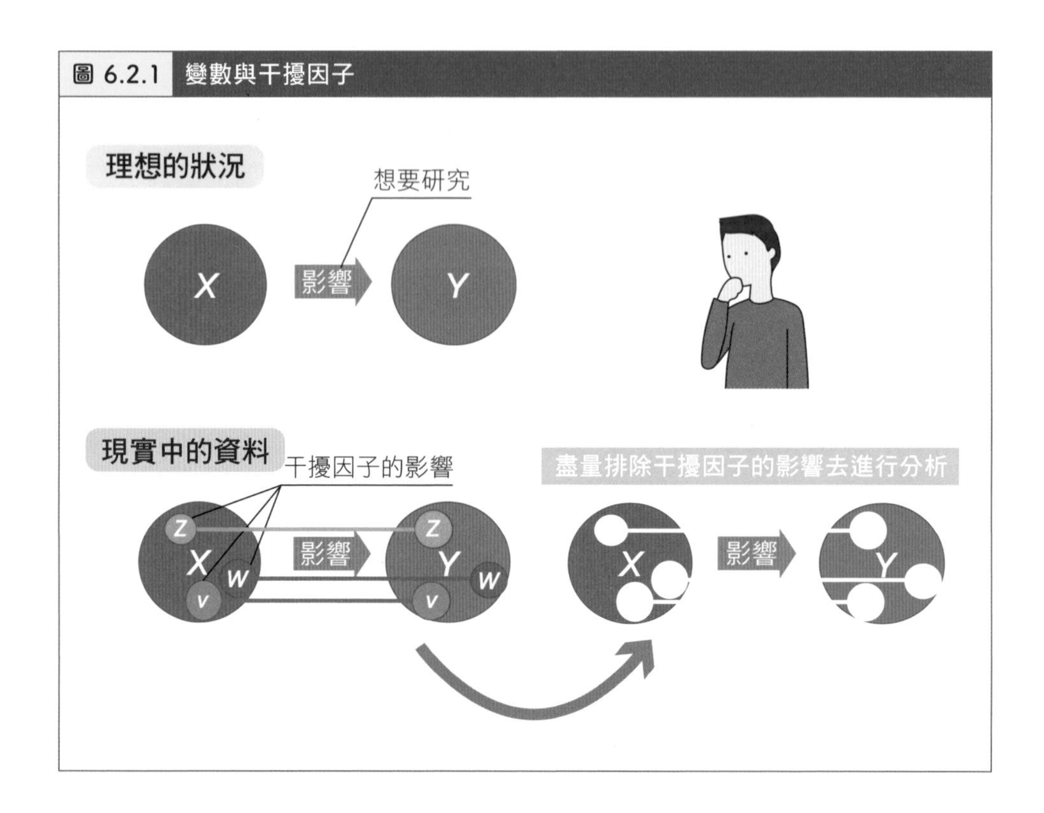

介入與介入的問題

想要知道變數 X 是否影響變數 Y 的最佳方法，就是實際改變 X，也就是介入 X，看看 Y 有沒有跟著改變。

想研究「吃了這款藥，是否能否治好那款病症」，就實際比較「有吃藥」跟「沒吃藥」兩者結果的差距，這個差距稱為**因果效果**（causal effect）。可是，只要我們讓生病的 A 吃了藥，就再也無法得知如果沒吃藥時會怎麼樣，也許 A 不吃藥也會好。這就是介入的盲點：一旦我們介入了，反而無法獲得不介入時的資料，這稱為**因果推論的根本問題**(the fundamental problem of causal inference)(圖 6.2.2)。

圖 6.2.2 因果推論的根本問題

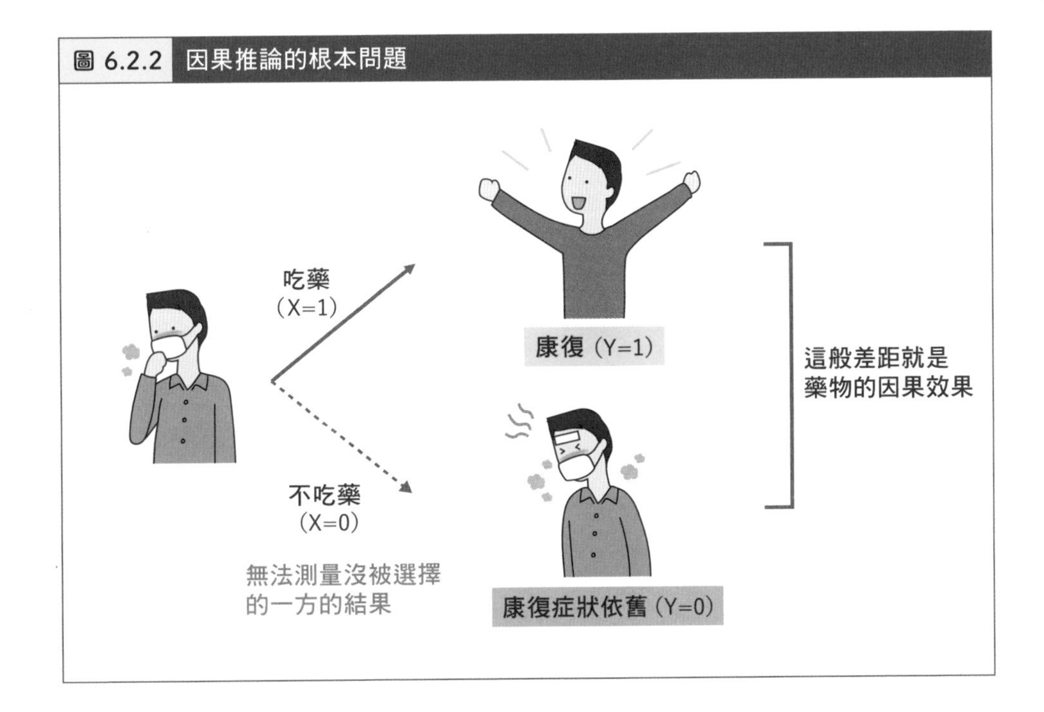

隨機對照試驗 (Randomized Controlled Trial, RCT)

隨機對照試驗是用來正確評估因果效果的重要方法，是為了要獲得目標系統中變數的平均效果，即**平均處理效應**(average treatment effect, ATE)。

一樣以藥效為例，將受測者分為一半服用新藥、一半服用安慰劑，並觀察其結果。若新藥真比安慰劑有效，那服用新藥的那群人就會有較多的受測者症狀獲得改善。服用新藥的受測者稱為**治療組**(treatment group)或**實驗組**(experimental group)，而服用安慰劑的受測者，稱為**對照組**或**控制組**(control group)。

這個方法的重點在於：將受測者分為二群時，每個人是被隨機分配到其中一群。所以，不管是誰的體質可能吃這種藥效果很好，誰可能效果不好，都藉由隨機分群來抵銷可能產生的實驗誤差[註6]。這方法並非只用於臨床醫學，在心理學、生物學、計量經濟學等諸多領域，像是網路行銷的 A/B Testing（將兩種或是更多種網頁設計，隨機分配給客戶，進行後續的分析），也都有使用隨機對照試驗的基本思維來設計實驗。

實驗性資料與觀察性資料

透過介入所得出的資料，如上述的隨機對照試驗，稱為**實驗性資料**（experimental data），雖然取得實驗性資料的成本較高，但做實驗前就可以先控制資料取得的方式，因此較不易被未察覺的因素影響結果。反之，不介入、直接測量原有狀態所得的資料稱為**觀察性資料**（observational data）。有些時候取得觀察性資料，比取得實驗性資料還簡單。像是想要研究長期吸菸對於健康有何影響時，不太可能設計隨機對照實驗，然後找一組受測者長年吸菸。通常只能找一些已經吸菸多年的人，以及不曾吸菸的人，持續觀察身體健康有無變化。

然而觀察性資料往往有所缺陷。以上述研究吸菸為例，假設只是對照長期吸菸跟不曾吸菸的兩組人健康狀態，分析結果真的顯示吸菸者健康欠佳。這可能是有吸菸的這群人剛好不太在意身體健康（本文只是舉例），會不會吸菸的人其實有其他不好的生活作息才真正導致健康欠佳？我們其實很難判斷「吸不吸菸」對「健康」的關係[註7]。

在那些使用觀察性資料進行的研究（稱之為觀察研究）當中，干擾因子普遍是難以充分獲得掌控，需多加留心。

註6　這樣的實驗設計已經假設「實驗組的受測者如果是吃安慰劑，其結果會跟對照組相似」。

註7　請注意，本文只是舉例。科學已經證實吸菸會導致一些健康問題。

6.3 無法使用隨機對照試驗（Randomized Controlled Trial）的處理方式

多元迴歸分析（Multiple Regression Analysis）

本節會介紹許多當無法介入，或是說無法執行隨機對照試驗，還有什麼方法。

首先，最常用的方法是**多元迴歸分析**（multiple regression analysis），這方法是將目標變數（標籤），以解釋變數（特徵）的權重加總來呈現，進而評估每個解釋變數對目標變數造成多少影響。

例如，分析葡萄酒的定價，可以使用多元迴歸分析[註8]。葡萄酒的品質（品質可以代表價格）為目標變數，酒款熟成時間（年）、採收葡萄那年的夏天平均氣溫、8 月份降雨量、冬天降雨量等為解釋變數。利用多元迴歸分析將解釋變數乘上係數後相加，透過調整權重係數來擬合目標變數（圖 6.3.1）。

至於如何計算出係數，就不在本書的範疇（編註：關於如何求得係數，可以參考旗標出版的「Kaggle 競賽攻頂秘笈 - 揭開 Grandmaster 的特徵工程心法，掌握制勝的關鍵技術」）。讀者可以直接使用分析軟體算出係數後，就能看出解釋變數對目標變數的影響如何[註9]（編註：例如此處可看出夏天平均氣溫對品質的影響最大）。

註8　O. Ashenfelter, Econ. J. 118:F174-F184（2008）.

註9　我們其實還需要用統計方法，檢查這些係數是否真的具有意義，相關內容就不在本書內容（編註：如何評估係數的涵義，可以參考旗標出版的「資料科學的建模基礎 - 別急著coding！你知道模型的陷阱嗎？」）。

這方法的好處是如果我們能網羅所有會影響目標變數的解釋變數（雖然通常是很難），就能夠分別找出每個解釋變數的重要性。換言之，只要能夠剔除那些不太重要的解釋變數，就可以知道哪些解釋變數比較重要、有多重要。然而這個方法只能分析出變數之間的關聯性，不一定能分析因果關係是否存在。上述的葡萄酒範例比較單純，氣候條件、熟成年數等解釋變數與「價格」這個目標變數，存在因果關係（編註：但是複雜一點的問題，就不一定能夠輕易判斷）。

多元迴歸分析不僅可以用解釋變數的線性相加，也可以將解釋變數相乘後，放入算式當中，來表現變數之間的**交互作用**（interaction）。如「夏天平均氣溫較低時降雨量少一些比較好，不過氣溫較高時降雨量多一些較佳」這種特性。因此，我們也要注意變數之間可能存在交互作用，如果執行的分析無法反映交互作用，反而會誤判目標系統（編註：如何分析變數之間的交互作用，可以參考旗標出版的「Kaggle 競賽攻頂秘笈 - 揭開 Grandmaster 的特徵工程心法，掌握制勝的關鍵技術」）。

圖 6.3.1　葡萄酒品質的公式

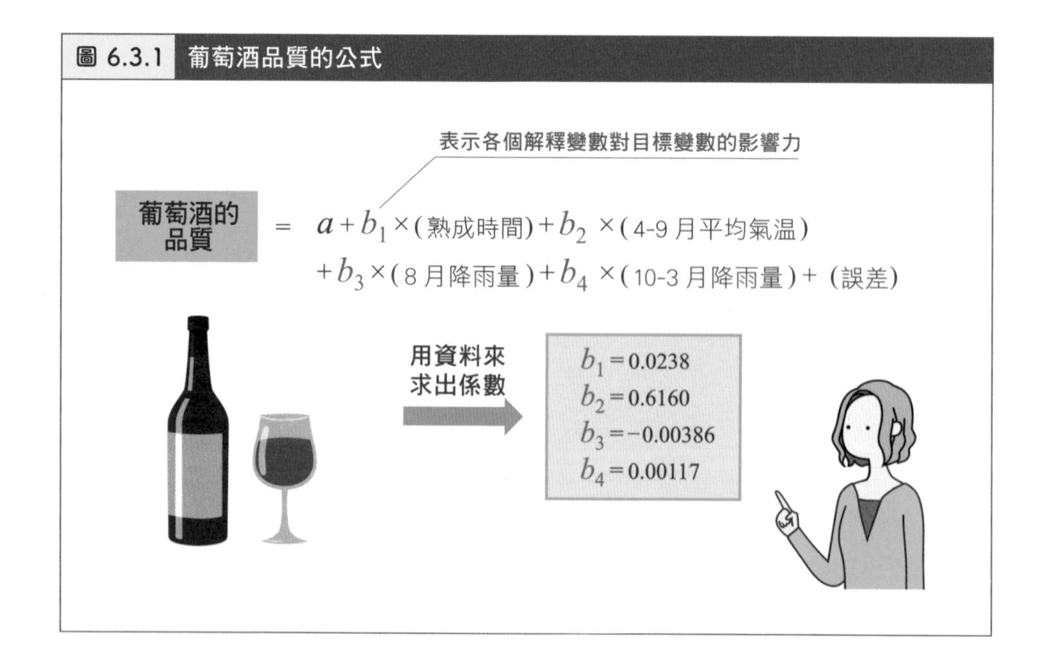

邏輯斯迴歸（Logistic Regression）

多元迴歸分析是用解釋變數相加的數學算式來呈現目標變數的作法，因此多元迴歸分析是一種**數學模型**（mathematical model）[註10]。數學模型的種類繁多，因應不同用途、選擇也不同。這裡就要來介紹另一個常用的數學模型：邏輯斯迴歸（logistic regression）。

有時候我們會希望模型輸出的目標變數可以收斂在 0 到 1 之間。比方說我們用目標變數 Y 來代表客戶是否購買商品，Y=1 代表有購買，Y=0 代表沒購買（這種可以將不是數字的變數，轉換成數字的變數，稱為**虛擬變數**（dummy variable））。

舉例來說，我們想要分析商品定價跟銷售狀況的關係，如圖 6.3.2。因為 Y 值不是 0、就是 1，所以圖上就會有呈現兩排橘色點的樣貌（編註：有一排橘色點的 Y 值都是 0、另一排橘點的 Y 值都是 1）。這時候若使用多元迴歸分析，單純將解釋變數 X 線性相加來呈現目標變數 Y [註11]，整個模型就會輸出很多不是 0 也不是 1、甚至大於 1 或小於 0 這種偏離目標變數的預測值（圖 6.3.2 左方藍色線）。然而，運用邏輯斯迴歸時，可以運用邏輯斯函數將計算結果壓縮至 0 到 1 之間來呈現目標變數（圖 6.3.2 右方藍色線）。雖然我們的範例，只使用了一個解釋變數，不過邏輯斯迴歸跟多元迴歸一樣，能夠處理多個解釋變數。

> **小編補充** 關於邏輯斯迴歸的延伸閱讀，請參考本書 Bonus 檔案，下載網址：
> **https://www.flag.com.tw/bk/st/F1368**

註10 將在本書第 10 章詳談，或是參考筆者前作「資料科學的建模基礎 - 別急著 coding！你知道模型的陷阱嗎？」（旗標科技）。

註11 我們的範例只有一個解釋變數，也就是商品價格 X。這時也許不該稱為多元迴歸，而是**簡單迴歸**（simple regression）。

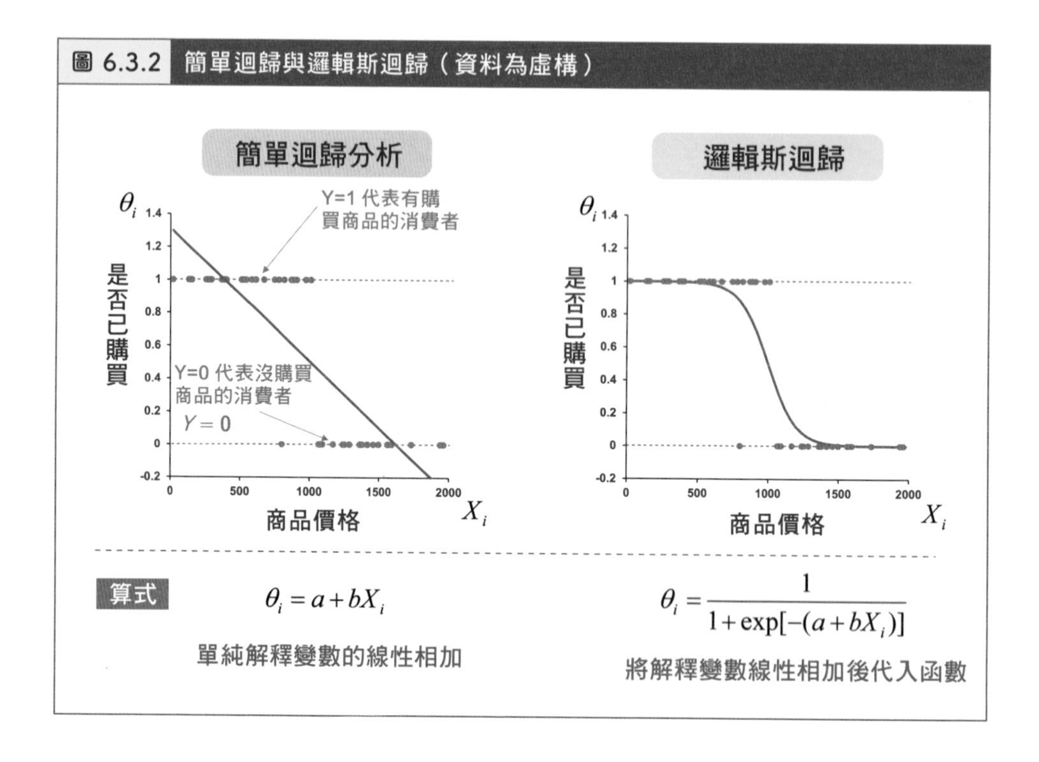

斷點迴歸設計 (Regression Discontinuity Design, RDD)

隨機對照試驗是使用隨機分配的方式，但有些問題根本無法隨機分配，因此使用隨機對照試驗就無法判斷實驗結果。

比如，公司要發優惠券給客戶，並且評估優惠券可以提升多少公司營業額。如果使用隨機對照實驗，我們應該將客戶隨機分成兩組，實驗組的客戶有優惠券，對照組的客戶沒有優惠券。最後，只要比較兩組客戶的消費金額差異，就可以知道優惠券成效。

但是，如果公司規定只有消費金額較高的客戶可以獲得優惠券，依舊使用隨機對照實驗，這時候只能將消費金額高且有優惠券的客戶分為一組，消費金額低且沒有優惠券的客戶分為另一組。那就會有問題：實驗結果發現消費金額高且有優惠券的客戶，他們消費金額比另一組高，原因是有優惠券，還是因為本來他們就有比較高的消費力[註12]？

面對這種無法隨機分配的問題，可以使用斷點迴歸設計（regression discontinuity design, RDD）。如圖 6.3.3，這個方法的橫軸是我們要介入的變數，縱軸是我們要測量的目標變數。在上述範例當中，假設今年消費金額 10 萬以上的客戶能夠獲得優惠券，如此一來橫軸就是今年消費金額，縱軸則是明年的消費金額。圖 6.3.3 的右側是有收到優惠券的客戶，左邊是沒有收到優惠券的客戶。我們對這兩組客戶分別做迴歸分析[註13]，並觀察是否獲得優惠券的基準（10 萬）附近的資料點，這些資料有本質上的差異：是否獲得優惠卷。如果這兩個迴歸的結果在這些資料有著一段落差時，就能判斷優惠券的成效。

圖 6.3.3 斷點迴歸設計

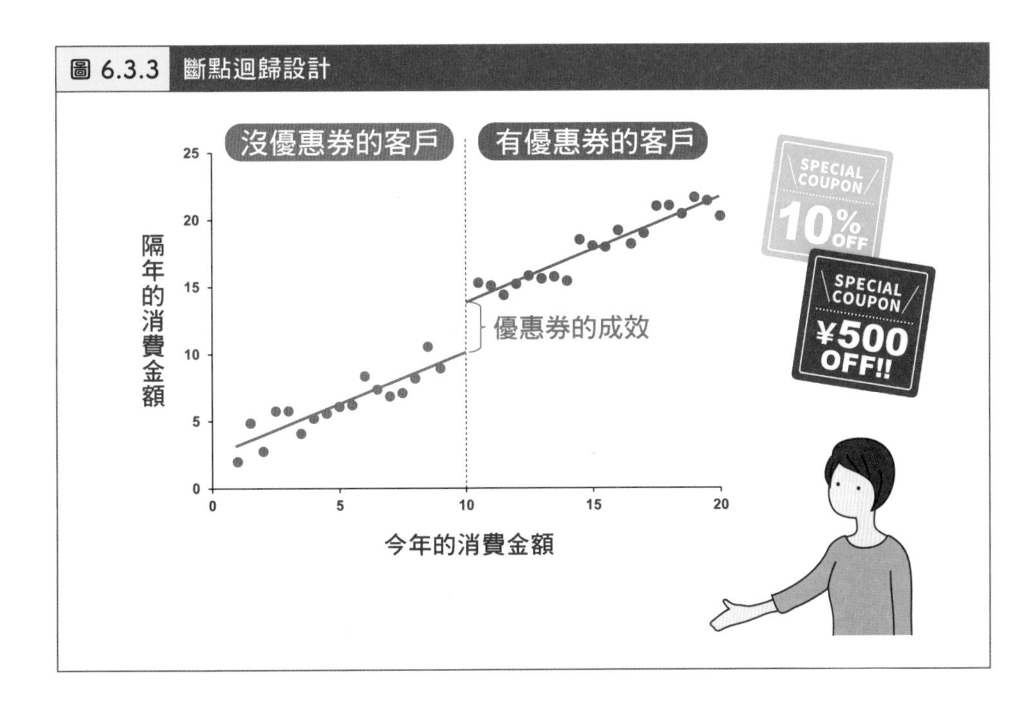

註12 若沒有根據全年消費金額來送優惠券，而是隨機抽到的客戶就送優惠券，則可以使用隨機對照試驗。

註13 還有許多無母數統計的方法，考量本書的難易度，這裡只介紹比較簡單的方法。

傾向評分匹配（Propensity Score Matching）

有時我們會遇到多個影響實驗的變數，而無法使用隨機對照試驗。

比如，當我們研究「吸煙與否」對於健康究竟有何影響時，可能會出現其他與健康相關的變數，如「喝酒習慣」跟「經濟狀況」等。在這種情況若還是只關注吸菸跟非吸菸，可能的問題像是吸菸組的受測者當中，比較多人也有喝酒習慣（本文只是舉例），造成實驗結果分不清楚究竟是吸菸還是喝酒的影響。

為了要處理這種情況，可以使用**傾向評分匹配**（propensity score matching）。以上述為例，首先將「是否吸菸」作為目標變數，其他與健康相關的變數做為解釋變數，建立一個邏輯斯迴歸[註 14]。透過模型可以知道「其他健康相關的變數，與是否吸菸的關係」，這個關係稱為**傾向分數**（propensity score）。

然後，在長年吸菸跟不曾吸菸的受測者當中，如果剛好傾向分數相似，我們就將其配對。最後做分析時，就僅用這些有配對成功的受測者資料。如此一來，其他影響實驗的變數，其影響力在兩組受測者當中是相似的[註 15]。

此外，有個簡便方法：**平衡法**（balancing）。這個方法是讓那些可能會干擾實驗結果的變數，對兩組受測者的影響相似。比如，當性別是會干擾結果的變數，可以控制讓兩組受測者當中的男女比例相同，來降低性別所帶來的影響。

註 14 這裡的模型輸出不是「健康狀態」，而是「是否吸菸」。我們也可以考慮使用其他種類的模型來獲得傾向分數。

註 15 傾向評分匹配雖然是常用的方法，但是有學者認為這個方法需要有「分數近似」這個條件，要是「分數近似」根本不成立的情況下，還使用這個方法，可能會有得到錯誤結論。

另外，也可將某個變數控制成定值。以上述的範例來說，就可運用此方法，將實驗調整為僅限男性（或是僅限女性）。

見招拆招

想要評估某個決策的成效時，常會因為成本考量而無法執行對照組實驗。或是在預期成效明顯的研究中，單純比較「使用前」與「使用後」，也是一個實務上可以採用的方法。

比如，老闆想知道之前買的昂貴設備，是不是真的有讓營運成本減少 30%，這時候比較難設計實驗中的對照組。但是使用昂貴設備之後，成本就直接少了 30%，這很可能是昂貴設備帶來的影響。本章所描述的技術，重點在於「避免各種變數導致不曉得什麼才是真正的原因」，如果可以確定各種變數對目標系統的影響其實很少，那就不一定要設計複雜的實驗。

最後要來稍微整理一下，面對哪些情境，可以使用什麼技術[註16]。

首先，能進行隨機對照試驗時，最好就踏實的做實驗。接著，如果能使用斷點迴歸設計時，也請好好地運用。

上面的方法都無法使用時，可以使用多元迴歸分析跟邏輯斯迴歸，盡可能地將我們認為重要的變數都納入數學模型中。另外，傾向評分匹配也可以考慮。只是這些方法雖然操作較簡單，但要推論出變數之間的因果關係，並不容易。

註16 如果可以預期變數之間有複雜的因果關係，就應該運用進階的分析技巧，盡量去分析那些資料中的變數因果關聯性。本書只精選出基本的方法，書中未盡之處可以參考 Judea Pearl 等人撰寫的「Causal Inference in Statistics: A Primer.」（Wiley）、星野崇宏的「調查観察データの統計科学」（岩波書店）、清水昌平的「統計的因果探索」（講談社）。

第 6 章小結

- 相關性跟因果關係是不同的概念。
- 掌控的變數「干擾因子」，是資料分析的重點。
- 隨機對照試驗在因果推論上是個強而有力的技術。
- 依據狀況不同，還能採用迴歸分析、傾向評分匹配、斷點迴歸設計等方法。

第 7 章 單一變數的分析手法

本章要說明單一變數的分析手法。比如，當我們蒐集了全班同學的數學考試成績時，考試分數就是單一變數，而全班同學的成績可想成「測量此單一變數的結果」。雖然講解的重點在於單一變數資料的分析手法，不過確實理解如何處理單一變數資料，對於之後探討更多變數的資料會非常有幫助。請各位讀者要確實掌握本章內容。

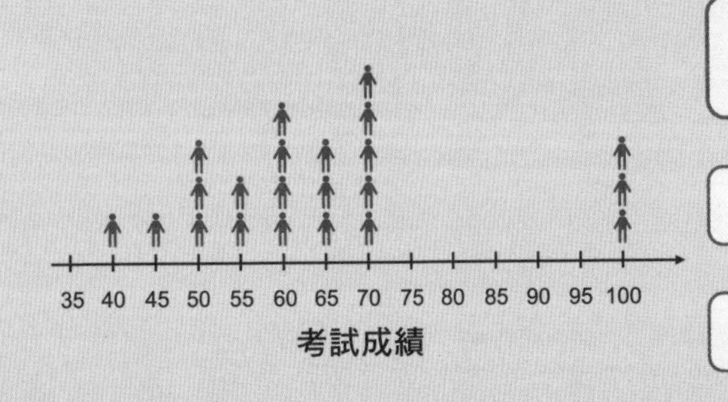

探討敘述統計量（Descriptive Statistics）（7.1 節）

探討資料分佈（7.2 節）

探討理論分佈（7.3 節）

探討時序資料（7.4 節）

7.1 探討敘述統計量（Descriptive Statistics）

定量變數 (Quantitative Variable) 與定性變數 (Qualitative Variable)

依照變數的內容特性，可以將變數分為兩類。用來表示數量的變數稱為**定量變數**（quantitative variable）；用來表示類別的變數稱為**定性變數**（qualitative variable）或**類別變數**（categorical variable），問卷調查中的選項，即為一種定性變數。定性變數無法進行加減運算，只能計算每個類別有幾筆資料，所以很多分析流程會無法適用。

本章會先探討定量變數，而定性變數的說明留待本書 9.4 節。

計算敘述統計量 (Descriptive Statistic)

像是資料的平均數或是標準差這種能代表資料整體特徵的統計量，稱為**敘述統計量**（descriptive statistic）或**概述統計量**（summary statistic）。我們可以用敘述統計量來掌握原始資料的一些特性。比如，用平均考試成績為 70 分、標準差為 20 分，來掌握資料散佈情況。

通常我們都會用平均數來代表整體資料，尤其當資料分佈近似於常態分佈時，平均數可以幫助我們了解資料。

不過，還有其他適用於不同場景的敘述統計量（圖 7.1.1）。像是中位數（median），這個統計量是指當我們將資料從大到小（或從小到大）排列時，恰巧位於正中央的數值。像是個人資產這類資料，有可能出現超大（或超小）值，單純計算平均數就會受到極值影響，以致於計算出來的平均數無法有意義地展現原始資料。比如，有一位總資產 20 億元的富豪搬到郊區，一下子可能就讓該郊區民眾的平均資產暴增了 4000 萬元。此時使用中位數，只會是排序上平移一筆資料，中位數的數值並不會有太大改變。

另外，還有一個好用的敘述統計量是**眾數**（mode），眾數是指出現最多次的測量值。以考試成績而言，當絕大多數的同學都是 70 分時，這個分數可以視為全班學生大致的實力基準。採用眾數時要留意，若「測量值」的數量沒有明顯多於「所有可能出現的數值」時，眾數的意義不大

小編補充 比如考試成績可以從 0 分到 100 分的任意整數值，這時「所有可能出現的數值」就是 101 個，如果蒐集 1,000 名學生的成績，可以考慮用眾數。若是只有蒐集到 50 位學生的成績，會不會剛好每一位學生成績都不同，這樣眾數沒有意義了。不過，如果我們把分數切成每隔 10 分一個 bin，那 50 位學生成績的眾數就可能會有意義。

平均數呈現整體資料的樣貌、中位數能看出正中間的資料數值、眾數代表資料當中最常出現的數值，這幾個統計量的使用時機眾數取決於資料的特性。實務上會先考慮使用平均數，若資料明顯不是常態分佈時，才會接著考慮中位數跟眾數。

圖 7.1.1 足以代表整體的數值

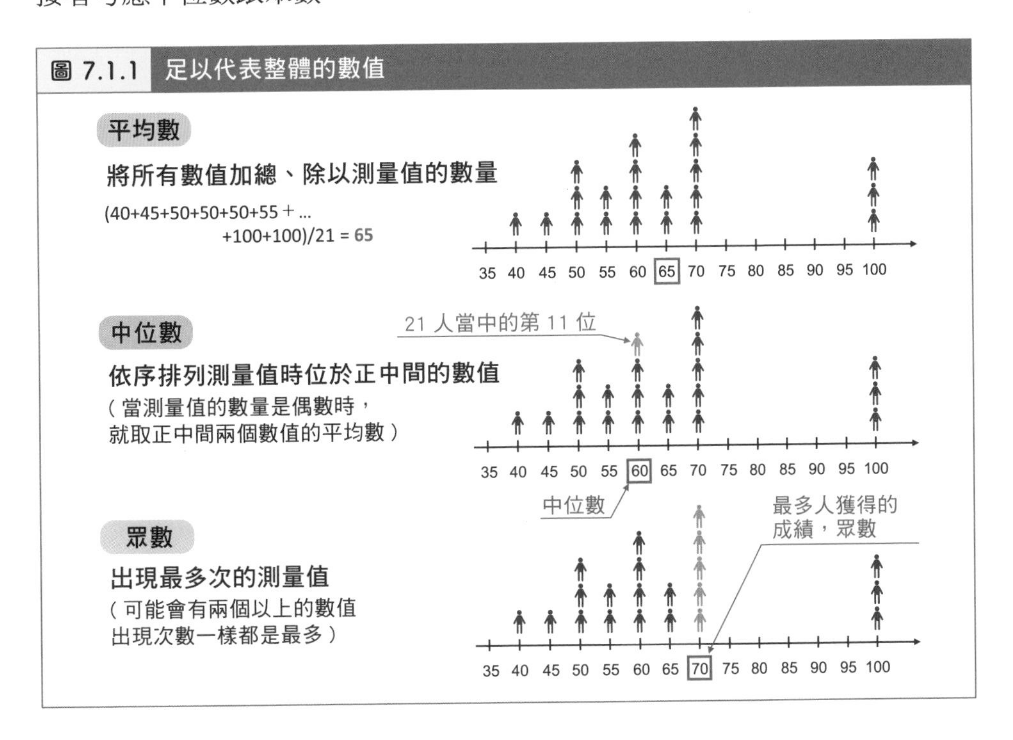

可表現資料分散狀況的敘述統計量

其實先前有提過幾次，變異數(variance)或標準差(standard deviation)可以呈現資料分散的狀態。當資料近似於常態分佈時，只要能知道平均數與標準差，就能掌握資料分佈[註1]。從這點來看，這兩個敘述統計量是定義資料分佈的基本元素。

只是，當資料不是常態分佈時，只用上述兩個基本元素，並不足以掌握資料分佈。此時就會需要用以下敘述統計量。

首先考慮的是**最大值**(maximum value)跟**最小值**(minimum value)，分別代表測量值當中最大的數值跟最小的數值。一開始先掌握這些資訊，就能知道資料落於哪個範圍。

接著考慮**百分位數**(percentile)，這是資料由小到大排序時，代表特定比例時的資料數值。比如，將資料由小到大排序，排名為 50% 的位置(編註：可想成勝過 50% 的資料，這是依分數算人頭的概念。例如：100 位學生分數有一半落在 37 分以下，那 50 百分位數就是 37 分，而不是 50 分；有 25 人分數落在 10 分以下，則 25 百分位數就是 10 分，而非 25 分。這點請勿搞混！)，該數值稱為「50 百分位數」，而 50 百分位數其實就是中位數(圖 7.1.2 右下)。百分位數還能去計算 50% 之外的位置，像是 25 百分位數是指將資料由小到大排序，排名為 25% 的位置(編註：可想成勝過 25% 的資料)，該資料的數值。

25 百分位數、50 百分位數、75 百分位數分別有另外的名稱：**第 1 四分位數**、**第 2 四分位數**、**第 3 四分位數**，這三個點構成**四分位數**(quartile，編註：可以將資料切成四等分)(圖 7.1.2 左)。

運用四分位數也能看出資料的分佈，而**箱形圖**(box plot)能彙整四分位數、最大值、最小值，展現資料分佈(圖 7.1.2 右上)。此外，第 1 四分

註1 常態分佈的參數是平均數跟變異數（或是標準差）這兩個量。換句話說，知道平均數跟變異數（或是標準差），就能畫出整個常態分佈圖。

位數到第 3 四分位數的範圍，也就是 25%～75% 的區間，稱為**四分位距**（interquartile range, IQR），也是用來判斷資料分佈的指標之一[註2]。

此外，5 百分位數、95 百分位數這兩個數值可以排除資料中最小的 5% 以及最大的 5%（就是特別小或特別大）的數值，因而有機會更準確掌握資料中，比較有意義的範圍。因為有時候資料裡的最小值跟最大值是很誇張的離群值，排除部分離群值或許更能代表資料的樣貌。

圖 7.1.2 四分位數與箱型圖

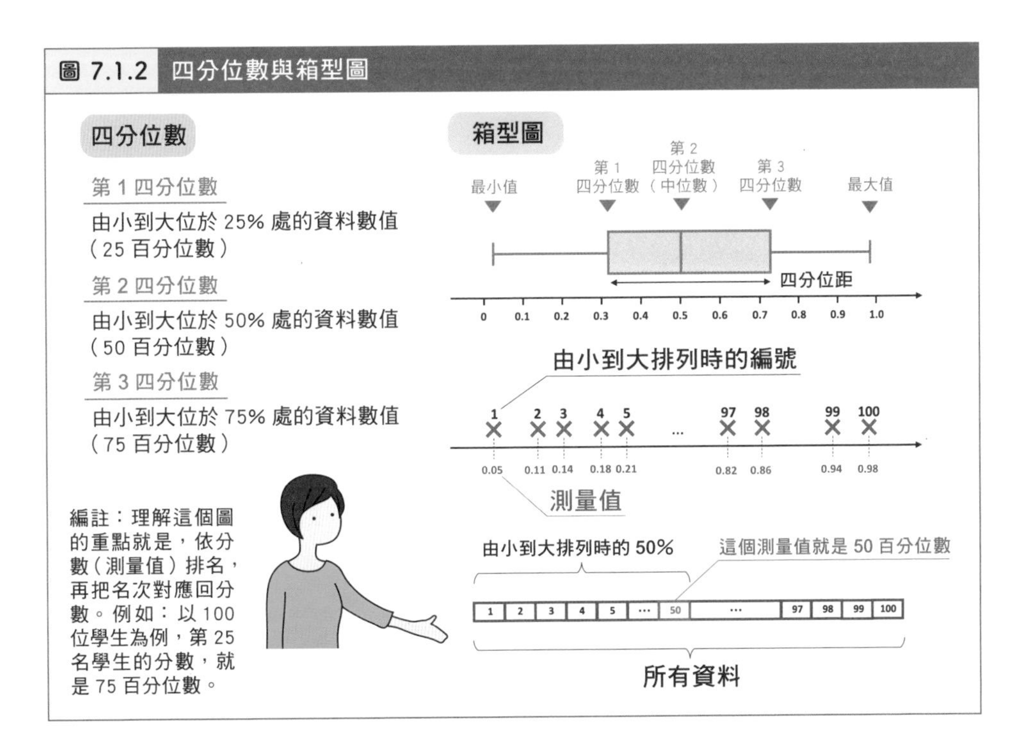

除了上述的敘述統計量之外，在已知資料符合特定理論分佈的情況下，還有其他用來表示資料性質的統計量（編註：比如有時用來分析排隊人潮的卜瓦松分佈，此分佈的參數 λ 代表單位時間內某事件的平均發生率，

註2 像是那些比「第 1 四分位數 - 1.5 x IQR」還要小的數值，以及比「第 3 四分位數 + 1.5 x IQR」還要大的數值，則視為離群值。發明了箱型圖的 J. W. Tukey（1915-2000）表示，第 1 /第 3 四分位數 -/+ 1.5 x IQR 以外的資料，近似於常態分佈當中偏離平均數 2.7 倍標準差的資料。

那麼抽樣測量「某事件平均發生率 $\bar{\lambda}$ 就是一個統計量」)。然而，在還不知道資料的分佈為何，建議先以上述常用的統計量來掌握手中的資料。

別被敘述統計量誤導

雖然敘述統計可以簡單呈現資料的樣貌，可是請注意，當資料的分佈相當特殊時，很有可能敘述統計捕捉到的資料特性，與實際差異很大。比如，計算平均數跟標準差時，很容易讓我們覺得「大部分資料都分佈在平均數的附近」，若該資料分佈其實含有 2 個以上的峰值，又或者有些數值集中在非平均數的位置，我們可能就被敘述統計誤導而做出錯誤的分析(圖 7.1.3)。

圖 7.1.3　資料分佈與敘述統計量

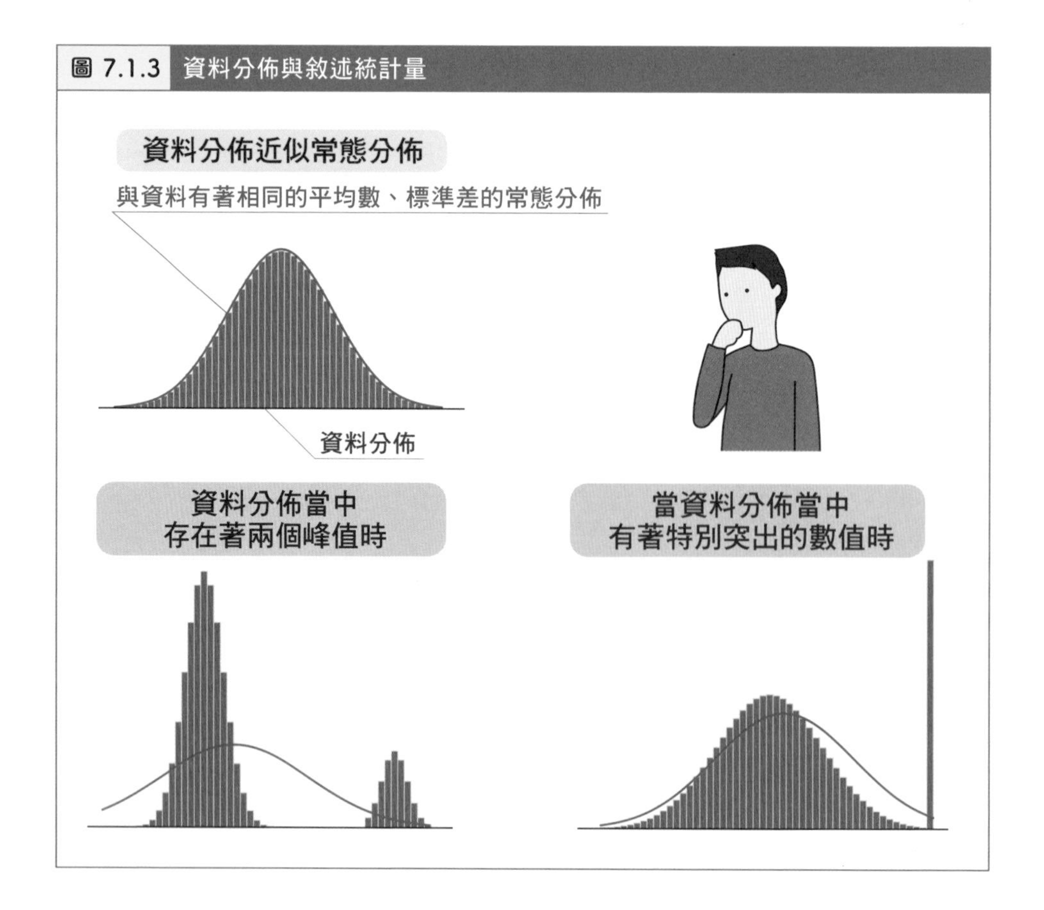

7.2 探討資料分佈

資料視覺化的方法

敘述統計量雖然簡單好用，但是並非適用於所有資料(圖 7.1.3)。此外，**敘述統計量只能捕捉大致的性質，容易忽略掉資料裡細微的特性**。

為了要掌握資料裡細微的特性，必須要實際檢視資料的分佈。比如，在圖 7.1.1 中，雖然能夠算出平均成績是 65 分，標準差是 16.6 分，但其實資料分佈跟常態分佈截然不同。此外，雖然獲得 70 分的人數最多，但 75~95 分卻是 0 人，然後 100 分出現 3 人。這可能有一些特別的意涵，也許有 70 分是屬於基本題，而剩下的 30 分挑戰題必須要融會貫通課程內容，才有辦法拿到分數。

所以，接下來要介紹幾種常見的資料視覺化方法。

首先，單純畫出資料分佈，像是圖 7.2.1 左上單純將測量值繪製出來的**帶狀圖**(strip plot)，圖 7.2.1 中上可以看出每個數值有多少筆資料的**群集圖**(swarm plot)[註3]，另一個選擇是圖 7.2.1 右上的**直方圖**。

如果同時想要兼顧敘述統計量，則可以嘗試使用圖 7.2.1 下排的圖形。**長條圖**(bar plot)是將資料的平均數跟**誤差槓**(error bar)連同資料分佈一起繪製的圖，因為根據不同的情境，誤差槓可能是標準差、標準誤、信賴區間等，因此請記得標示清楚。因為長條圖只能放入平均數跟誤差槓這兩個資訊，與接下來要提到的圖比較，資訊較為不充足。

註3 可以透過將資料點略為向左移或往右移，減少資料點的重疊程度，以方便判讀。

箱型圖能清楚呈現資料有多大程度的分散，我們稍早已經有說明此圖的使用方法。**小提琴圖**（violin plot）運用了核密度估計（Kernel Density Estimation）去推導資料的分佈狀態，並繪製出來（編註：核密度估計是藉由從某個未知的母體中抽樣出來的資料，推測母體的機率密度函數）。遇到資料峰值不只一個時，也能細膩地呈現資料的分佈。可惜目前不是廣為人知，因此並非人人皆能判讀，建議使用時也提供輔助說明。

每種資料視覺化方法都各有優缺點，因此應視情況來選擇適合的方法。比如圖 7.2.1 右下，一起使用群集圖跟箱型圖時，不僅能描繪出測量值的分佈狀態，也能夠顯示敘述統計量的數值。

圖 7.2.1　資料視覺化

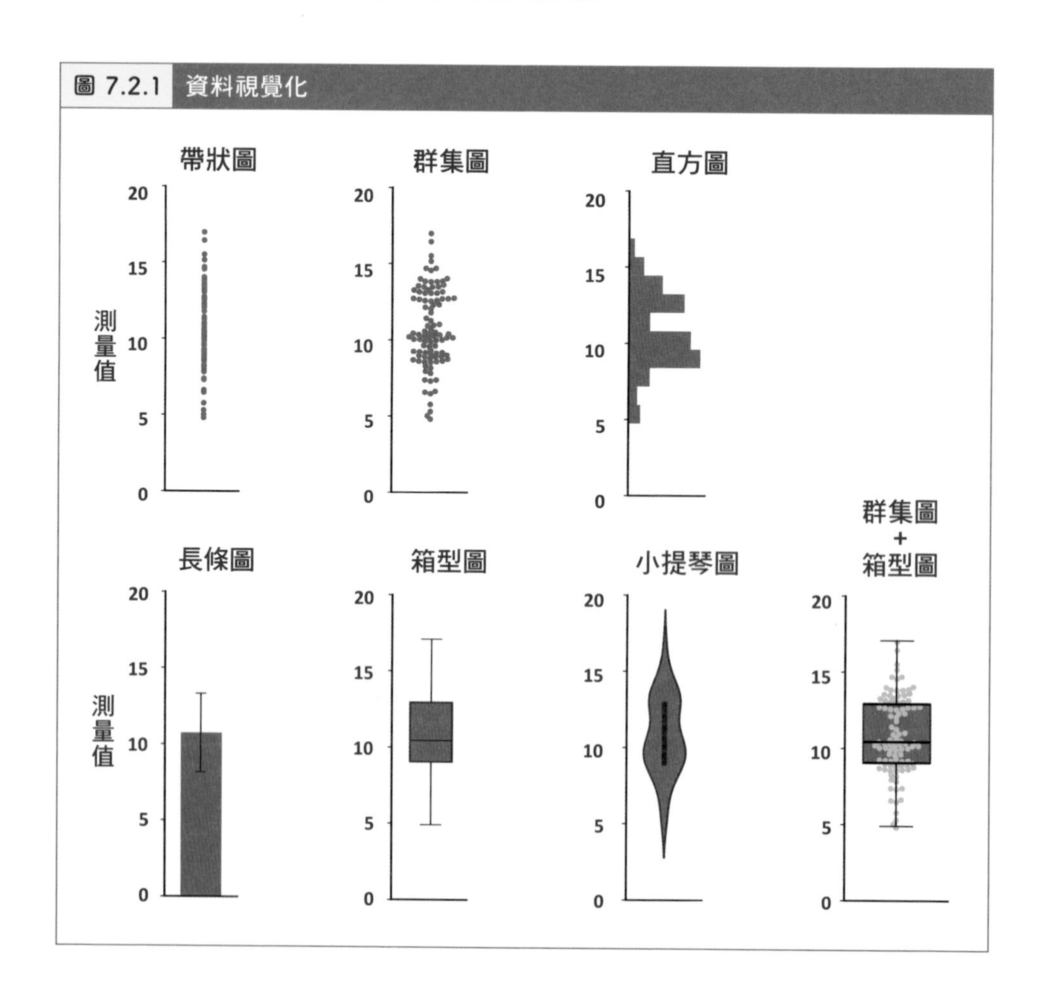

無論是 Python 或是 R 等程式語言都有套件支援繪製這些圖，很方便使用[註4]。

配合目的來執行資料視覺化

剛剛提到了數個資料視覺化的方法，但究竟該用哪個好呢？接下來就來講解基本思維。

如果我們想要完全重現資料的分佈，可以從群集圖、小提琴圖、直方圖中選一個，或是合併使用。

當樣本數量很小，以致於能用來推論分佈形狀的資訊很少，或者也許只是一些誤差而導致資料分散（3.3 節），以上這類不需要知道分佈的細節，只要知道大致的資料分佈狀態即可，就選擇長條圖或箱型圖。

不需要知道資料分佈的形狀，但不想忽略離群值、特殊資料點，避免資料分析結果有問題卻不自覺，可以先用群集圖來呈現所有測量值，檢查有沒有什麼異常之處。近年來學術期刊上明顯看出，比起過去常用的長條圖，那些更能簡單呈現資料點的方法使用頻率越來越高。

直方圖的陷阱

直方圖常常用來顯示資料的分佈，但是，資料是屬於連續值變數時，直方圖的 bin 寬度該怎麼調整，就會是個問題。比如，我們嘗試以不同的 bin 寬度，將 400 個測量值描繪成直方圖（圖 7.2.2）。明明一樣是直方圖，只是不同的 bin 寬度，繪製出的圖形給人的資訊卻不同。當 bin 寬度較大時，很多分佈的細節都看不見；但是當 bin 寬度較小時，圖中會有很多刺刺的突起反而看不清資料分佈。當我們分析實際資料的時候，可能會因為 bin 的寬度使得圖形呈現樣貌不同，而做出不一樣的判斷。究竟 bin 寬度多

註4　除了群集圖跟小提琴圖，其他圖形都能用 Excel 繪製。

少，才能呈現資料的本質，還需要其他進一步的分析，才能判斷。也許有一些流程可以求出「較好」的 bin 寬度，但是能夠找出「最佳」的 bin 寬度是滿困難，而且可能不存在「最佳」的 bin 寬度，因為不同的 bin 寬度，其實都呈現了資料的某個涵義。實務上還是應該將重點放在資料具備什麼特性，再去思考該將 bin 寬度設定為多少。這邊只要先了解不同 bin 寬度的設定，圖形差異也很大，可能會影響判讀就好。

圖 7.2.2　不同的 bin 寬度所呈現的直方圖

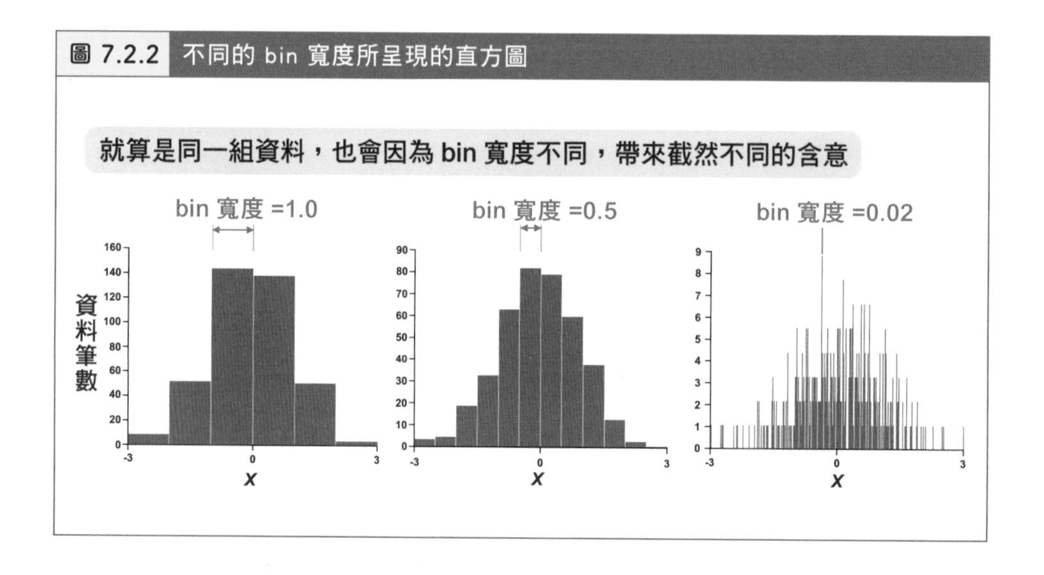

7.3 探討理論分佈

理論分佈

有時候理論分佈很適合用來解釋某些資料，就好像常態分佈適用於許多實務應用。了解常態分佈之外的理論分佈，也可以幫助我們判斷資料生成的機制。比如，與時間間距有關的資料，像是大約多久儀器會故障或是服務等候時間，大多不是對稱的分佈，這時候就不會用常態分佈，而是套用其他理論分佈(圖 7.3.1)(編註：例如等待 ATM 服務的分析，可以考慮使用卜瓦松分佈)。大多數的理論分佈都是已知「經歷什麼樣的過程會導致這樣的結果」或是可以得知「哪種形式的資料會貼近此分佈」，因此可作為資料分析的基礎。

3.3 節有提過，理論分佈的組成是透過**參數**(parameter)，就像常態分佈有平均數跟變異數(或是標準差)這兩個參數。想要將理論分佈套用在實際資料，就需要進行**參數估計**(parameter estimation)，或稱**擬合**(fitting)。用理論分佈來呈現資料的模型，稱為**統計模型**(statistical modeling)[註5]。

比如，我們的目標系統，其測量結果為 0 或 1。假設重複進行多次測量後，出現 1 的次數所呈現的經驗分佈，跟二項式分佈(binomial distribution)(圖 7.3.1)中參數 $p=0.2$ 時的理論分佈幾乎一致，我們就可以藉由二項式分佈的各種性質，來理解目標系統。圖 7.3.1 彙整了一些常見的理論機率分佈，其中的內容並不需要死背，只要稍微知道分佈有幾種、各自的名稱就可以。

註5　詳細請看久保拓的「データ解析のための統計モデリング入門」(岩波書店)，或是筆者前作「資料科學的建模基礎 - 別急著 coding！你知道模型的陷阱嗎？」(旗標科技)。

圖 7.3.1　常見的理論分佈

	公式	特性與範例
幾何分佈	$P(X=k)=p(1-p)^{k-1}$ $k=1,2,\ldots$	(p 表示出現正面的機率) k 為出現第一次正面時，反面已出現的次數。用於「不斷嘗試，直到成功」的場景。
二項式分佈	$P(X=k)=\binom{n}{k}p^k(1-p)^{n-k}$ $k=1,2,\ldots,n$	(p 表示出現正面的機率) 擲 n 次硬幣後出現 k 次正面的機率。用於在較小的樣本數量中進行抽樣。另外，當 n 越大就越趨近常態分佈。
負二項式分佈	$P(X=k)=\binom{k+r-1}{k}p^r(1-p)^k$ $k=1,2,\ldots$	(p 表示出現正面的機率) k 為出現第 r 次正面時，反面已出現的次數。用於「在發生某事件之前，另一個事件能出現幾次」的場景。
卜瓦松 (Poisson) 分佈	$P(X=k)=\frac{\lambda^k e^{-\lambda}}{k!}$ $k=1,2,\ldots$	(λ 為期望次數) 某固定期間或空間內，發生某事件 k 次的機率，事件之間為獨立且具有特定的發生機率。例如每天會收到多少電子郵件，或是每分鐘瀏覽網站的次數等。
指數分佈	$f(x)=\lambda e^{-\lambda x}$ $x\geq 0,\lambda>0$	(λ 為單位時間內平均發生次數) 等待某事件發生 1 次的時間之機率密度函數。例如診所開門後，等到第一個客人所需時間，時間的機率分佈。
伽瑪 (Gamma) 分佈	$f(x)=\frac{\lambda^\alpha}{\Gamma(x)}x^{\alpha-1}e^{-\lambda x}$ $x>0,\alpha>0$	(λ 為單位時間內平均發生次數) 等待某事件發生 α 次的時間之機率密度函數。用於「經歷數個階段後才發生某事件」的場景，例如已知服務使用率，一個固定時間內會有多少人使用服務。另外，當 $\alpha=1$ 時則呈現為指數分佈。

小編補充　$P(X=k)$ 代表 $X=k$ 的發生機率， $f(x)$ 代表機率密度函數。

重尾分佈

資料接近常態分佈，通常用平均數跟標準差這類敘述統計量就能抓到資料重點。但是，再次提醒讀者，目標系統有一定機率出現無法忽視的極大值，就要特別注意。比如，經濟學上的資料，極大值(編註：非常有錢的富豪們對於廣大的國民來說，算是極大值)可能無法忽略，這時候常常就會用到**對數常態分佈**(log-normal distribution)。

分佈的末端又稱分佈的尾巴(tail)，前面提到有一定可能性會出現無法忽視的極大值，其資料分佈就稱為「**重尾分佈**」。重尾分佈除了對數常態分佈之外，還有如**柏拉圖分佈**(Pareto distribution)、**利維分佈**(Lévy distribution)、**韋伯分佈**(Weibull distribution)等。面對重尾分佈，我們可以用半對數圖繪製資料，就會呈現出常態分佈[註6]。透過這樣的轉換，可以表現出無法忽視的極大值。另外，重尾分佈中的平均數跟標準差意義不大，因此在這裡就派不上用場[註7]。

舉例來說，投資報酬有時是投資金額的隨機倍率(圖 7.3.2)。能夠在這項投資獲利的人，資金會是以倍數成長。此時，資料會呈現對數常態分佈。將這個數學關係兩邊都取對數，乘法就會變成了加法。根據中央極限定理，隨機變數的總和會逐漸趨近常態分佈[註8]。因此，這種隨機且倍數成長的資料，背後經常會是對數常態分佈。而要有效處理對數常態分佈，就是透過取對數來進行資料型態的轉換(稱為對數轉換)，轉換後通常就會是常態分佈，比較好分析資料特性。

註6　只對某一個座標軸取對數，稱為半對數圖。經常用於描述那些會以倍數成長的人事物，如疫情的確診人數或是所得分佈。

註7　注意，這裡是指理論分佈而言。在經驗分佈中，因為原本的資料是有限的來源、有限的數值，所以要去計算樣本平均數或是樣本標準差也是可以（編註：舉例來說，當我們拿柏拉圖分佈這個理論分佈的平均數來解釋手上的資料，不一定有用。但是，資料來自柏拉圖分佈，直接計算資料的平均數，也許有用）。

註8　根據中央極限定理，隨機變數的總和會呈現常態分佈。

圖 7.3.2　對數常態分佈的特性

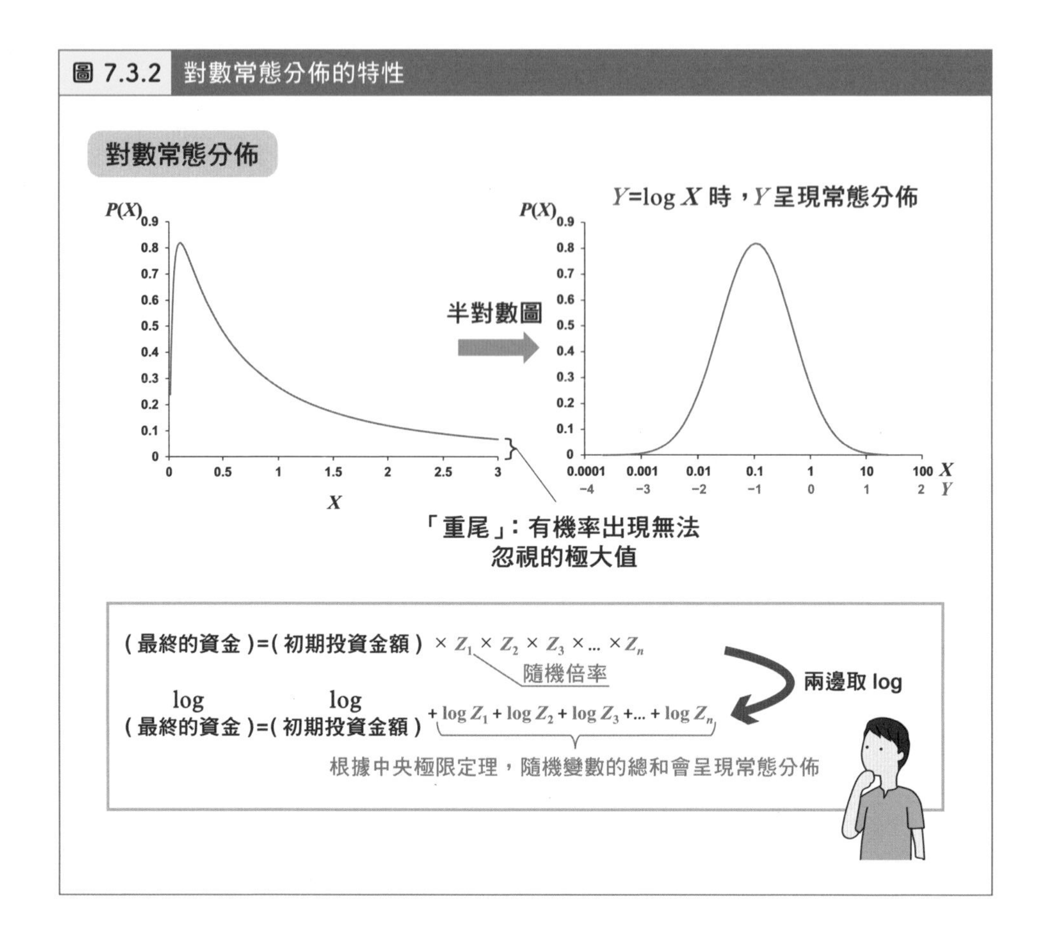

用累積分佈函數來比較經驗分佈跟理論分佈

雖然可以用直方圖來了解經驗分佈，但是想要了解分佈的特性，**累積分佈函數**(Cumulative Distribution Function，簡稱 CDF)是很好用的工具。我們可以使用機率密度函數來計算累積分佈函數：機率密度函數中某一個位置(x 軸)的左側究竟累積多少機率值(圖 7.3.3)。累積分佈函數也能呈現資料的散佈狀態，只是觀看資料的角度與機率密度函數不同(編註：累積分佈函數是機率密度函數積分後的結果)。

比如，圖 7.3.3 中我們試著使用常態分佈產生的 400 筆資料，畫出直方圖以及累積分佈函數，並且跟理論分佈比較。我們可以看到一個重點：累積密度函數，沒有設定 bin 寬度的問題。使用機率密度函數來比較經驗分佈與理論分佈，一定得將 bin 寬度設定得恰到好處；即便有理想的 bin 寬度，也有可能被一些隨機誤差影響判斷。但是只要使用累積分佈函數，沒了 bin 寬度的問題，就可以較準確地比較理論分佈與經驗分佈；而且因為是用累積的結果，隨機誤差會彼此互相抵銷，因此更能看出理論分佈跟經驗分佈的差異。

圖 7.3.3 累積分佈函數的概要

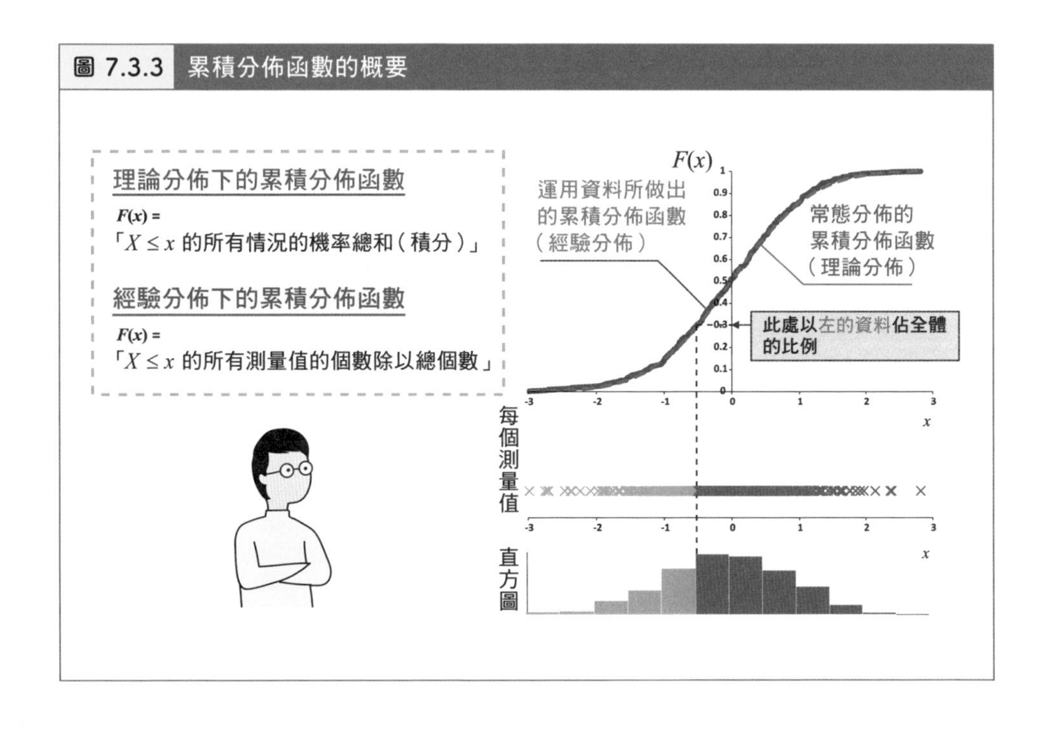

7.4 探討時序資料

持續測量目標系統

想了解隨著時間過去目標系統的變化，可以持續不斷地測量同一個目標系統，所獲得的資料稱為**時間序列資料**(time series data)(圖 7.4.1)。本書第 2 章提過自閉症兒童逐年變化的比例，也屬於時間序列資料(圖 2.1.2)。本書到目前為止提到的諸多觀念，並非使用在時間序列資料。而本節要來說明當目標系統隨時間變化時，如何知道目標系統「究竟是怎麼變化」。

比如，想要了解某個商品是否會爆紅？還是乏人問津？如果銷售成績不錯，又能維持熱度多久呢？我們需要分析時間序列資料，才有機會解答這些重要的問題。

時序資料是由我們所關注的變數(比如銷售量)，再加上時間(比如幾月幾日)，2 種變數所組成[註9]。乍看之下似乎直接將其視為雙變數資料去處理就好，但是，因為「時間」是一種很特別變數，導致那些常用於雙變數資料分析的方法幾乎行不通。不只因為時間變數可能會影響其他變數(編註：比如假日銷售量比平日高)，還有很多複雜的變數關係使我們難以掌握(圖 7.4.1)。舉例來說，X 代表銷售量，t 代表日期。X 值會受到 t 值的影響而改變，不過仔細思考一下，其實 X 值並非只受到 t 值影響，還會受到「以前的 X 值」影響(編註：可以想像特價活動時商品銷售量很好，可能會造成特價結束後的銷售量下降)。也就是說，不同時間的 X 值，對現在的 X 值，有不同的影響。上述的這些因素導致我們無法將「時間」當成一般的變數，所以我們需要專門處理時間序列資料的技術。

註9 其實也有多變數時間序列資料 (multivariate time series data)，記錄多個變數其隨時間的變化。礙於篇幅，本書以單變數時間序列資料為主。

時間序列資料的分析手法很多樣，本書無法完全觸及。因此，本書挑出專屬於時序資料才有的特性，來跟讀者介紹週期性波動跟自相關這 2 個通用性高的方法[註10]。

圖 7.4.1 複雜的時間序列資料

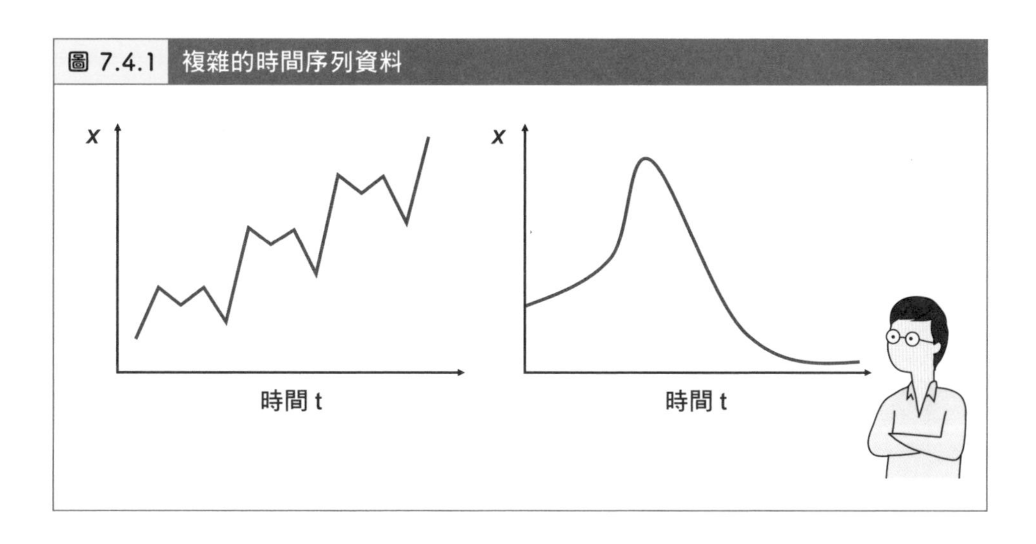

解析週期成分

要避免測量目標系統時產生的隨機誤差、或是其他導致偏誤的因子，最重要的事情是抓出時間序列資料中的基本成分，進一步了解時間結構對目標系統的影響、以及跟時間結構無關的因子為何。比如，便利商店當中某商品的銷售量每天都不同，但也許我們看星期幾與銷售量的關係後，可以找出一些模式，可能週末人潮多、週三人潮少，導致營業額有所不同(圖 7.4.2)。

註10 關於時序資料的分析參考書籍，入門的內容可以參考筆者前作「資料科學的建模基礎 - 別急著 coding！你知道模型的陷阱嗎？」(旗標科技)。進階內容可以參考宮野尚哉等人的「時系列解析入門 [第 2 版]：線形システムから非線形システムへ」(サイエンス社)、馬場真哉的「時系列分析と状態空間モデルの基礎」(プレアデス出版)、沖本義「経済 ・ ファイ ナンスデータの軽量時系列分析」(朝倉書店) 等書。

隨著星期、季節等重覆出現類似的資料，我們將其稱為**週期性波動**（periodic fluctuation）。當我們察覺資料當中存在週期性波動時，就能將資料拆解成週期性成分以及非週期性成分，讓資料的趨勢更明顯。換句話說，如果錯將週期性成分視為獨立、毫無相關的資料，可能會影響分析結果[註11]。能夠抓到週期性波動中每一個週期（如果以星期來說，每個週期就是 7 天），會量到類似的資料型態，就有機會做到正確的分析。

圖 7.4.2　資料當中含有週期性波動的示意圖（虛構資料）

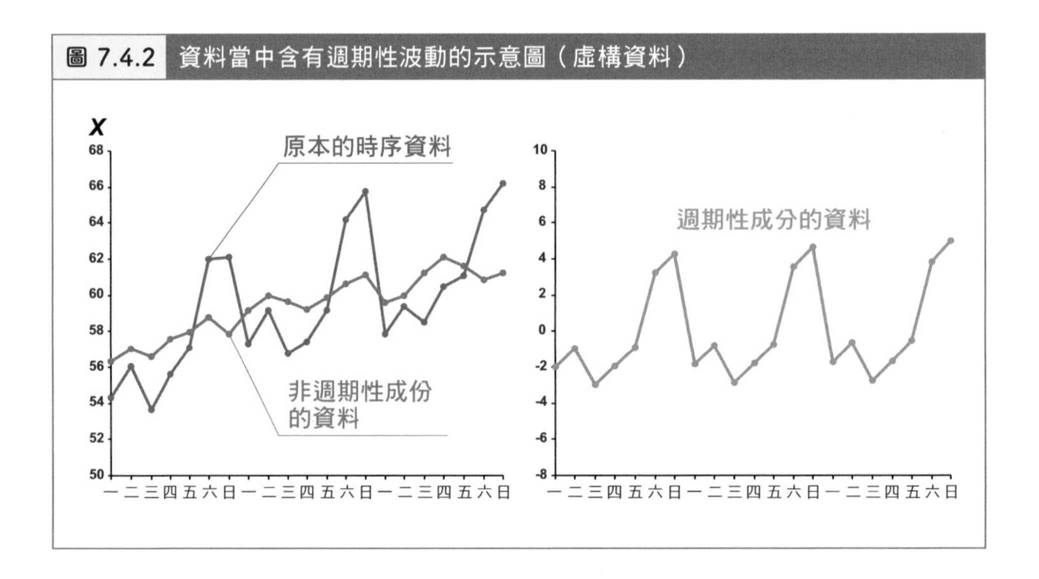

想要將資料拆解成週期性成分跟非週期性成分，最簡單的方式即為針對週期去取其差值，留下的資料即為非週期性成分。比如，當我們假設「星期日人潮較多」在每週的星期日都成立，那就求出連續兩個星期日的銷售量差額，即可抵銷「星期日人潮較多」的效應。同理，我們可以用上週的某一天，減去本週的同一天，就能排除掉因為星期幾所帶來的影響。同理，我們也能夠排除因為季節變化所帶來的影響，例如求出今年的某日跟去年同一天的差值。

註11　比如一些統計假說與迴歸分析手法，其實是假設每個測量值互為獨立，並加上了隨機誤差。

除了排除週期性成分之外，也可以直接研究週期性成分。比如，知道星期日的人潮比較多，就能在下一個星期日做特別的銷售活動。

想要知道週期性成分，很顯然地我們需要有一個週期以上的資料量。比如，以一週七天做為一個週期，也許多拿幾天的資料就足夠了。但是，當一季是一個週期時，我們就得有一年以上的資料。找出週期性波動的方法除了計算差值之外，也能透過數學模型來處理，細節請看本章註 10 的參考文獻。

使用自相關來檢視過去所帶來的影響

正因為時序資料是不斷地測量同一個目標系統，所以上一次的測量值跟這一次的測量值（時間間隔夠短的話）基本上是非常相似；甚至對於具有週期成分的目標系統，每一個週期基本上都是類似的資料。透過計算**自相關**（autocorrelation），就能將「過去數值對當前數值的影響力」量化。

評估自相關的時候，要同時考量「時間間隔」。比如，想知道目前數值跟下一個數值之間的關係（時間間隔為 1）（圖 7.4.3 上方）。從圖 7.4.3 左下方可以看到，將每一筆資料的當前數值做為 X 軸，下一個時間點的資料作為 Y 軸，就能畫出如圖所示的散佈圖，這張圖的相關係數即是自相關[註 12]。在這個案例當中，每一個禮拜都會出現類似的資料，所以如果時間間隔設定為 7 天，計算出的自相關就會比較大。當我們使用不同的時間間隔，算出一系列自相關，即得到**自相關函數**（autocorrelation function）。據研究指出，透過自相關函數，就足以得知資料當中隱含了什麼樣時序上的特性。

註12　依據問題設定方式的不同，有時會採用不同定義的自相關（函數），不過基本概念都跟此處所介紹的內容相同。

分析時間序列資料，其實就是想要了解目標系統的動態機制（編註：動態機制是代表目標系統隨著時間會改變。相反的，靜態系統是目標系統已經穩定不再改變了）。我們的生活當中，很多事情都有其動態機制，因此需要根據不同的動態機制，決定如何運用合適的分析方法，詳細可以參閱本書註 10 提到的資料。

圖 7.4.3　週期性波動與自相關

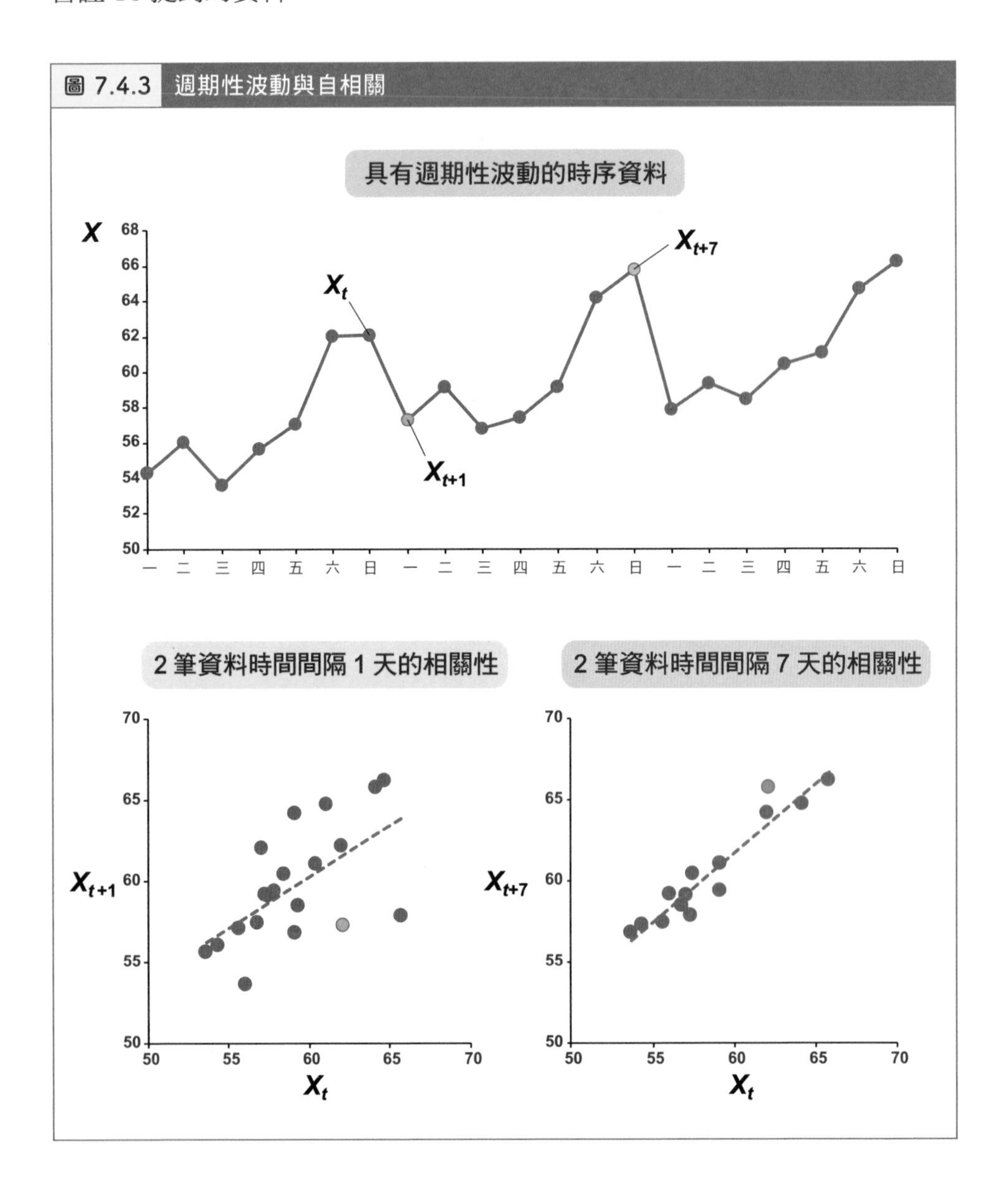

第 7 章小結

- 藉由計算敘述統計量，能夠大致掌握資料特性。
- 要如何做資料視覺化，取決於想要了解資料的什麼特性。
- 使用理論分佈與實際分佈的比較，能夠了解資料產生的機制。
- 留意時間序列資料獨有的時間性結構。

MEMO

探究變數之間的關係

假設檢定 (Hypothesis Testing)、檢定三步驟、手法選擇、相關係數、效應大小 (Effect Size)

資料分析最核心的部分，就是探討兩個變數之間的關係。找出兩群資料當中有什麼樣的差異、或者有無相關等問題，是本章的重點之一。本章另一個重點在於「為何這些分析方法可以找出變數之間的關係」，我們將致力探討一個重要的工具：假設檢定，是如何導出結論。

雙變數資料

變數 X_1	變數 X_2
0.912	0.868
1.246	0.846
0.873	1.149
1.170	0.719
0.341	1.076
0.908	1.139
0.912	0.622
0.935	1.245
0.824	1.145
0.829	1.137
0.968	1.182
0.886	0.926
1.059	0.666
1.349	0.965
1.250	0.491
0.740	0.951
1.017	0.924
0.603	1.497
1.012	0.732
1.065	1.221

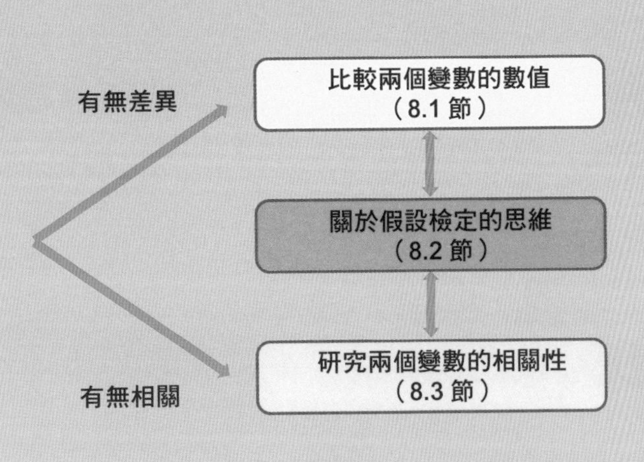

8.1 比較兩個變數的數值

有限的數字很難直接比較出結論

首先，來看看如何分析數量相同的兩群資料，這是在實驗或調查當中經常有的情境。比如，了解控制組、實驗組之間的差異，或是比較商品 1 跟商品 2 每天的銷售量來判斷哪個較受歡迎。

我們先從兩個目標系統當中測量我們想了解的變數，然後判斷哪邊的數值比較大。比如，某天便利商店的商品 1 跟商品 2 銷售資料，發現商品 1 賣出 54 個、商品 2 賣出 62 個。顯然商品 2 比較好，但我們能否就這樣下定論[註1]？

其實，想要用有限的數字去導出結論，常常會出錯。為什麼呢？接下來我們要來回答這個問題。

變數差異與分散程度

來看一個範例：A 跟 B 兩個人使用市售的體重計量體重後，看誰比較重，雖然量出來的數值難免會有一些差異，但測量結果還算可信。A 跟 B 各量一次後，A 為 54.0 公斤、B 為 62.0 公斤，怎麼看都是 B 比較重，對吧？這其實是因為我們都已經假設「一般的體重計根本不可能會有 8 公斤的測量誤差」。

再看另一個範例：A 跟 B 參加電競比賽，而遊戲當中含有許多隨機的元素，因此得分高高低低。今天，A 玩一次得 54 分，B 玩一次得 62 分。但是，這只能說明今天 B 比較高分，也許過去 B 分數都比 A 還低。所以，只看今天的分數，我們無法說「B 比 A 更會玩這款遊戲」。

註1　假設 2 個商品自身之外的因素，例如有無特價、是否有廣告等等，都完全一樣。

由此可見，我們必須知道兩個變數之間的差異，是否比變數經過多次測量後所呈現的分散程度還大。但是，我們會遇到以下兩個問題。

- 該如何得知資料分散程度的大小
- 差多少才叫做「足夠大」

除了少數我們非常了解資料生成機制、資料特性的情況，嚴格來說很多時候我們無法透過測量而來的資料計算出「真正」的資料分散程度。不過我們還是能夠藉由一而再、再而三地重複測量目標系統來推導出「可能」的分散程度。比如，當我們用測量值去計算標準差時，樣本數量越大、算出來的數字越能接近真實的標準差。回到一開始的提問，想要用有限的資料去推論兩個變數之間的差異，可能的問題是樣本數量太少，無法推導出資料分散程度，所以要比較兩個變數就容易出錯。為了要能夠比較未知分散程度的兩個變數，基本上就得測量兩個變數非常多次，直接比較兩組資料(圖 8.1.1)。

圖 8.1.1 透過多次測量所獲得的資料分散程度

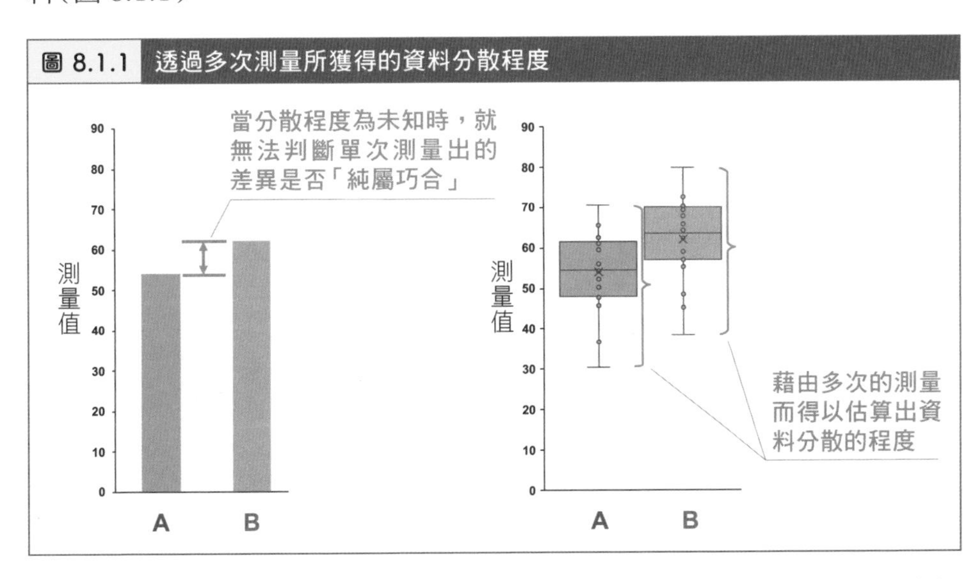

至於差多少才叫做「足夠大」的部分，需要機率分析，本章後續會探討。不過，對於變數的分散程度很小(例如體重計可能產生的誤差)的情境，僅比較單次的測量結果，通常不會有問題。

8.2 關於假設檢定的思維

當我們要知道資料所呈現的樣貌，有多少程度是「純屬巧合」的時候，常會用到**假設檢定**(hypothesis testing)[註2]。接下來就用些簡單的範例來說明假設檢定的思考模式[註3]。

假設有一位體重剛好是 50 公斤的人，以及測量過程中沒有偏誤。經過多次測量體重後，體重資料呈現常態分佈，其中平均數為 50 公斤，標準差為 0.1 公斤(圖 8.2.1)。假設經過某一次精密測量的結果，體重的測量值真的是 50 公斤[註4]。時間過了一個禮拜之後，再次測量體重，結果是 50.2 公斤。請問體重真的增加了嗎？

我們就用這個問題來執行假設檢定。

在假設檢定中，我們將「測量到的特殊現象，只是巧合」的假設，稱為**虛無假設**(null hypothesis)；反之，「測量到的特殊現象，不是巧合，是有意義」的假設，稱為**對立假設**(alternative hypothesis)。接著，我們要驗證虛無假設為真的可能性，如果虛無假設為真的可能性太低，就代表虛無假設可能是錯的，而對立假設為真的可能性較高。

假設檢定是要引導我們在思考脈絡上，與其證明「真的發生一件可能性很小的事情」，不如反過來證明「這件事的發生純屬巧合」可能是錯的。

註2　這方法較為複雜，建議初學者可以多讀幾次。雖然假設檢定是廣泛運用的方法，但其實算是較難的分析技巧。

註3　現行廣為使用的假設檢定，混合了費雪假設檢定（Fisher's theory of hypothesis testing）跟內曼皮爾遜假設檢定（Neyman Bearson's theory of hypothesis testing）。兩個理論其實略有衝突，所以在運用上跟解釋上都有些不完美的地方。如果有興趣探討的話，可以參考土居淳子在「年報環境人間學 13:15-36(2010)」的論文。

註4　嚴格來說不可能會有剛剛好 50 公斤，這裡假設忽略微小數值，因此測量值正好落在 50 公斤範圍中。

所以，如果虛無假設（事件發生存屬巧合）可能是錯的（稱為**棄卻**或**拒絕**），那我們會得到對立假設可能是真的。

以上述測量體重為範例，「體重其實沒有比 50 公斤多，這次測量只是巧合多了 0.2 公斤」為虛無假設；「體重高於 50 公斤，所以測量多 0.2 公斤不是巧合」為對立假設；我們接著要用實際的資料，來看看虛無假設為真的可能性有多少。

若虛無假設為真，代表體重的真實值是 50 公斤，因此體重測量值的分佈為圖 8.2.1 的左圖。如果我們覺得虛無假設為真，那麼根據圖 8.2.1 的左圖，測量值為 50.2 公斤出現的機率有多少呢？但是我們在 3.3 節曾經提過，當資料是連續值的時候，依循某一個機率密度函數所產生的可能數值有「無限多個」，導致我們計算的某一個事件發生的機率變成 0。

這時，我們可以改看測量值未滿 50.2 公斤的機率。這個機率的計算方式，可以用圖 8.2.1 的左圖（機率密度函數），50.2 公斤這個數字以左的面積；或是運用 7.3 節提過的累積分佈函數，也就是看看圖 8.2.1 的右圖裡，X 軸為 50.2 公斤時的 Y 軸值就可以了。

依照圖 8.2.1 的計算結果發現，約有 98% 的測量值未滿 50.2 公斤，意思是當我們測量體重時，約有 98%「極高的機率」得到比 50.2 公斤還小的測量結果，而實際上卻量出了 50.2 公斤。

小編補充 幫讀者整理一下。假設某人體重是 50 公斤，也假設某人體重是 50 公斤時多次測量的結果分佈如圖 8.2.1。經過一週後，發現某人體重測量值是 50.2 公斤。虛無假設是「一週後，某人的體重依舊是 50 公斤，量出 50.2 公斤是因為隨機誤差導致，純屬巧合」。根據機率分布計算之後發現，在某人體重依舊是 50 公斤的條件下，因為隨機誤差導致出現低於 50.2 公斤的測量值機率是 98%，出現高於 50.2 公斤的機率是 2%。這麼低的機率，現在居然測量到了，怎麼會那麼巧？巧合的可能性太低了！所以虛無假設可能是錯的，因此經過一週後某人體重的真實值可能不是 50 公斤。

p 值與顯著水準 α

運用假設檢定時，會先定義虛無假設，並計算出虛無假設為真時，發生比手上樣本的情況還極端的機率[註5]，我們將此機率稱為 **p 值**（p value）。這次體重測量案例中的 p 值是 1 - 0.98 = 0.02。

p 值如果較小，就會採納對立假設。然而該小到什麼程度才算夠小？通常我們會設定**顯著水準**（significance level），記為 α。當 p 值比顯著水準小，可能就要採用對立假設。雖說顯著水準並沒有所謂的正確數值，不過有一些常用的標準，像是 0.05 或 0.01[註6]。以上述體重測量案例中，如果採用顯著水準為 0.05，顯然 p 值比顯著水準低，可能就要採用對立假設，也就是「體重高於 50 公斤，所以測量多 0.2 公斤不是巧合」可能是真的。

圖 8.2.1　體重計測量結果所出現的機率分佈

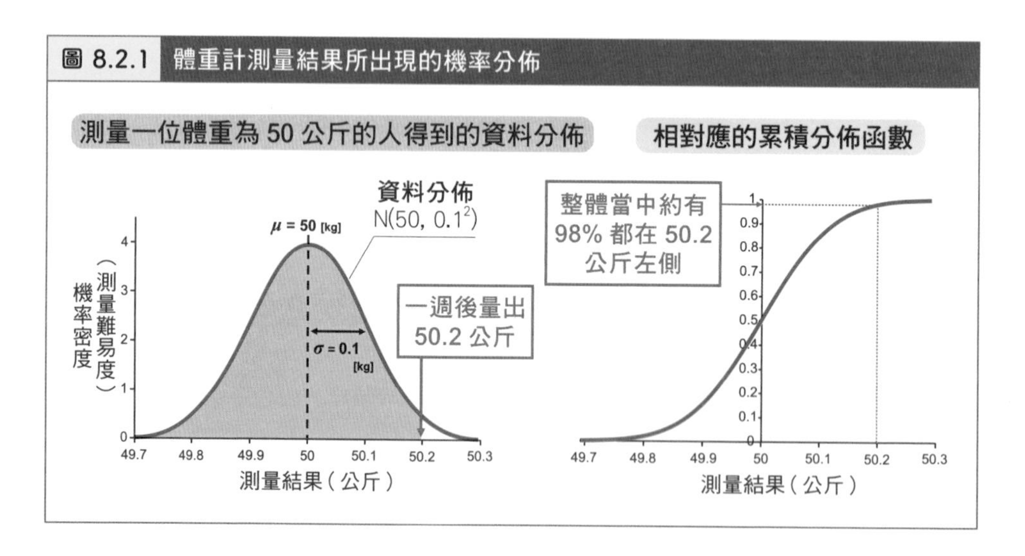

註5　欲計算「巧合」的機率，就得先知道資料的機率分佈。這次體重測量的案例已經先假設資料分佈是常態分佈，平均數是 50 公斤，標準差是 0.1 公斤，所以可從圖 8.2.1 算出各個測量值發生的機率（例如：真正體重為 50 公斤時，測量值小於 50.2 公斤的機率為 98%）。但是，現實問題可能要從資料去推斷資料分佈，或是需要一些猜測等方法。

註6　有些研究領域的顯著水準會用 0.001 甚至更小的值。顯著水準的選擇，要看該應用如何判斷巧合。比如醫學研究跟社會科學研究，顯著水準的選擇可能會不同。

假設檢定需要留意的細節，留待第 9 章來說明。

假設檢定的流程：三步驟

一個完整的假設檢定，有以下三個步驟：

- **步驟一、設定對立假設**

第一步是先確定對立假設。比如，將「兩個群體之間有差異」、「兩個變數之間存在相關」作為對立假設，則與之相反的虛無假設「兩個群體之間沒有差異，測量結果純屬巧合」、「兩個變數之間沒有相關，測量結果純屬巧合」也就出現了。

- **步驟二、選擇檢定手法**

接著，配合我們的目標去選擇檢定手法。大多數的情況，都有對應的檢定手法可以使用，這在本章後續以及下一章會說明。

雖然剛剛體重測量的案例中，我們已經給定資料的機率分佈，但是一般而言我們不一定知道資料的機率分佈。因此，實務上可能要先假設資料可能的機率分佈，並且運用有限的資料去估計機率分佈的參數，最後再用估計出來的參數所建立的分佈來進行假設檢定。

不同的機率分佈要用不同的方式進行檢定，因此會有很多不同的檢定手法，甚至也有完全不受資料分佈影響的檢定方式[註7]。實務上都會運用分析軟體進行假設檢定，所以只要知道遇到什麼情況、該採用何種手法，就能完成分析。

註7　每個學術領域都有專書討論常用假設檢定手法，本書就只提基礎觀念，有興趣的讀者可以參考東京大學教養學部（College of Arts and Sciences）統計學教室所編寫的「自然科学の統計」、「人文・社科学の統計」（東京大学出版），南風原朝和的「心理統計学の基礎」（有斐閣アルマ），対馬栄輝的「医療統計解析使いこなし実践ガイド」（羊土社）等書籍。

- **步驟三：執行假設檢定**

將資料輸入到分析軟體裡，執行假設檢定後就會自動輸出分析結果，進而算出 p 值或是其他可以判斷虛無假設是否成立的指標。比如，可以從 p 值是否低於原先所預定的顯著水準(或者低於一個常用的顯著水準)，再加上其他因素進行綜合判斷，最後評估我們要接受虛無假設還是對立假設。

兩組獨立資料的檢定手法

看完了體重測量的範例，現在來看另一種假設檢定的應用吧。在圖 8.2.2 的右圖可以看到兩組資料，它們的樣本數量都是 20，在這邊我們設定顯著水準為 0.05。

首先要先決定對立假設，我們的對立假設是「兩組資料確實存有差異」，因此虛無假設就是「兩組資料的差異只是巧合」。

接著要決定使用什麼檢定手法。我們就來介紹選擇手法的流程，檢定手法的選擇取決於一開始的問題假設。本書主要提供基本概念，詳細可以參閱本章註 7 提供的資料。

選擇檢定手法的第一步：兩組資料的分佈是否近似常態分佈，這稱為**常態性**(normality)。當資料滿足常態性時，就能使用一些常態性檢定的方法 [註8]。如果不像常態分佈時，比如樣本數量較小資料呈現重尾分佈，就要用上曼－惠特尼 U 檢定(Mann－Whitney U test)。

第二步則是要評估兩組資料的分散程度是否類似，這稱為**等分散性**(homoscedasticity)。我們也可以用假設檢定來確認分散狀態是否類似，比如 **F 檢定**(F test)。如果兩組資料為等分散性時，可以使用**學生 t 檢定**(Student's t test)；反之，則運用**維爾奇 t 檢定**(Welch's t test)。

註8　比如科摩哥洛夫-史密諾夫檢定（Kolmogorov－Smirnov test）以及常態分配檢定（shapiro－wilk test）等。

以圖 8.2.2 為例，最適合運用的手法是學生 t 檢定。最後執行假設檢定只需要使用統計分析軟體，將資料輸入進去並且指定手法即能完成。在這次的案例中，p 值為 0.016，低於顯著水準 $\alpha = 0.05$，所以我們可以判定這兩組資料有顯著差異。請注意，p 值所能傳達給我們的訊息是「有或沒有差異」，仍須仰賴其他如**效應大小**（effect size）等指標才能知道「彼此之間差異多大」。這部份我們留到下一節再多做說明。

檢定過程

在學生 t 檢定中，我們能從兩組資料的平均數及變異數，計算出用來顯示兩組資料差異的 **t 值**（t value），接著，當虛無假設成立時資料呈現 t 分佈，因此就能知道兩組資料差異的 t 值出現的機率[註9]。此外，此範例的效應大小是以 Cohen's d 來呈現。

圖 8.2.2 比較兩個各自獨立的群體

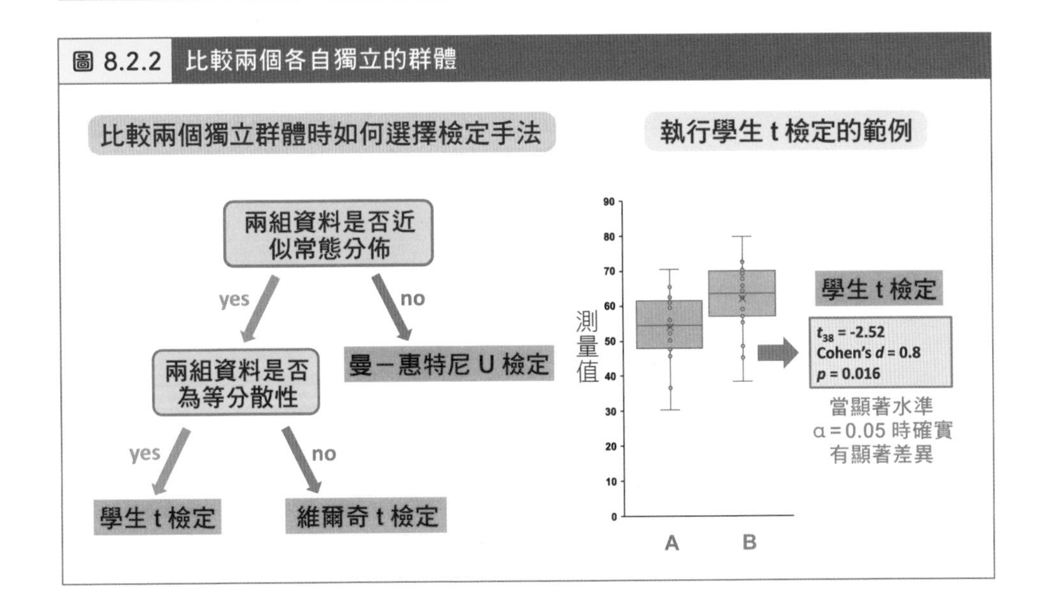

註9 通常這類問題當中，各個群體的常態分佈參數（平均數跟標準差）其實都是未知數，因此就得費盡心思去找出足以決定分佈形狀的參數，再計算虛無假設發生的可能性，這個可能性又稱為**檢定統計量**（test statistic）。

配對比較

再來看看別的範例。我們找來了 20 位受測者，參加一週飲食生活改善計畫。在圖 8.2.3 中呈現了他們在參加前與參加後的體重數值。從圖中可以兩組資料的平均數略有差異，但變異數是類似的(圖 8.2.3 左)[註 10]。

我們可以說這個計畫無效嗎？

透過追蹤每一位受測者的體重後，我們不只可以看兩組資料平均數的變化，也可以知道每一位受測者的體重變化。如圖 8.2.3 的右圖，不難發現參加前跟參加後，每一個人都減重了 2 公斤左右。至於乍看資料分佈後覺得計畫的成效好像普通，是因為資料的分散性影響判斷，讓我們覺得好像沒有太大差異。

將每一位受測者在參與前跟參與後的數值配對起來，稱為**配對比較**(paired comparison)。但是我們不一定每次都能順利做配對，這時候就屬於**非配對比較**(unpaired comparison)。

對於可以配對比較的資料，就無法運用前面介紹的兩組獨立資料的檢定手法。遇到配對資料，當資料分佈呈現常態分佈時，可以使用**配對 t 檢定**(paired t test)，反之則能用**魏克遜符號等級檢定**(Wilcoxon signed-rank test)。以圖 8.2.3 為例，使用配對 t 檢定後得到 $P<10^{-13}$，因此我們可以說此計畫對於減重有幫助。

註10　此為虛構資料。

圖 8.2.3 飲食生活改善計畫的成效

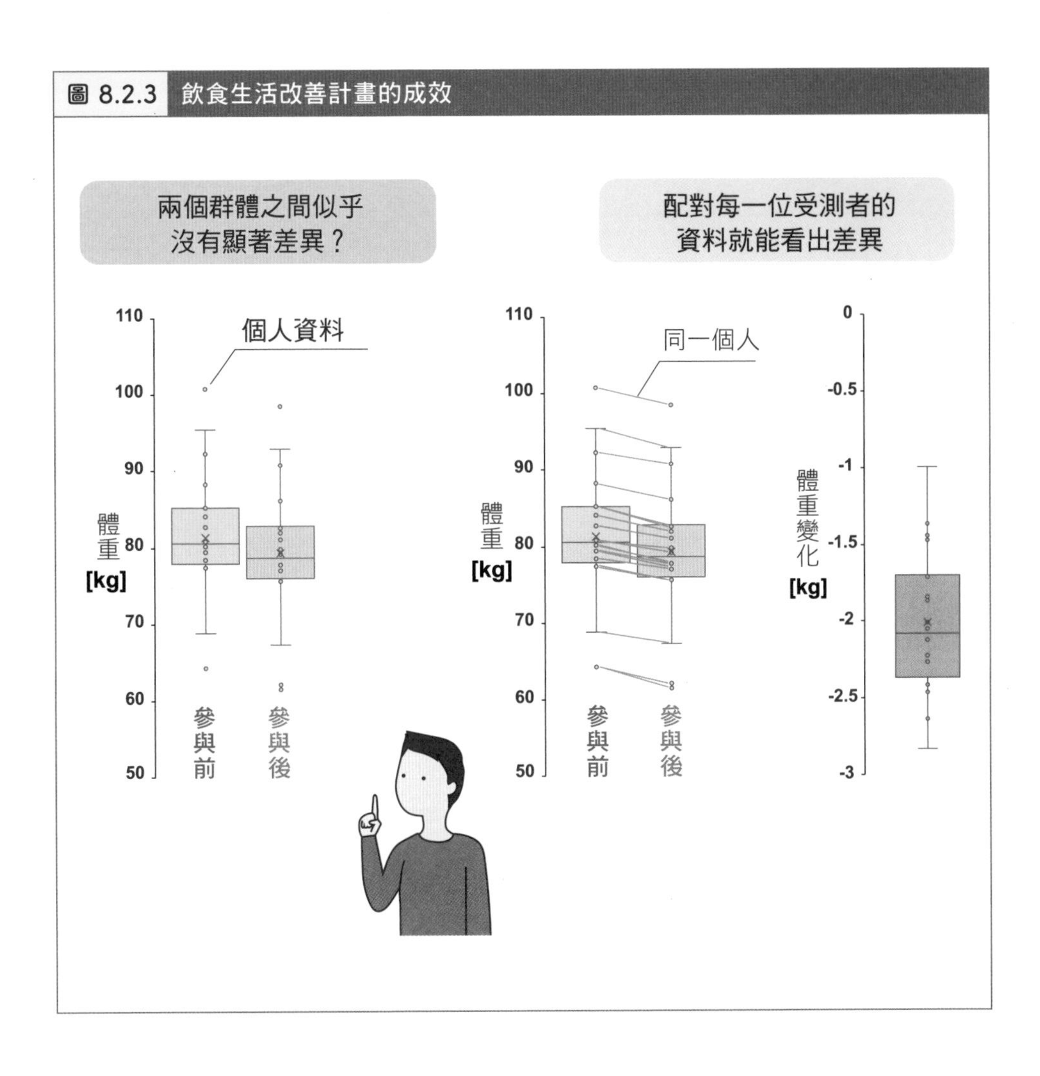

8.3 研究兩個變數的相關性

有無相關

本書 6.1 節有提過兩個變數的相關性，本節要從分析的角度來說明如何發現變數的相關性。

測量到兩個變數的資料後，接著會想釐清它們之間的關聯性。比如，有些人會好奇「大學入學考試成績跟畢業時的成績有否相關」、「氣溫跟來店消費的客人數量是否相關」。不過，要注意的是這邊提到的兩個變數，必須是來自同一個目標系統不同面向的測量結果，討論相關性才會有意義。反之，上一節我們介紹如何比較同一變數的兩組資料，如圖 8.2.2 跟圖 8.2.3，無論兩組資料是源自何方，都不影響比較。

相關係數 r

首先想到的方法就是將資料繪製成散佈圖，接著用分析軟體去計算相關係數(圖 8.3.1 左)，離群值可能會干擾分析，記得要檢查離群值的影響，後續我們會提到。藉由相關係數的數值大小，可以窺探出變數的相關性強弱。

圖 8.3.1 下方有數個相關係數的計算範例，通常我們認為兩個變數之間具有相關性，這些圖形也都會呈現出變數的相關性。因此，圖形是讓我們判斷相關性的基本工具，有了圖形之後我們就能做進一步的分析。此外，如果發現變數之間有很大的相關性，千萬不能掉以輕心、妄下結論，請繼續扎實做好應該做的後續分析。

圖 8.3.1　兩個變數的相關性

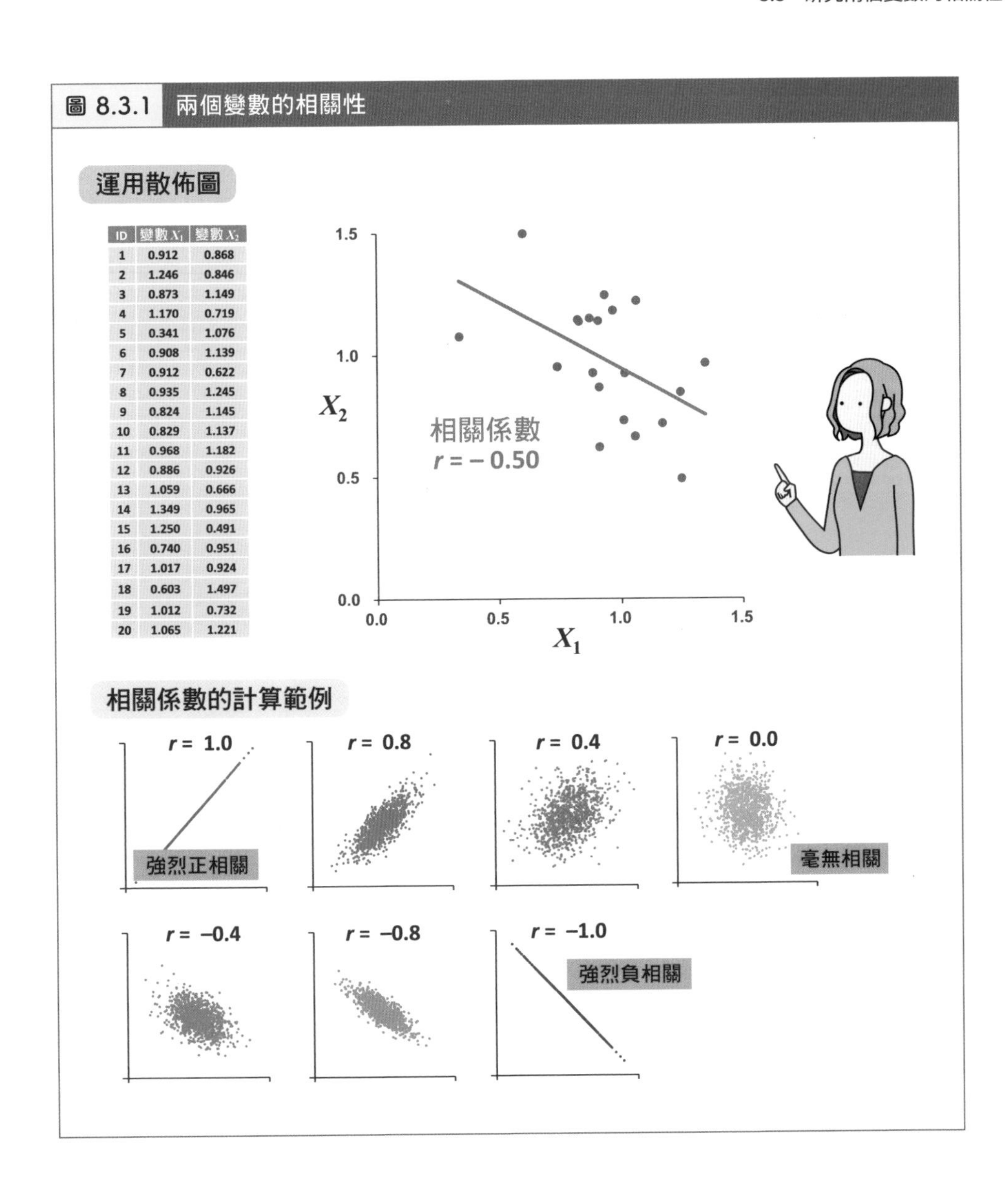

ID	變數 X_1	變數 X_2
1	0.912	0.868
2	1.246	0.846
3	0.873	1.149
4	1.170	0.719
5	0.341	1.076
6	0.908	1.139
7	0.912	0.622
8	0.935	1.245
9	0.824	1.145
10	0.829	1.137
11	0.968	1.182
12	0.886	0.926
13	1.059	0.666
14	1.349	0.965
15	1.250	0.491
16	0.740	0.951
17	1.017	0.924
18	0.603	1.497
19	1.012	0.732
20	1.065	1.221

相關係數的陷阱

相關係數雖是方便的指標，卻不是萬無一失。剛剛有提到繪製散佈圖後我們就能做進一步的分析，如果跳過此步驟，直接看相關係數的值，有可能會出問題。

比如，我們沿用圖 8.3.1 中的資料，然後再多加一個離群值(5.0, 5.0)，新的資料所繪製的散佈圖如圖 8.3.2 的左上圖。我們可以發現，原先的相關係數是 -0.50，加入離群值之後的相關係數變成是 0.90。由此可見，相關係數會受到離群值的影響，請務必小心[註 11]。

再說，當資料中存在多個群體時更是需要留意。如圖 8.3.2 的右上圖，只看一個群體，資料好像沒有什麼相關，但是這組資料有兩個群體位在不同的地方，因此計算相關係數後會覺得資料有相關。當資料多個群體時，請不要只將兩群合併評估，也要評估個別群組(編註：這種情況，需要搭配其他的分析手法，才比較能判斷到底資料是否有相關)[註 12]。

還有，即便沒有相關，也不代表兩變數就是完全獨立，比如圖 8.3.2 的左下圖，一看就知道是拋物線。所謂相關係數只是去看變數之間是否有線性關係，我們並無法從相關係數得到其他變數之間的非線性關係。因此，重點還是在於圖形是讓我們判斷相關性的基本工具，有了圖形之後我們就能做進一步的分析。

相關性與假設檢定

下下頁的圖 8.3.3 中有兩組資料的散佈圖，也算出了相關係數。雖然說兩組資料的樣本數量不同，可是算相關係數卻相同。在樣本數量較多的資料中，兩個變數之間貌似有著正相關，那麼樣本數量較少的那邊呢？四個資料點看似排成直線，有沒有可能是隨機誤差導致恰巧有相關？

在資料分析的實務上，常常會遇到這種相關係數的數值恰巧較大的情況。

註11　經常會看見有許多人將受到離群值的圖形展現出來，並且表示「有著正／負相關」。然而他們有所不知的是，這種資料分佈，基本上相關係數的數值本身已經是不具任何意義了。

註12　資料中的兩個群體如果都像這樣分得很清楚，還算好處理。如果群組的邊界難以判斷，就很難分析。

圖 8.3.2 不能相信相關係數的時候

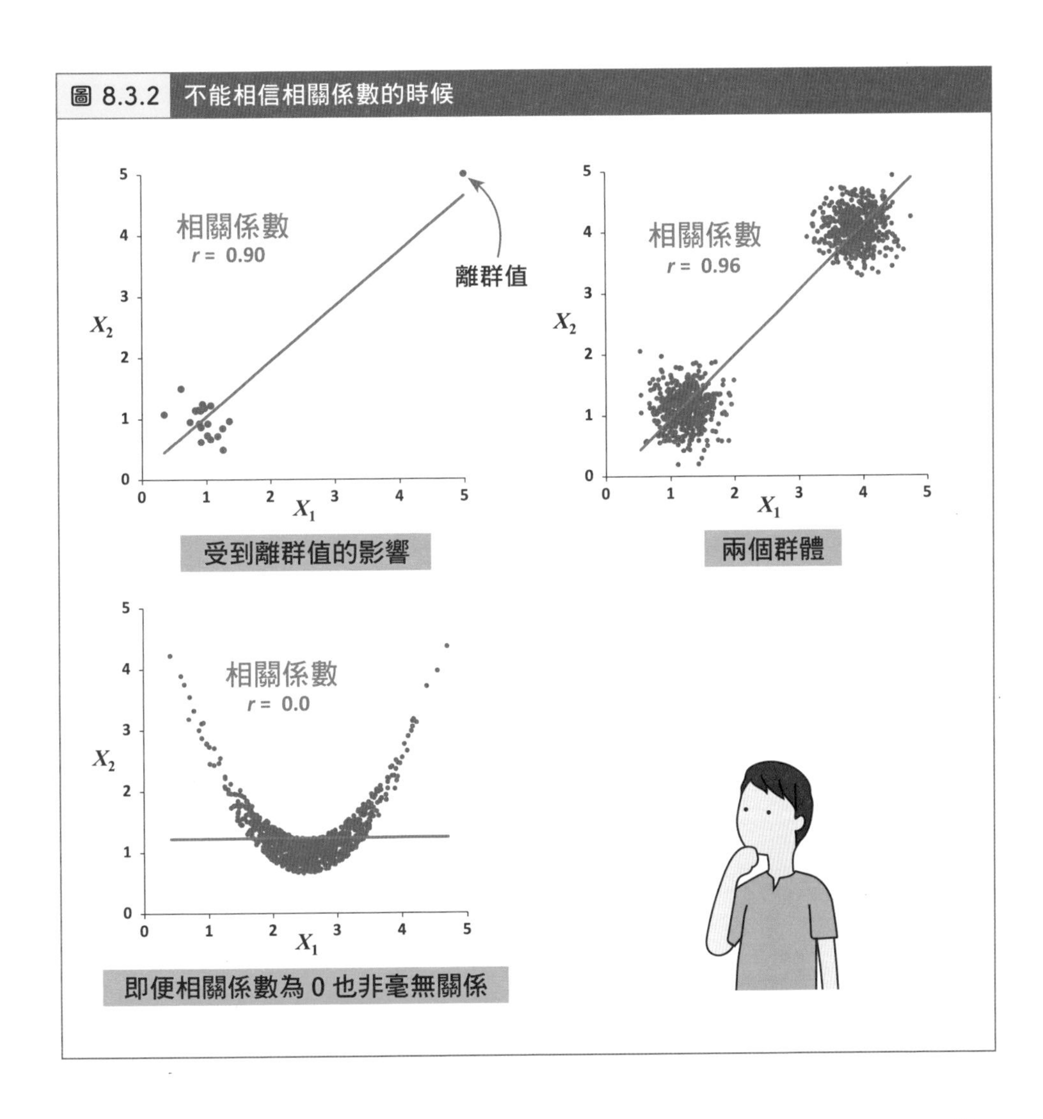

這個問題也可以使用上一節提到的假設檢定。首先，對立假設是「相關係數不是 0」，因此虛無假設則為「相關係數是 0」。經過這樣的設定後，我們打算要計算「在資料是毫無相關的條件下，相關係數出現 0.92」的 p 值。如果計算出來的數值低於事先設定好的顯著水準，那我們就可以採納對立假設，也就是資料可能存在相關性。這樣的假設檢定，稱之為**無相關檢定**。

我們設定顯著水準為 0.05，圖 8.3.3 左方的資料執行無相關檢定後可以得到 $p<10^{-7}$，所以資料可能具有相關性。圖 8.3.3 右方的資料則是 $p=0.069$，所以資料可能沒有相關性。但是，就算 p 值大於顯著水準，捨棄對立假設，不代表資料一定沒有相關性，只是無法排除相關係數為 0 的可能性。

圖 8.3.3　樣本數量與相關係數

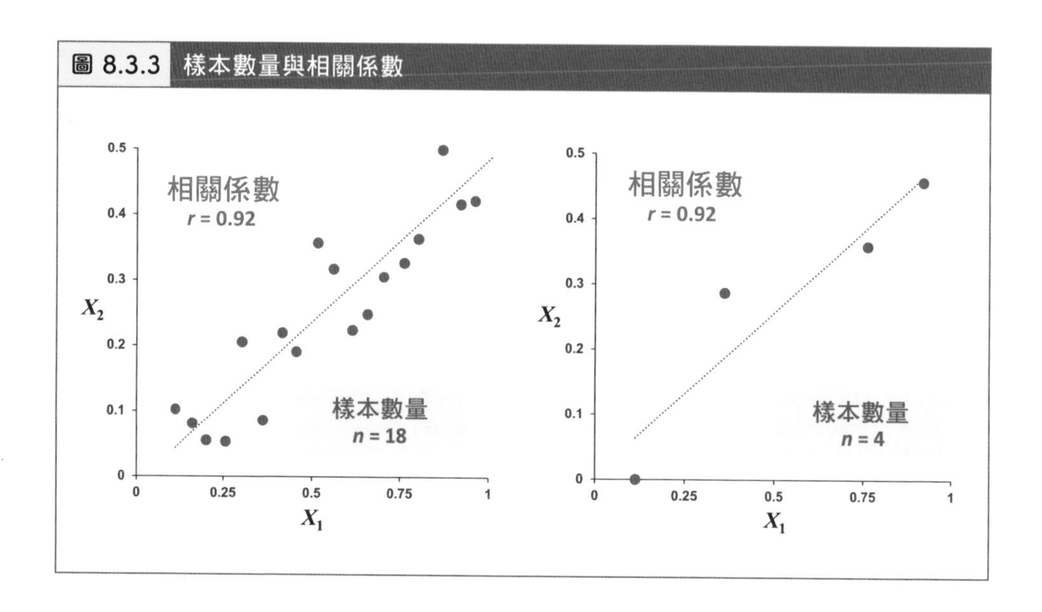

效應大小

前一節提到過效應大小，而相關係數其實也是一種效應大小。效應大小是呈現資料當中我們想看見的差異，到底有多強烈。比如，當我們採用相關係數做為效應大小時，效應大小較大時，代表資料可能有較強的關連性；反之，當效應大小較小時，代表資料的相關性不明顯。

小編補充 假設檢定告訴我們資料當中的相關性是不是恰巧，效應大小告訴我們資料的相關性有多強烈。比如圖 8.3.3 左方的資料，假設檢定只說資料有相關性，但是假設檢定無法說相關性有多大，我們還是需要計算相關係數，才能知道相關性有多強烈。

首先要提醒讀者，並沒有一個明確標準，讓我們判斷多大的相關係數就代表「有著強烈相關」。該怎麼評估，完全仰賴資料分析的整體脈絡，以及手上資料的樣貌。當然相關係數為 0.8～0.9 時，要說資料有強烈相關，比較沒問題。但是，當相關係數為 0.5～0.7 時，在一些情況下，比如資料有較大的隨機誤差時，也算是有強烈相關。

此外，我們還是要參考假設檢定。當樣本數量較小，就比較可能只是恰好資料出現相關性。此時就能運用無相關檢定，幫助我們判斷恰巧的可能性有多少。然而，無相關檢定也只能知道「相關性是否為 0」，無法解釋相關性是強是弱。普遍來說，當相關係數數值相同時，如果樣本數量越大，則 p 值越小[註13]。

總結以上說明，根據相關係數以及無相關檢定，評估資料的相關性有以下可能(圖 8.3.4)：

1. 相關係數的絕對值很大，無相關檢定的結果低於顯著水準：資料有相關性，而且相關的強度很高。
2. 相關係數的絕對值很小，無相關檢定的結果低於顯著水準：資料有相關性，不過相關性強度較低。
3. 無相關檢定的結果高於顯著水準：資料可能是毫無相關，看似相關也許只是恰巧，無法從現有資料當中斷言是否具備相關性。

註13 或許讀者有聽說「要是樣本數量過大，不管什麼事情都會變得很顯著，這不是一個好的情況」。但其實並非如此。首先，兩個真正完全沒有相關的變數，無論樣本數量有多少，要判斷是否有相關性，所用的顯著水準數值都是一致。再者，是否顯著跟是否相關，是要分開看待的兩件事。比如，「雖然顯著，但相關係數卻很小」的情況，能夠解釋成「至少兩者之間還是存在著些許關聯」，或是「如果資料相關強度低，那相關性比較沒意義」等等結論。

此外，此處講解的效應大小跟檢定結果的概念，不僅適用於無相關檢定，也能套用在其他的假設檢定[註14]。

圖 8.3.4　相關係數與無相關檢定結果

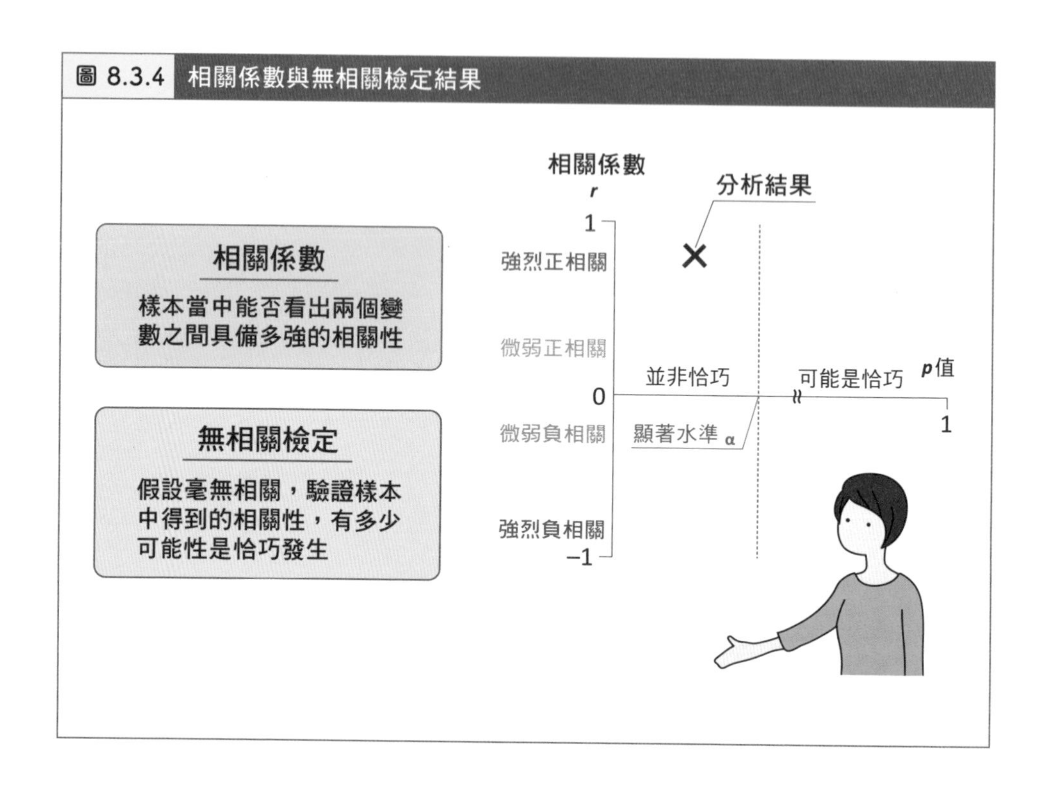

小編補充　關於假設檢定的延伸資料，請參考本書 Bonus 檔案，下載網址：https://www.flag.com.tw/bk/st/F1368

註14　雖然本書沒有去詳談，但另外還有個延伸方式可以運用，就是對效應大小去計算出信賴區間，進而得出結論。

p 值可能的誤解

- **誤解 1：p 值表示虛無假設是正確的機率**

  p 值代表的是「在虛無假設為正確的條件下，發生比手上樣本的情況還極端的機率」，不是「在發生樣本的條件下，虛無假設為正確的機率」。

- **誤解 2：$1-p$ 值表示對立假設是正確的機率**

  如誤解 1 所述，假設檢定的架構下無法計算虛無假設或是對立假設為正確的機率。

- **誤解 3：p 值表示樣本發生的機率**

  p 值僅為「在虛無假設正確的條件下，發生比手上樣本的情況還極端的機率」，無法用來解釋「樣本發生的機率」。前者為條件機率。

- **誤解 4：p 值為能否重現的指標**

  p 值僅能作為該次樣本的指標，無法去評量結果是否能夠重現該樣本，詳情請看本書 12.1 節。

- **誤解 5：p 值為效應是大是小的指標**

  效應大小跟樣本數量可能會影響 p 值，但是單從 p 值無法判斷效應大小。

- **誤解 6：假設檢定結果為不顯著，代表沒有效應**

  即便統計上呈現的是不顯著，只表示無法拒絕虛無假設，無法推論沒有效應。

- **誤解 7：假設檢定結果為顯著，代表其理論上也具備了重要的意義**

  可能會有假設檢定結果為顯著，但是效應大小並不強烈。而且也有可能因為效應偏小就判定此關係沒有意義的可能性，詳情請看本書 11.3 節。

第 8 章小結

- 欲比較兩個群體的大小時，須要掌握分散的狀況。
- 透過假設檢定，能評估某事件為巧合的機率。
- 運用無相關檢定去對有無相關性進行綜合評估。

第9章 解讀多變數資料

解讀多變數資料是為了「在眾多變數下，找出資料中的特性」。實務上因應目標、資料型態，衍生出各式各樣的分析手法。本章會從講解資料分析過程中最容易發生的多重檢定問題，再慢慢拓展到其他分析手法，並在最後統整書中提到的手法如何運用在不同的問題。

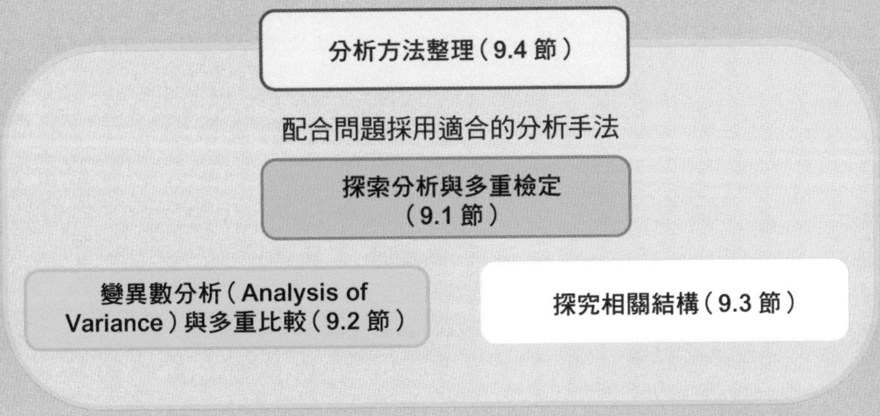

分析方法整理（9.4 節）

配合問題採用適合的分析手法

探索分析與多重檢定（9.1 節）

變異數分析（Analysis of Variance）與多重比較（9.2 節）

探究相關結構（9.3 節）

9.1 探索分析與多重檢定

變數配對

第 8 章研究了兩個變數的大小關係以及有無相關性，接下來就不僅限於兩個，而是要進入更多變數的情境，稱為**多變數資料**(multivariate data)的分析。比如，研究了某個性別或某個年齡範圍的人在不同國家的體重測量值，每增加一個國家，變數就會多一個，這是屬於無配對資料。另一個範例，某大專院校學生的體重、身高、體脂肪率等等資料，每多測量一種生理資訊，變數也會多一個，這是屬於有配對資料。

首先來看有配對的多變數資料。比如，有一個資料集(data set)含有 20 筆資料，每一筆資料都有一個 1 到 5 的變數(稍後再說變數代表什麼意思)(圖 9.1.1)。我們現在不知道這些變數之間的關係，也不知道該做什麼樣的假設。此時，從資料當中找出特性的分析手法，稱為**探索式資料分析**(exploratory data analysis, EDA)。反之，已經有了想要驗證的假設進而執行檢驗的分析，則稱為**驗證型資料分析**(confirmatory data analysis)。本章將會陸續介紹這兩種手法，對資料分析的結果也會有很大的不同。

在雙變數的分析當中，常常會先使用散佈圖。可是變數太多的時候，就得將變數兩兩湊在一起，再運用 Python 或是 R 語言等分析軟體繪出散佈圖[註1、註2]。比如圖 9.1.1，X 軸和 Y 軸都分別列出變數 1 到變數 5(編註：X 軸和 Y 軸都分別代表一個變數)。每個位置分別繪製出變數配

註1　當變數更多的時候（例如有 10 個以上），這方法就不適用。建議要先用其他方法來留下幾個比較重要的變數，或是只能用後面會提到的其他方法。

註2　這裡使用了 Python 的 Seaborn 套件中的 pairplot 函式。

對後的散佈圖(比如最左下的位置是變數 5 跟變數 1 的散佈圖),因為對角線上不需要畫相同 2 個變數的散佈圖(畫出來也只會是完全重疊在一起),於是我們改畫該變數的直方圖。不過,對角線的兩邊其實是相同的圖形,只是轉了個方向(變數 1 跟變數 5 的散佈圖,與變數 5 跟變數 1 的散佈圖,其實是一樣。編註:對 x = y 直線做鏡射),因此實質上我們只要去分析一半的圖形就夠了。

圖 9.1.1 多變數資料的散佈圖

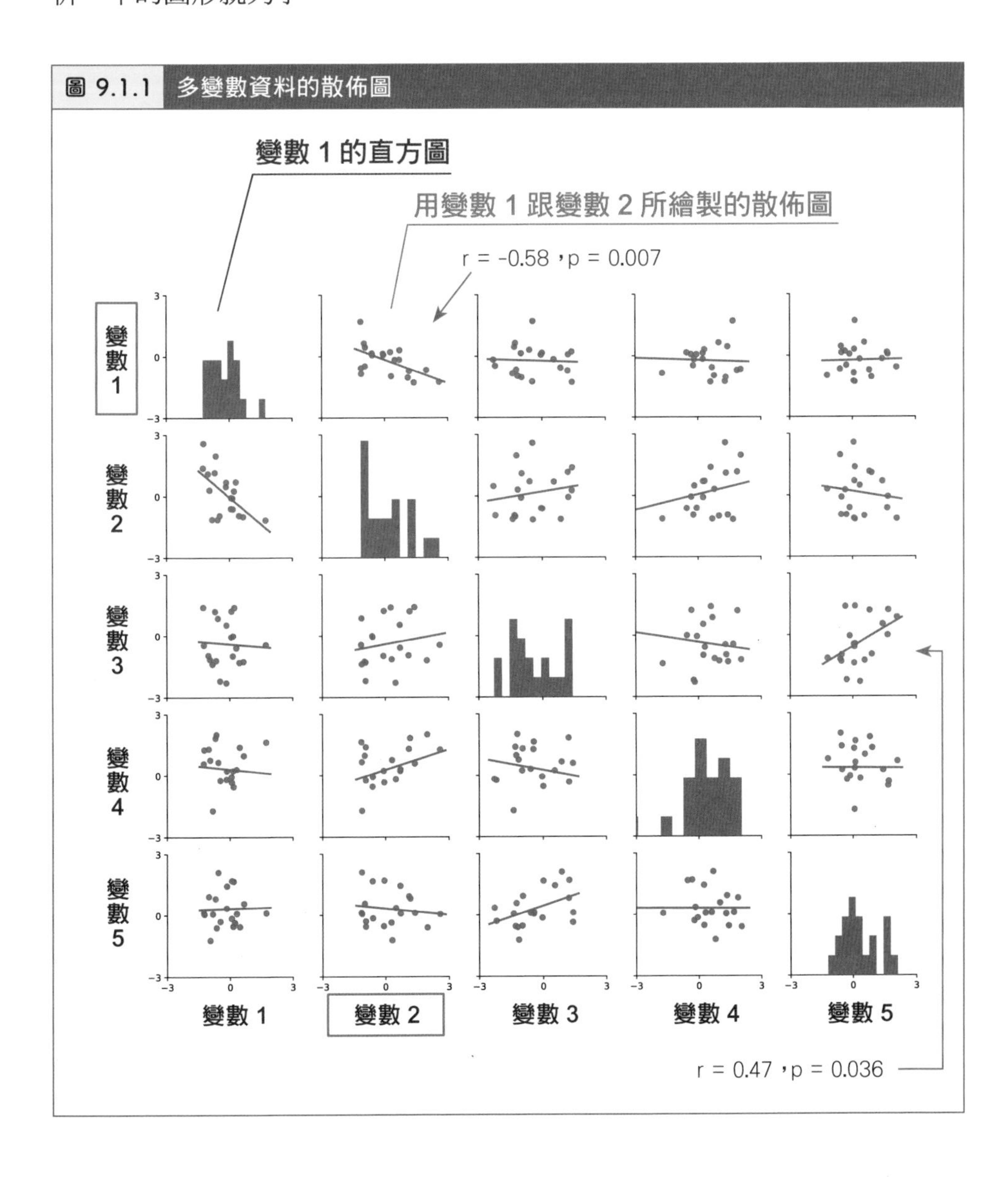

讀者看出什麼訊息了嗎？變數 1 跟變數 2 看起來有負相關（相關係數 r = -0.58），而變數 3 跟變數 5 看起來有正相關（r = 0.47）。除此之外，其他分數配對所繪製出的散佈圖，看起來比較沒有什麼相關性。

多重檢定

用無相關檢定來看這兩組配對（變數 1 跟變數 2、變數 3 跟變數 5），分別可以得到 $p = 0.007$、$p = 0.036$，當顯著水準為 0.05，我們可以說這兩組配對具有相關性。真的是這樣嗎？

事實上，這裡就是資料分析時容易落入的陷阱。

回顧剛剛的過程，首先我們畫出了所有變數配對，扣掉相互對稱的情境（變數 1 跟變數 5 的散佈圖，與變數 5 跟變數 1 的散佈圖，其實是一樣）後共有 10 個散佈圖，並找出看起來有相關性的兩組分數配對，計算出對應的相關係數。可是前一章提過，相關係數（的絕對值）有可能「恰巧」出現較大的值，所以我們用無相關檢定的 p 值來評估「恰巧」的發生機率，並且設定顯著水準為 0.05，這可以想成「在虛無假設成立的條件下，20 次相同的實驗，依機率計算應該低於 1 次會測試到這些資料，現在卻測試到了，就應該採用對立假設」。

但這次遇到的資料中包含著這麼多的變數，當我們去研究其中的變數相關性時，有可能恰巧出現兩個變數有較大的相關性。原本一次實驗測量 2 個隨機變數後，判定出現有相關的機率僅 0.05；但是現在一次實驗測量 5 個隨機變數，其實就有機會判定 2 個變數有相關。

像這樣因為多次操作假設檢定所造成的問題，稱為**多重檢定問題**（圖 9.1.2）。

圖 9.1.2 檢定的多重性示意圖

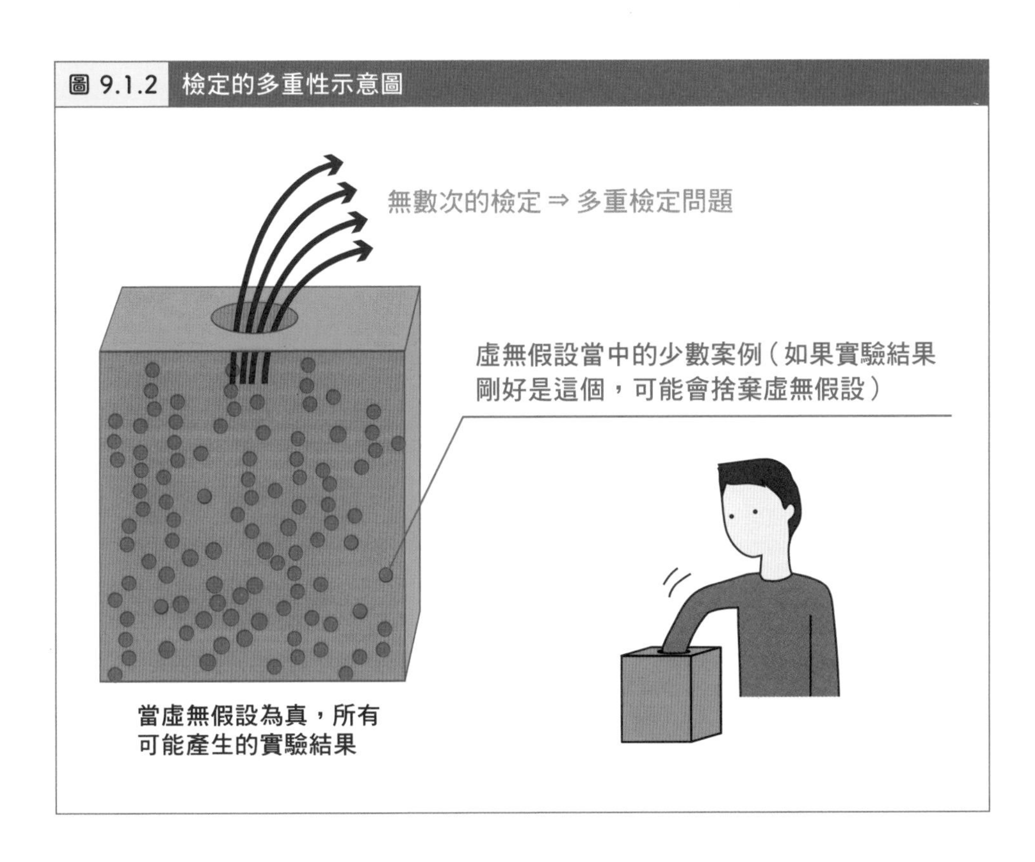

事實上，圖 9.1.1 中所看到的 5 個變數資料，都是用常態分佈隨機產生的亂數，變數之間毫無相關。所以說，圖 9.1.1 中乍看有相關，都是巧合（編註：很不幸的，根據剛剛的檢定過程，我們可能會捨棄虛無假設）。

本來變數之間沒有任何相關性，卻在我們透過探索式資料分析後，會誤判變數有相關性。人本來就會探求問題的原因或真相，而就在遇到看似較好解釋的變數配對時難免會直接下定論，當我們理解多重檢定的問題時，在面對資料分析就會比較謹慎。

小編補充 2 變數是否相關，前提是 2 變數必須是同一受測對象才有意義，如同一個人的身高跟體重是同一受測對象的 2 個變數。但如果甲校 20 人的體重與乙校 20 人的身高，雖然計算出來的相關係數為 0.8，但這樣的結果可能無法提供太多資訊。

校正多重檢定

那麼應該怎麼處理多重檢定問題呢？

我們可以校正顯著水準來解決問題，接下來的內容較進階，讀者只需要知道遇到問題時需要做對應的校正即可。

第一個策略是「不要把每個 p 值視為獨立，應整體來看」[註 3]，最簡便也相當常見的是 **Bonferroni 校正**（Bonferroni method）。在 Bonferroni 校正當中，若檢定個數為 M 次，原顯著水準就要除以 M，其餘檢定流程都不變。比如，圖 9.1.1 中的資料總共有 10 個變數組合，因此執行了 10 次檢定，那顯著水準應修正為 0.05/10 ＝ 0.005。乍看有相關性的組合，例如：變數 1 跟變數 2，執行了無相關檢定所得的 p 值為 0.007，比顯著水準還高，因此這個變數組合可能屬於巧合（圖 9.1.3）。

小編補充　計算族系誤差率（family-wise error rate, FWER）

在顯著水準為 0.05 的情況下，假設一次檢定結果的 p 值為 0.06，這意思是在虛無假設成立的條件下，產生手上資料的機率是 0.06。因為檢定結果比顯著水準高，所以我們採納虛無假設。

如果有心人士不想要做多重檢定的校正，而且想要採納對立假設，要執行多少次檢定，可以得到一次比顯著水準還低的檢定結果呢？我們可以把剛剛說的檢定結果為 0.06，想像成採納對立假設的機率。如果執行 2 次檢定，**至少有一次**可以採納對立假設的機率為：

$$0.06\times0.06+0.06\times0.94+0.94\times0.06=(1-(1-0.06)^2)\cong0.116$$

接下頁

註3　在多重檢定的狀況下，其中一次會讓我們誤採用對立假設的機率，稱為族系誤差率（family-wise error rate, FWER）。為了要降低 FWER，才發展出 Bonferroni 校正。

如果執行 3 次檢定，**至少有一次**可以採納對立假設的機率為$(1-(1-0.06)^3)\cong 0.169$。讀者可以試試看，當檢定次數越多，至少有一次可以採納對立假說的機率就會一直提高。在多重檢定的情況下，錯誤採納對立假說的機率，稱為族系誤差率。

這種把「個別執行假設檢定所得到的 p 值」，與「顯著水準除以檢定次數」，放在一起比較，就可以簡單地處理多重檢定的問題，正是 Bonferroni 校正好用的原因。但是，這個方法的問題是當檢定次數真的很多，會導致顯著水準超級小，幾乎無法捨棄虛無假說，因此會遇到「明明變數之間真的有關聯存在，卻因為顯著水準變得太小，導致檢定結果都認為變數之間的關係純屬巧合」，這稱為**型二錯誤**（type II error）。但與此同時，「明明不存在相關性，檢定後卻認為變數之間有相關性」的**型一錯誤**（type I error）就會減少[註4]。

因此，Bonferroni 校正可說是較為保守的評估方法。

為了要避免 Bonferroni 校正過於保守，可以選擇 **Holm 校正**（Holm method）。Holm 校正的特色是對所有檢定結果的 p 值，用不同的顯著水準作比較。做法是：最小的 p 值原顯著水準要除以檢定次數（這跟 Bonferroni 校正相同）、排第二的 p 值原顯著水準則除以「檢定次數減 1」、排第三的 p 值原顯著水準除以「檢定次數減 2」、⋯，如此依序放寬顯著水準，直到某次 p 值高於顯著水準為止。我們嘗試將 Holm 法套用到圖 9.1.1 後，發現最小的 p 就已經高於顯著水準（和 Bonferroni 校正結果一樣），因此結束檢定，可以考慮採納虛無假設：資料看起來相關純屬巧合。

註4　假設檢定中的型一錯誤跟型二錯誤互為兩難的抉擇（trade-off），無法同時降低這兩種錯誤發生的機率。當我們降低顯著水準來減少型一錯誤，此時即使對立假設正確，也會很難捨棄虛無假設，使得型二錯誤增加。反之，當我們提升顯著水準來減少型二錯誤，型一錯誤就會增加。

除了上述的方法之外，還有其他校正多重檢定問題的方法，都在試圖透過校正以檢視資料當中究竟包含了多少巧合，並且正確評估資料特性註5。

圖 9.1.3 Bonferroni 校正的思維

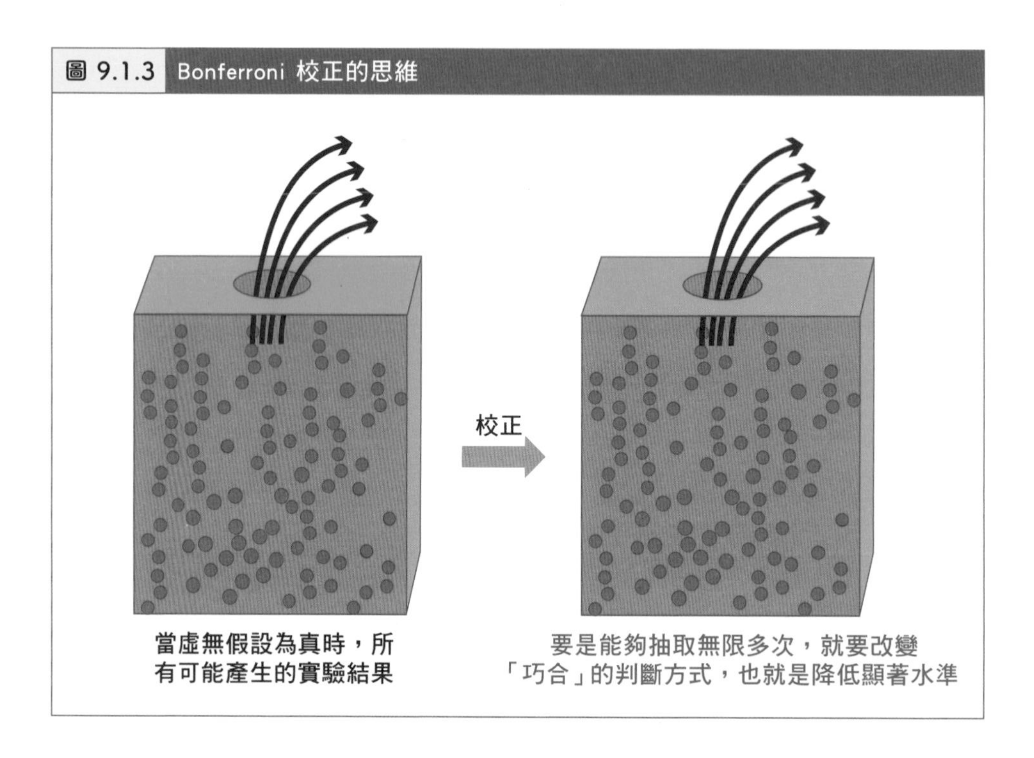

註5　在剛剛的解說中，有人可能會覺得「僅分析圖 9.1.1 資料中的變數 1 跟變數 2，答案是有相關」，但「變數 1 跟變數 2 再加上其他的資料一起探討，答案是沒有相關」，同樣資料出現這兩件互相矛盾的結論，這也太奇怪了吧。究竟怎麼看待資料才對？追根究柢，假設檢定不只是計算 p 值、比較顯著水準、得到結論這樣而已，從準備資料、分析資料、解讀資料的整個過程都是假設檢定的範疇。只專注於 p 值、比較顯著水準，並不是資料分析的唯一重點。如果要筆者來回答前述的問題，我的回覆是：「比較兩個互相矛盾的結論本身就有問題，因為兩個結論都有可能是正確。而這就是為什麼我們要使用假設檢定」。此外，就算執行了許多次的檢定，並不一定需要校正，當我們對A資料執行假設檢定，隨後拿 B 資料去執行其他完全獨立的假設檢定時，正因為兩者本身的假設都是各自獨立的關係，也就不需要去執行多重檢定的校正（編註：校正是避免因為增加檢定次數而提高誤判的機率）。

取得新的資料

當檢定方法、檢定對象都已經定案時，多重檢定的校正多少能夠控制型一錯誤。

探索式資料分析通常會在找出資料特性之前，不斷地去嘗試各種方法來分析資料，因此要對過程當中所有假設檢定進行校正是滿困難，有時候可能根本做不到(編註：比如，還沒探索資料前，根本不知道會執行幾次檢定，這樣就無法計算「顯著水準除以檢定次數」)，甚至有時會發現用探索式資料來解析資料的思維，跟假設檢定的思維不太一樣。反觀驗證型資料分析在取得資料之前，就會決定要進行哪些分析，再執行假設檢定，也就比較有辦法進行檢定校正[註6]。

事實上，運用探索式資料分析所找出的資料特性是否「純屬巧合」，其實是難以運用假設檢定來評斷。因此，能想得到的解決方案就是「取得新的資料」，並追加執行驗證型資料分析(圖 9.1.4)，確認探索式資料分析找出來的特性是否真的存在(編註：就好像機器學習當中，需要有另一批驗證資料，確認模型是否正常)。而且如果只追加一次檢定，就不會有多重檢定的問題。比如，我們可能透過探索式資料分析，得知圖 9.1.1 的變數 1 跟變數 2 可能有相關。此時我們可以再去測量變數 1 跟變數 2，接著做一次假設檢定，就可以知道這組分數是否有相關。

此外，也可以考慮參照一些使用類似分析手法的既有研究結果來做為佐證，藉此解釋我們的結果是建立在別人的研究基礎上。比如，也許有個跟變數 1 相當類似的變數 6，在其他研究報告中已經證實變數 6 跟變數 2 有相關。該研究報告中所顯示的結果與我們研究相似，就能藉此作為判定兩者之間真的存在相關性的依據之一。運用了多個既有研究報告，來進行

註6　以腦科學的資料來說，經常是分析實驗獲得的大腦每個部位隨時間變化的相關性，了解腦部哪些地方的活性較大。

綜合分析所得出的結論，會更具有可信度，這稱為**整合分析**（meta-analysis）。

相反的，用類似「結果就足夠說明一切」這種論述，作為研究當中的論點，實際上完全沒有幫助，也不該這麼做。

如果手上的樣本數量多到無需去質疑發現的資料特性是否「純屬巧合」，那不一定要再執行假設檢定。然而，有可能會因為樣本的偏誤而導致資料出現相關性，此時用獨立的驗證資料去確認是否能得到相同結論，比較有機會判斷是否存在偏誤。

圖 9.1.4　探索式資料分析的極限

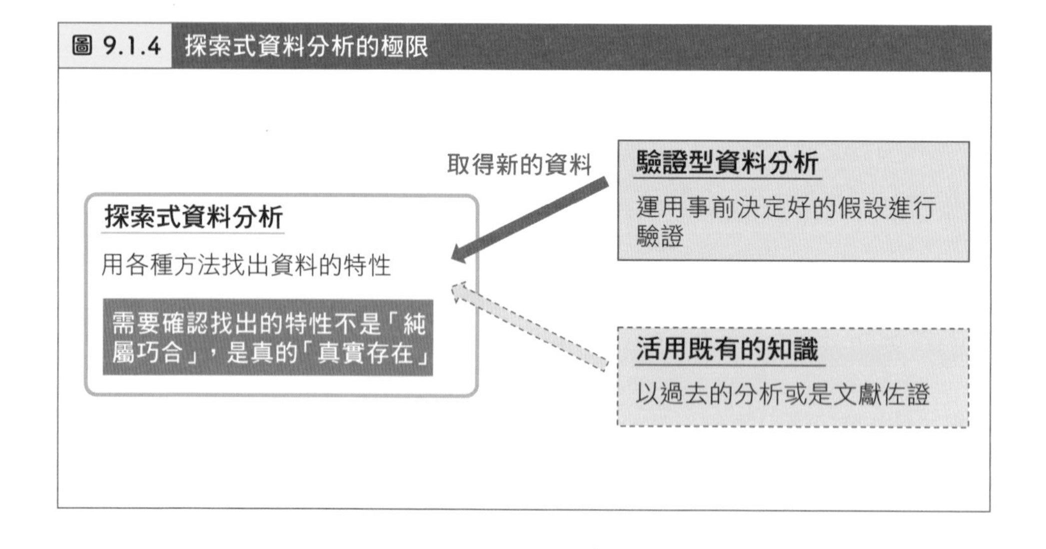

9.2 變異數分析（Analysis of Variance）與多重比較

比較三者以上的情況

A 老師在學校教三個班級的數學，圖 9.2.1 的資料是學期結束時每個班級的考試成績（虛構資料）。A 老師想知道不同班的學生對於課程內容的理解程度是否不同。上一章提到，如果有兩組資料時可以使用 t 檢定，可是這次有三組資料，要是將資料兩兩配對後執行 t 檢定，卻又會發生前一節所講的多重檢定問題。

要有效處理此問題，就可以使用**變異數分析**（analysis of variance, ANOVA），這方法能評估有興趣的因子（班級）對於測量值（考試成績）帶來的影響。

首先將「合併三個班級的分數並計算出來的變異數」，拆解為「每個班級因隨機誤差導致的變異」以及「每個班級因平均數不同而導致的變異」，如果是因為「每個班級因平均數不同而導致的變異」較大，就可判斷為各個班級之間水準真的有差異。這樣的評估方式可以使用假設檢定中的 **F 檢定**（F test）。在本次的案例中 p 值為 0.06，在顯著水準為 0.05 的情況下無法說各班的水準有顯著差異。

上述這種專注在一個因子的分析，稱為**單因子變異數分析**（one-way ANOVA），只要運用一般的統計分析軟體就能進行。

單因子變異數分析用於研究資料之間某個量值是否存在著差異（比如甲班跟乙班、乙班跟丙班、甲班跟丙班的平均數是否有差異）。如果結論為存在顯著差異，可能是某一組配對有差異（比如甲班比乙班差，乙班跟丙班類似），也有可能是多組配對有差異（比如甲班比乙班差，乙班比丙班差）。

我們只想知道「有沒有差異」，沒有要知道「差異在哪裡」，才會使用上述的方法。至於想要知道差異在哪裡，本章後續會再提到以別的方法處理。

此外，若只有 2 組資料，使用單因子變異數分析時，其實完全跟 t 檢定一模一樣。

圖 9.2.1 變異數分析的思維

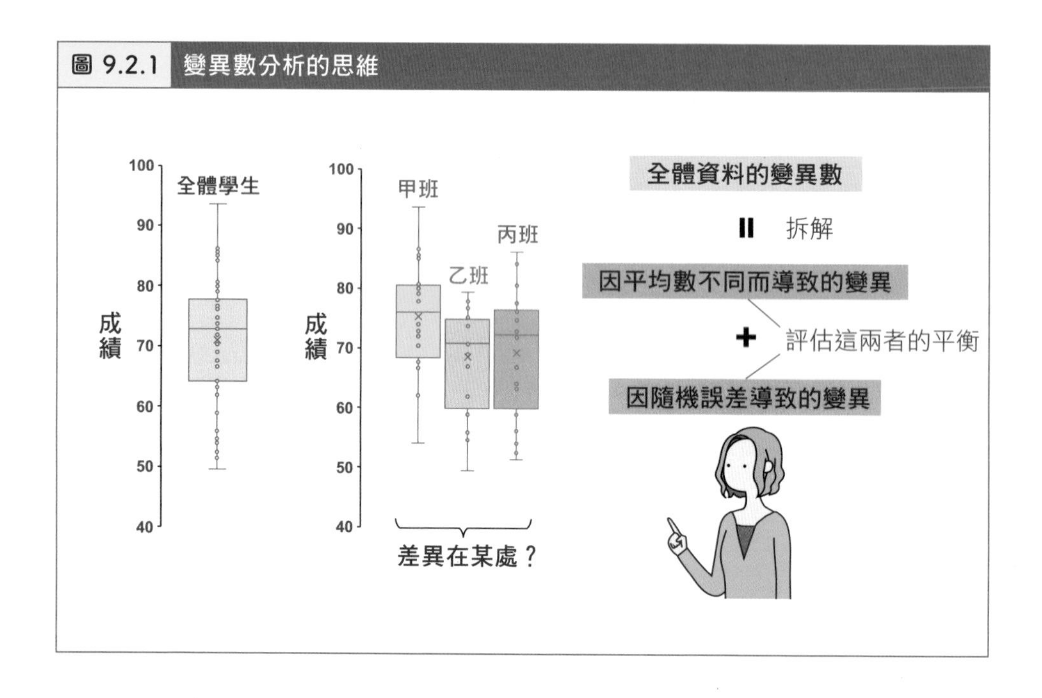

研究多個因素

現在，除了 A 老師教數學，B 老師也加入教學行列。分工方式為：今年 A 老師教課、明年換 B 老師、後年輪回 A 老師、…。假設 A 老師跟 B 老師每年所教的內容都一樣，經過了幾年之後，每個班級對於課程的理解程度是否有差異呢？這就是我們要研究的事情了。而在這次的問題當中，包含了 A 老師的學生以及 B 老師學生，每年學生有 3 個班級，所以有 2 個因子共 6 種組合(圖 9.2.2)。

研究目的是想要知道「不同的班級理解程度是否不同」跟「不同老師的教法理解程度是否不同」這 2 件事。如果真的有一個因子造成學生理解程度不同，我們稱這個因子為**主效應**(main effect)。比如，由於 A 老師的教法跟 B 老師的教法不一樣，影響了學生理解程度不同時，就可以說「老師」是主效應。

此外，當因子增加到兩個時，可能會產生**相互作用**(interaction)[註7]。比如，甲班較能理解 A 老師的教法，乙班較能理解 B 老師的教法，這時候就難以研判是否僅因為老師導致學生理解程度有差異(編註：出現交互作用的情況下，代表同時兩個因子都成立才能出現有班級的學生理解程度較好)。從資料分析的實務上來說，相互作用經常會是釐清問題的關鍵。

變異數分析能夠透過研究由因子所帶來的影響，評估是否有主效應或是相互作用，有兩個因子所進行的變異數分析，稱為**雙因子變異數分析**(two-way ANOVA)。無論是因子的數量增加，或是變數之間有相關性，都能夠執行變異數分析，本書不會多談細節，有興趣的讀者自行看註解提供的參考書籍[註8]。

圖 9.2.2 有著兩個因子的情況

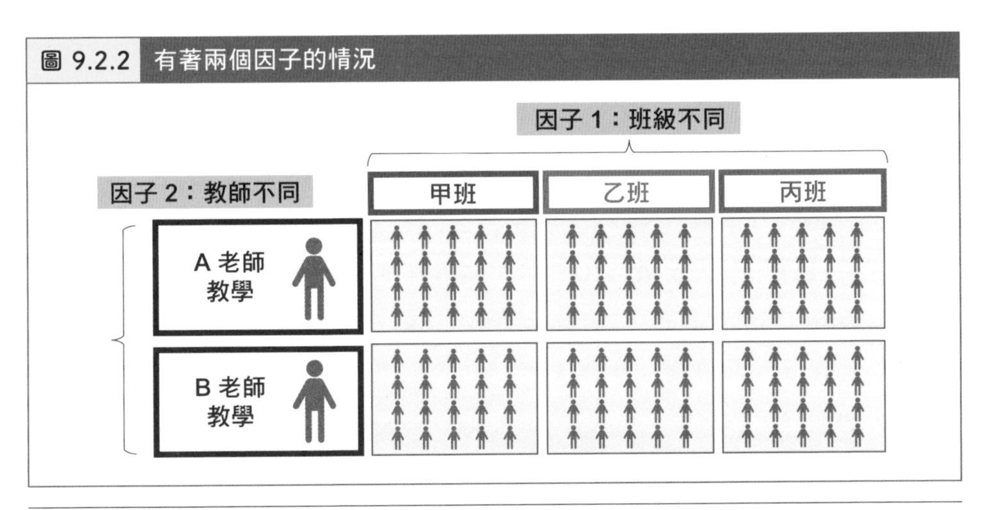

註7 此處跟講解多元迴歸分析（6.3 節）時所出現的「相互作用」是相同。

註8 如大村平的「実験計画と分散分析のはなし」(日科技連出版社)、或是石村貞夫等人所著的「入門はじめての分散分析と多重比較」(東京図書）等書。

想要知道「差異在哪裡」

我們已經知道可以使用變異數分析去研究不同因子是否帶來影響，接著來看更複雜的分析案例。A 老師現在除了教數學，又增開了兩堂實作的課程：基礎實作、進階實作。假設三個班級的數學能力類似，甲班沒有實作的課程、乙班有基礎實作課程、丙班有進階實作課程。我們要在這樣的情況下，去研究 A 老師的實作課程，是否有助於學生更加了解原先的數學理論課程。結果如圖 9.2.3 的左圖呈現各個班級的成績分佈(虛構資料)。

這個問題是要探究「實作課程是否進一步提升學生的理解程度」以及「基礎實作課程跟進階實作課程，哪個效果比較好」。像這種在多個群體之間進行比較的情況，稱為**多重比較**(multiple comparison)，我們可以選用校正過多重檢定的假設檢定手法，比如 Bonferroni 校正或是 Holme 法。不過，要比較多個配對之間的平均數是否有差異時，也能用 **Tukey 法**(Tukey method)。依照打算比較的配對數量或配對種類，也還有其他的多重比較檢定方法。

如圖 9.2.3，採行 Tukey 法進行檢定的結果，在顯著水準為 0.05 的條件下，甲班跟乙班、甲班跟丙班是有顯著差異，也就是說，無論是哪種程度的實作課程，對於提升學生理解程度都有幫助[註9]。相較之下，基礎實作課程跟進階實作課程之間倒是沒有顯著差異。通常會用如圖 9.2.3 的右圖來呈現檢定結果：有顯著差異的配對組合之間標上橫線並放上「*」符號，同時在圖的旁邊寫上「*p < 0.05」[註10]，而沒有顯著差異的配對組合則是填上 not significant 的縮寫，如「n.s.」或「ns」。

註9　此處假設除了是否參與實作課程學習這點之外，其他的因子都沒有影響。

註10　在不同的領域當中，經常會將 p < 0.1 時標示「†」、p < 0.05 時標示「*」、p < 0.001 時標示「***」的情況。何時該用什麼記號並沒有明確規定，因此要用標示時務必清楚說明該記號意思。比如，心理學領域常會省略 p 值最前面的 0，寫成 p < .05。

圖 9.2.3 比較每組配對情形

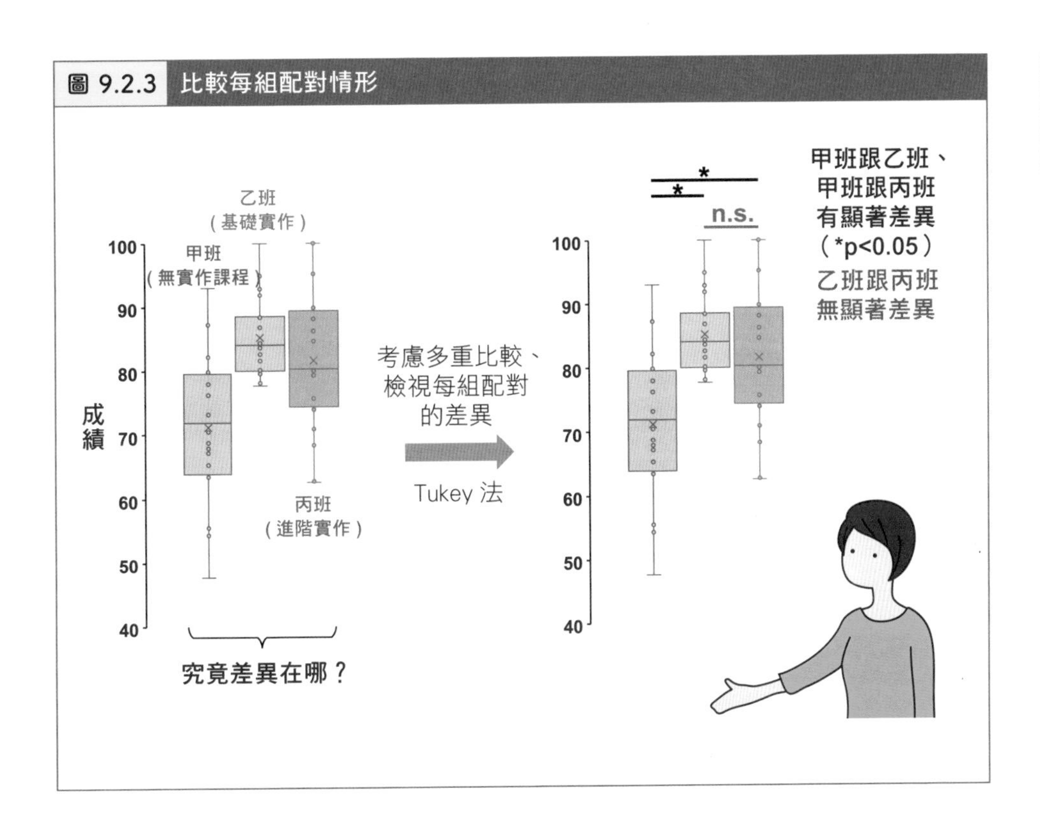

變異數分析與多重比較

很多人常用的分析方法都是先用變異數分析，確認有無因子影響；再用多重比較檢定，驗證差異存在於哪些配對組合。這個流程當中的多重比較檢定，稱為**事後分析**（post-hoc analysis）。實務上來說，想要用這樣的流程是可以[註11]，只是如果一開始就想知道哪個配對組合有差異，就直接進行多重比較檢定；如果只是想知道是否有差異，那才是從變異數分析開始。

註11 依照這步驟去做，可能的問題是「雖然變異數分析結果是沒有顯著差異，但事後分析發現其實是有顯著差異」的可能性。要避免這樣的問題，需仔細設定變異數分析跟多重比較檢定所用的顯著水準。

9.3 探究相關結構

檢視偏相關（Partial Correlation）

在多變數問題常會遇到多個變數彼此有所關聯的情況。資料分析時，我們就畫出如圖 9.1.1 的散佈圖，才是最能看見變數配對之間的相關性。

各自計算不同配對的相關係數，並排列成如圖 9.1.1 的形式，稱為**相關矩陣**（correlation matrix）。透過檢視散佈圖跟相關矩陣，就能初步掌握變數之間有什麼樣的相關性。當然，我們也要小心相關性是否「純屬巧合」[註12]。

比如，圖 9.3.1 的上圖中 X 跟 Y 兩個變數之間看來是高度相關，但是當考慮 X 跟 Y 的背後還有個變數 Z 時，有可能實際上 X 跟 Y 沒有多少關聯性（圖 9.3.1 下圖）。

若覺得有可能會遇到上述情況時，可以運用**偏相關係數**（partial correlation coefficient）去計算排除變數 Z 之後，X 跟 Y 的相關性是多少。這個方法只需要計算「有興趣的兩個變數」的相關係數（$r_{x,y}$），以及「每一個變數跟欲排除的變數」的相關係數（$r_{x,z}$ 跟 $r_{y,z}$）。當遇見 4 個以上的變數時，也是可以排除掉我們所關心的兩個變數之外所有變數的影響，算出偏相關係數。

註12 圖 9.1.1 的資料樣本數量比較小，才需要注意「純屬巧合」的可能性。當樣本數量夠大時，也許無需在意那些因隨機誤差所生的「純屬巧合」，以及其帶來的問題。

圖 9.3.1 運用偏相關排除其他變數的影響

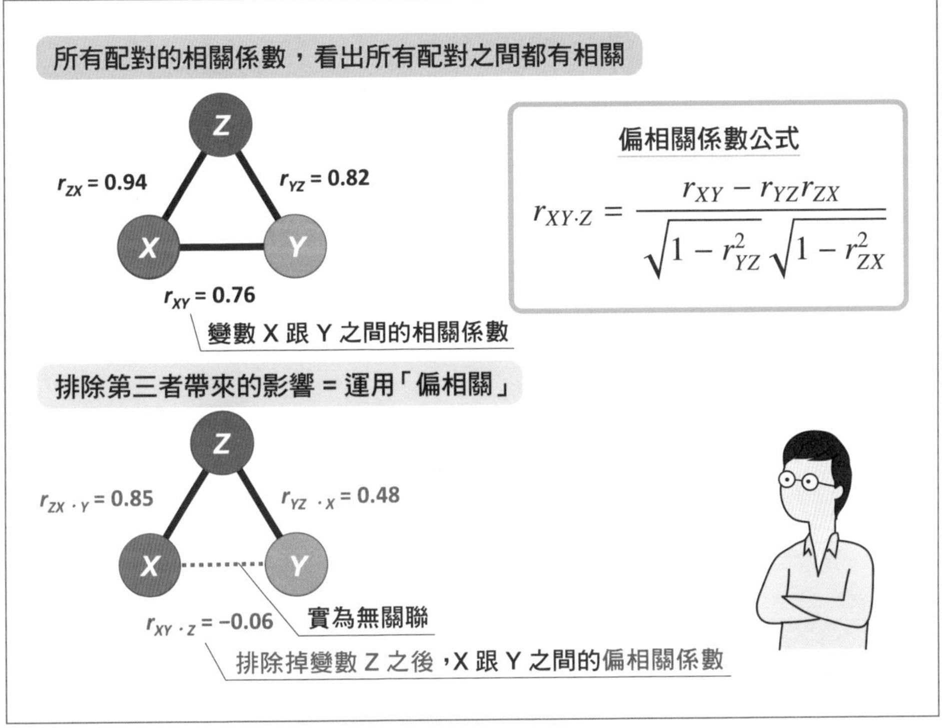

所有配對的相關係數，看出所有配對之間都有相關

$r_{ZX}=0.94$ $r_{YZ}=0.82$

Z X Y

$r_{XY}=0.76$

變數 X 跟 Y 之間的相關係數

偏相關係數公式

$$r_{XY\cdot Z}=\frac{r_{XY}-r_{YZ}r_{ZX}}{\sqrt{1-r_{YZ}^{2}}\sqrt{1-r_{ZX}^{2}}}$$

排除第三者帶來的影響 = 運用「偏相關」

$r_{ZX\cdot Y}=0.85$ $r_{YZ\cdot X}=0.48$

Z X Y

$r_{XY\cdot Z}=-0.06$

實為無關聯

排除掉變數 Z 之後，X 跟 Y 之間的偏相關係數

因素分析（Factor Analysis）

雖然相關係數或偏相關係數非常方便，有時還是難以釐清多個變數之間關聯性。

比如，我們將一個班級所有學生的所有科目考試成績都放在一個表格。各種與英文相關考試科目（英文閱讀、英文寫作、英文會話等）的成績之間看起來是正相關，有些學生語文科目成績跟數理科目成績會是負相關，但是有些學生可能所有科目都是正相關。

必須先找到資料中的變數相關性，才有機會知道這些相關性背後的原因。

更複雜相關性分析手法，首先是**因素分析**（factor analysis），這是在找出各個變數背後的根本因素（圖 9.3.2），並試圖藉由少量共同因素的加總來表示每個變數。比如，共同因素就像是「用功唸書」、或是「擅長語文」等較為抽象的因素，這些因素大致決定每個科目考試成績是多少。這些共同因素需要透過分析才能找出來，並且會因為分析人員的解釋而產生不同的意涵。由此可見，資料分析並不存在「正確答案」。

如果是那些無法以共同因素的加總來呈現的部分，就用個別因素來表示。**因素負荷量**（factor loading）呈現影響的強弱。比如，「共同因素 1 讓所有科目都有正面影響」、「共同因素 2 雖然對語言科目帶來正面影響，可是卻為數理科目帶來負面影響」，都能用因素負荷量表現，然後再從這些因素負荷量去猜測共同因素 1 跟共同因素 2 分別是「用功唸書」跟「擅長語文」。

圖 9.3.2　因素分析的思維

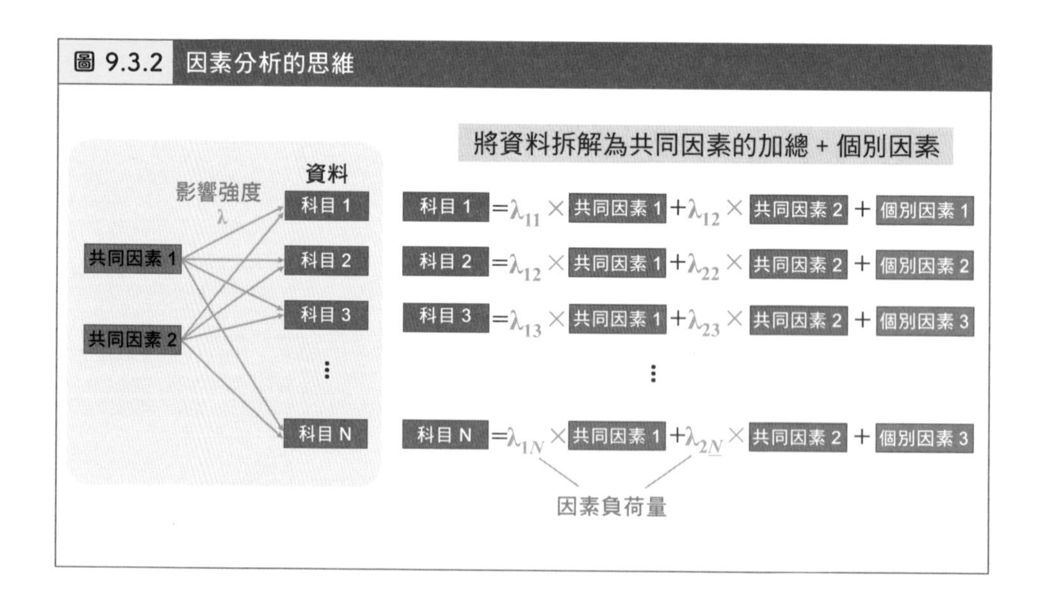

除此之外，因素分析還有其他用途。前述已經將變數拆解成共同因素跟個別因素，我們可以進一步將每一筆資料僅用共同因素來表示（圖 9.3.3）。比如，學生 1 在「認真唸書」這項共同因素的因素負荷量較高，而在「擅長語文」這項共同因素的因素負荷量較低，因此可以說這位學生是屬於認真念書型。這邊的重點就是讓很多變數減少到只剩少數個變數。經過這樣的程序之後，就能抓到資料整體的特性，正確解讀資料。

要注意的是，這樣的手法僅限於變數之間存在相關性時才能用。因為能夠用較少的變數來表達整體的樣貌，表示原本資料當中就有著多餘的、重複的內容。反之，變數之間都是無關，硬要以少量共同因素去說明整體資料，可能效果不好。

像是問卷調查的問題設定讓受測者回答出類似的答案、或是考試當中的各種得分，都是可以運用因素分析的案例。

圖 9.3.3 用共同因素來表示每筆資料

資料

	科目 1	科目 2	…	科目 N
學生 1	95	80		87
學生 2	62	77		67
學生 3	85	80		70
學生 4	76	89		81
⋮	⋮	⋮	⋮	⋮
學生 M	65	56		72

變換為共同因素 →

	認真唸書 共同因素 1	擅長語文 共同因素 2
學生 1	1.21	0.02
學生 2	-0.51	0.14
學生 3	2.32	0.86
學生 4	0.35	-0.71
⋮	⋮	⋮
學生 M	-1.29	0.62

更複雜的相關性

因素分析的機制，就是運用共同因素這種沒被測量出的變數（稱為**潛在變數**，latent variable）來表示資料，而資料裡的變數可能有相關性，但沒有因果關係。

然而，我們也會遇到資料或是共同因素當中有因果關係。比如，為了要分析年長者的生活型態，我們有現在的身體健不健康、年輕時的身體狀態、有無參與社交團體、經濟狀況這些資料。這些資料看起來是有些相關，可能有一些共同因素，但是好像也存在一些因果關係。比如，可能存在「因為現在的身體不好，所以沒有參與社交團體」，也有可能「現在的身體不好導致經濟狀況不好，然後經濟狀況不好影響能參與的社交團體」等等複雜的因果關係。

這種資料中或是共同因素裡，有複雜的因果關係，然後要用這些因果關係來解讀資料，相關的方法滿多，如**圖形模型**（graphical modeling）、要徑分析（path analysis）、**結構方程式模型**（structural equation modeling, SEM）等等。礙於本書篇幅，有興趣的讀者可以參考註解的書籍[註13]。

主成份分析（Principal Component Analysis）

因素分析先假設資料裡頭存在共同因素，再藉由共同因素來表現資料的特性。相較於此，**主成份分析**（principal component analysis, PCA）是盡可能不要丟失資訊，嘗試運用少量的變數去表達資料特性的方法。

註13　如村上隆等所著的「心理学・社会科学研究のための構造方程式モデリング」（ナカニシヤ出版）、小島隆矢等人所著的「Excelで学ぶ共分散構造分析とグラフィカルモデリング」、Judea Pearl 等人所著的「入門 統計的因果推論」（朝倉書店）、星野崇宏的「調査観察データの統計科学」（岩波書店）、以及清水昌平的「統計的因果探索」（講談社）等書。

先簡單介紹主成份分析的原理。每一個變數可以看成一個座標軸，所有變數就構築一個多維空間，資料則是散佈在這個多維空間中[註14]。主成份分析就是在這空間當中找出一組新的座標軸，讓資料沿著某(幾)個新的座標軸方向，散佈(變異數)最大(圖 9.3.4)。如果資料沿著某(幾)個座標軸的散佈很小，代表所有測量值在該座標軸上的數值都相似，這麼一來就算捨棄這個座標軸，也不會遺失太多資訊。

所以，我們可以留下資料分散特別大的那些座標軸，將所有資料都用新的座標來表示，稱為**主成份得分**(principal component score)。運用主成份得分，就能夠使用較少的變數來呈現原本資料了。

尤其當我們的資料有大量變數時，經常可以一開始就先執行主成份分析，來減少變數數量，再開始著手進行其他分析。而這樣將變數數量減少的動作，稱為**降維**(dimensionality reduction)[註15]。

因為主成份分析跟因素分析非常類似，經常會混淆在一起，不過希望各位可以理解這兩個方法的思考脈絡並不相同。當我們打算找出資料背後的潛在變數，進而分析、解讀時，就採用因素分析。當我們希望用較少變數呈現資料時，則選用主成份分析。

註14 比如，雙變數的時候就像是圖 9.3.4 左上方，每個變數是一個座標軸，雙變數就會構築一個二維平面，資料即是平面上的點。本書是方便說明因此使用雙變數為例，但實際上雙變數的時候很少用主成分分析。

註15 變數的個數稱為「維度」。所以說，多變數資料又能稱為**多維度資料**(multi-dimensional data)或是**高維度資料**(high-dimensional data)。

圖 9.3.4 主成份分析

將原始座標軸轉向，使資料在新的座標軸上分散程度最大

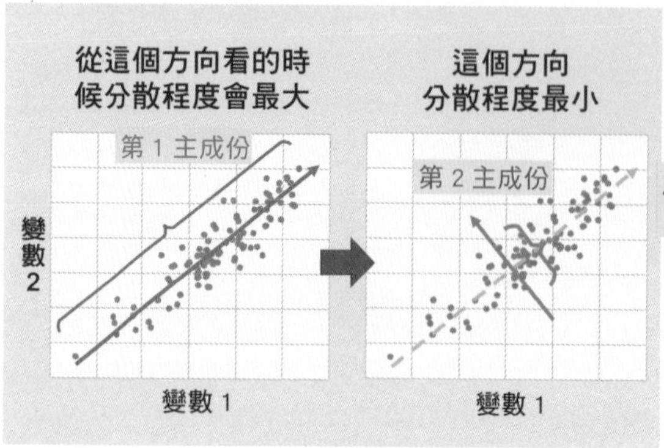

用新的座標軸
檢視資料

第 2 主成份
第 1 主成份

資料

	科目 1	科目 2	…	科目 N
學生 1	95	80		87
學生 2	62	77		67
學生 3	85	80		70
學生 4	76	89		81
⋮	⋮	⋮	⋮	⋮
學生 M	65	56		72

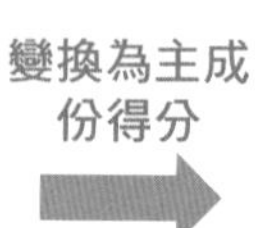

	主成份得分1	主成份得分2
學生 1	1.15	0.01
學生 2	-0.58	0.21
學生 3	2.22	0.3
學生 4	0.13	-0.81
⋮	⋮	⋮
學生 M	-1.07	0.62

分群（Clustering）

如果想要根據學生的成績，來研究「班上有哪些類型的學生」，就會用**分群**（clustering）（圖 9.3.5）。透過將相似的資料放在同一群，所有資料就會分成好幾個小群體，隨後再研究這些群體各自有著什麼特性，就能得出如「這群學生都很擅長語文」或「那群學生都很用功唸書」等結果。

因為變數數量較多時，通常無法直覺地看出資料的散佈狀態，所以透過分群，將各個測量值歸屬到不同的群體、貼上標籤，就會相對容易進行分析或解讀。如圖 9.3.5 這樣單純將資料分群的話，稱為**非階層式分群**（non-hierarchical clustering）。

圖 9.3.5 分群的示意圖

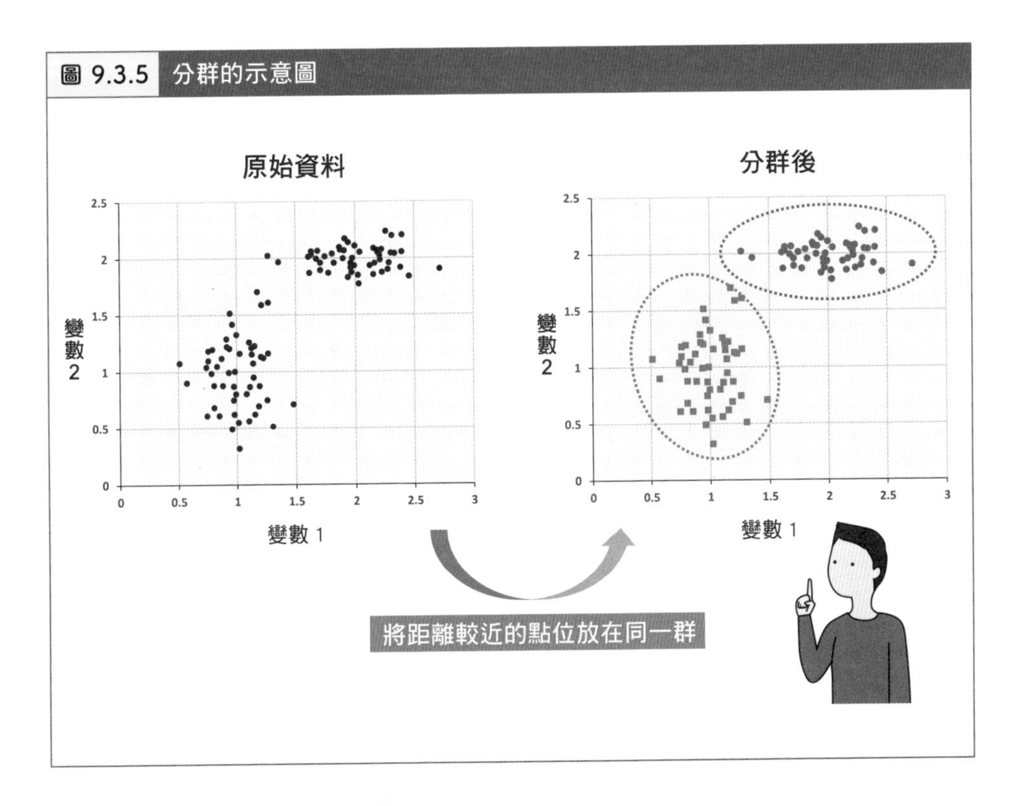

常見的非階層式分群演算法

- **k-means 分群**

  找出資料最靠近哪一個群集中心。

- **高斯混合模型(gaussian mixture model)**

  假設資料是來自數個常態分佈，求出資料來自哪一個常態分佈的機率最高來分群。

階層式分群(Hierarchical Clustering)

階層式分群則是便於分析哪些測量值之間較為「相似」，並且應該放在同一組[註16]。

如圖 9.3.6 所呈現，做法是先決定一個很小的閾值，如果測量值之間的距離小於閾值，也就是圖 9.3.6 左圖當中紅色圓形相碰時，就將兩個測量值湊成一群。接著調大閾值，若又有圓形相碰，就再把資料湊在一起。重複這樣的動作，直到一個很大的閾值可以將所有資料都包起來。將整個流程用一張圖來呈現的話，就會變成**樹狀圖**(dendrogram)(圖 9.3.6 右)。

樹狀圖可以記錄測量值之間距離多遠，以及形成分群的順序。當我們在樹狀圖中畫一條水平線，如圖 9.3.6 右圖當中的紅線，就能看見不同距離條件下，有哪些資料是屬於同一群。

以圖 9.3.6 的例子來說，可以看出「DE 跟 ABC 各自成一群，而且兩群之間有一段較大距離」。這個範例看起來很簡單，好像不需要用階層式分群。然而當變數的個數很多時，不是很容易判斷資料之間的關係，階層式

註16　可以單純計算座標空間上的距離（歐幾里得距離），或是用任何能夠定義「相似度」的方法來判斷。

分群就會是一個好方法。階層式分群有相當多演算法，主要的統計分析軟體也都有支援。

最後，分群會因為運用的手法不同，得出不同的結果，也就不存在「運用哪個手法才對」或是「哪個結果才對」。分群所獲得的結果只能說是「用這個角度可以得到這樣的結論」罷了。

圖 9.3.6 階層式分群

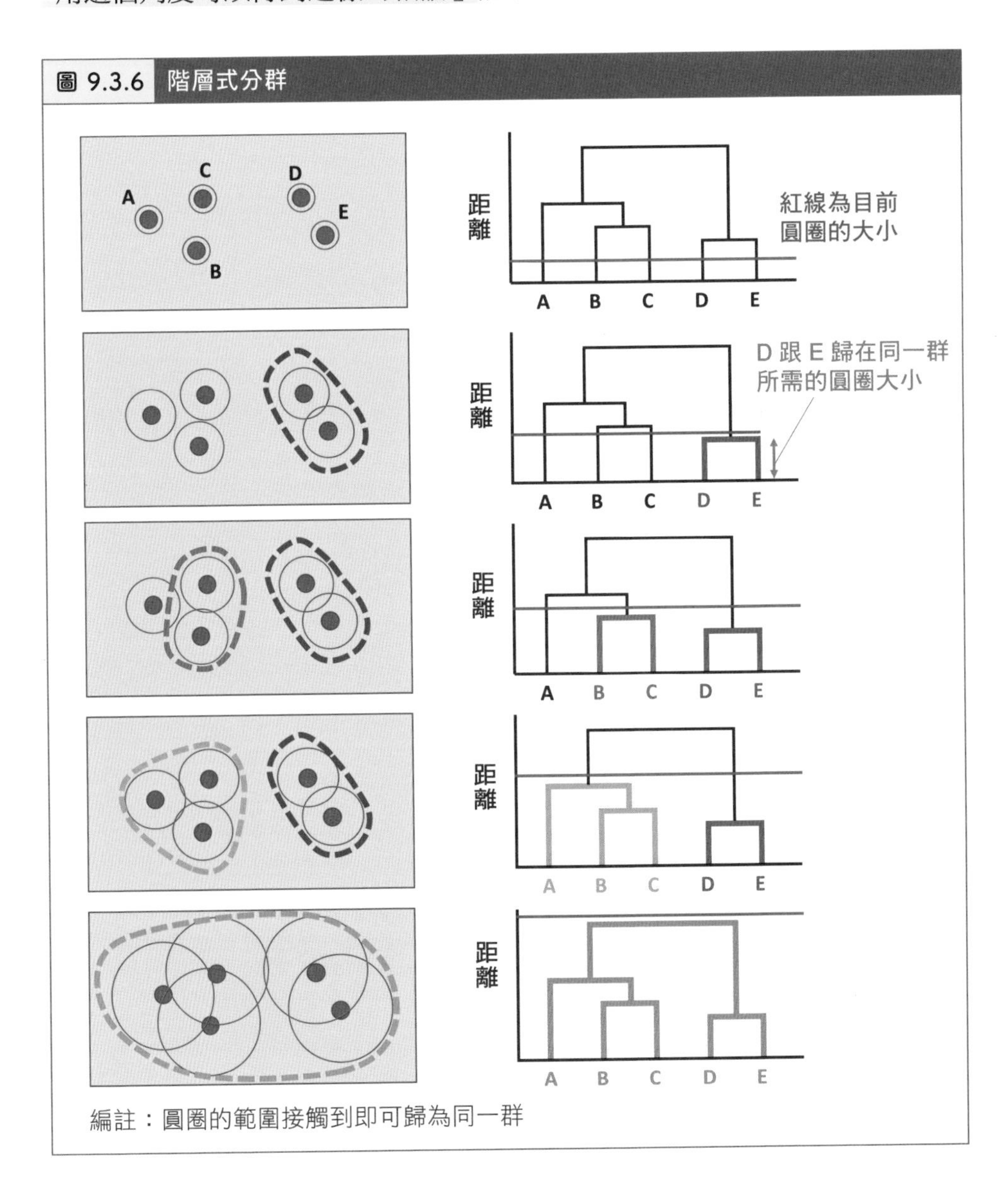

編註：圓圈的範圍接觸到即可歸為同一群

9.4 分析方法整理

關注解釋變數、目標變數

針對多變數資料分析的各式各樣手法與思維都介紹過一輪了。本節就要來簡單整理究竟哪些情境該運用什麼樣的手法較好。

資料分析當中經常會遇到的情況，就是希望我們分析的變數究竟受到哪些變數所影響。比如，想知道氣候是否會影響紅酒的品質（6.3 節），想知道性別、年齡、體重這些身體特徵會不會對藥效有影響。這些用來被說明的變數，稱為**目標變數**（objective variable）或是**依變數**（dependent variable）；而用於說明的變數則稱為**解釋變數**（explanatory variable）或是**自變數**（independent variable）。在 6.3 節的時候有簡單地介紹過解釋變數是如何影響目標變數，當時使用了多元迴歸分析跟邏輯斯迴歸等好用的分析工具。

不過有時候我們的目標並非是要說明特定的變數，而是要了解資料的全貌，此時採用的手法就會不同[註 17]。

打算執行探索式分析時

當變數之間不存在解釋變數、目標變數這樣的關係時，比如，學生各科考試成績或是客戶資料當中的個人檔案等，就可以運用那些透過彙整測量值的方法進行研究，或是尋找資料背後存在何種結構的方法，分析方法的選擇概述如下[註 18]。

註17　目標為「預測」的情況，我們會在下一章說明。

註18　本書提供方法選擇的基本流程，實務上執行分析時也許需要更仔細去選擇手法。

當我們想要確認變數之間的相關性時，可以將變數配對繪製散佈圖，以及計算相關矩陣（如圖 9.1.1），進一步還能計算偏相關係數以排除某些特定變數所帶來的影響（如圖 9.3.1）。

如果想要以較少量的變數來表示資料時，可以運用因素分析、主成份分析、分群等手法，來得知資料的本質。尤其是希望運用精簡過後的資訊來做更近一步的分析時，透過因素分析或主成份分析，能將每個測量值變換為數量較少的變數（如因素負荷量或主成份得分，圖 9.3.4）。

想知道資料怎麼分類，可以使用各式各樣的分群手法（圖 9.3.5 及圖 9.3.6），或是運用**多維縮放法**（multidimensional scaling）來將多變數的資料繪製成易於觀察的二維平面資訊[註 19]。

希望確認解釋變數有何影響

當我們希望分析多個解釋變數對某個目標變數造成什麼影響時，需要先釐清是定量變數還是定性變數。不同的變數型態，作法也不同。

（1）目標變數跟解釋變數都是定量變數時

所有的變數都是定量變數，就能運用多元迴歸分析。即使解釋變數當中存在一些定性變數，也能轉換為虛擬變數（dummy variable）（編註：如 label encoding、one-hot encoding、embedding 等）。另外，也能運用更複雜的數學模型來研究變數之間的關係，這部分留待第 10 章講解。

註19 多維縮放法也經常會使用因素分析、主成份分析。另外，還有一些非線性手法，如**核主成份分析**（kernel PCA）跟**流形學習**（manifold learning）等。

(2) 目標變數為定性變數，解釋變數為定量變數時

比如，我們想透過定量變數來說明客人會買（Y = 1）或不會買（Y = 0）的情況，此時可以運用邏輯斯迴歸。如同上一點，即便目標變數是定性變數，也可以用變數轉換處理。

(3) 目標變數為定量變數，解釋變數為定性變數時

當目標變數為定量變數，而解釋變數是「條件」或「群體」。這時候通常會想要知道，會不會因為條件改變而有不同影響，因此會用變異數分析跟多重比較分析，或者將解釋變數轉換為虛擬變數之後進行迴歸分析也行。

(4) 目的變數跟解釋變數都是定性變數時

截至目前為止本書都未正式提及，這樣的資料稱為**類別資料**（categorical data）。9.2 節當中提過數學分數為例，假設我們在學期末對課程進行的問卷調查，問卷當中以「太過困難、稍微有點難、難易適中、稍微簡單、太過簡單」五個選項來評估課程難易度，請三個班級的學生填寫，來看看三個班級的反應有何差異。這時候每個測量值就會是「班級」跟「課程難易度」這兩個類別變數。

問卷結果有 3 個班級、5 個選項，因此測量值就會有 15 種組合。所以當我們去統整哪些測量值總共出現過幾次，就能夠描述整個資料的樣貌，如圖 9.4.1 所示為**交叉表**（cross table）。此外，定量變數的資料可能無法使用交叉表，因為定量變數可能出現的數值太多了。

本章提到的分析手法，有些是適用於類別資料。比方說，當我們想要研究班級之間的差異時，可以改用**卡方檢定**（chi-squared test）。此外，也是可以利用邏輯斯迴歸，詳細的方法請看註解所提供的參考資料[註20]。

註20　太郎丸博的「人文・社会科学のためのカテゴリカル・データ解析入門」（ナカニシヤ出版）

經過本章的描述，相信讀者可以了解，配合資料種類與目標，選擇的分析手法也會不同。要一次把所有方法記起來，並不容易。但是，只要知道各種問題設定大多有對應的分析手法，需要的時候再搜尋，應該就不會有太大問題。

圖 9.4.1　交叉表

	太過困難	稍微有點難	難易適中	稍微簡單	太過簡單	小計
X 班級	3	4	8	4	1	20
Y 班級	5	3	7	5	0	20
Z 班級	2	3	9	5	1	20
小計	10	10	24	14	2	60

第 9 章小結

- 執行探索式分析時，須留意多重檢定的問題。
- 比較許多分析對象時，變異數分析會相當方便。
- 透過因素分析、主成份分析、分群等手法，能夠掌握資料整體樣貌。
- 最重要的是配合分析目標以及資料型態，採取合適的分析手法。

MEMO

數學模型的要點

資料分析當中，數學模型是一個重要概念。先前提過的多元迴歸或者分析資料是否符合常態分佈，都可以算是一種數學模型。本章會依序講解如何依據數學模型來掌握資料，該用什麼樣的觀點去選擇要使用的數學模型，最後說明實務上運用數學模型時應該注意哪些事情。

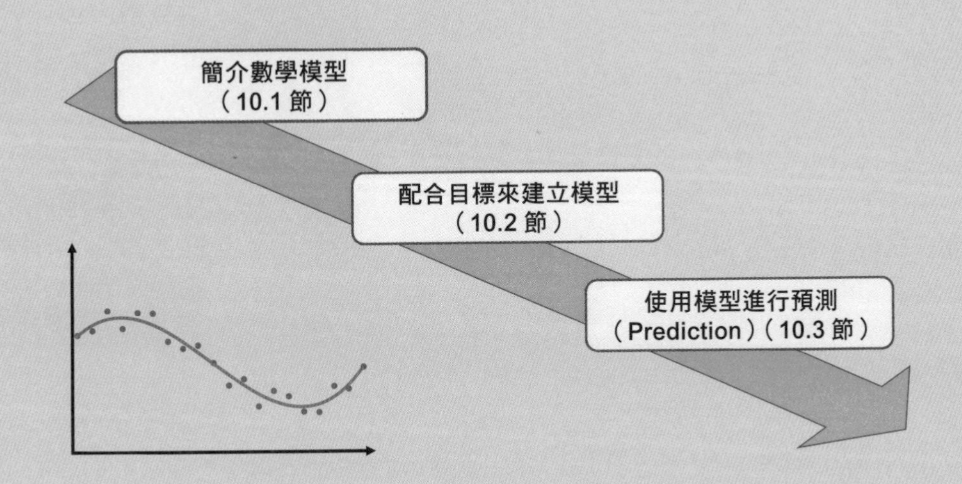

10.1 簡介數學模型

什麼是數學模型

數學模型就是運用數學方式來模擬資料的行為或是關聯性（圖 10.1.1）註 1。像是之前提到的多元迴歸分析，就是運用解釋變數相加去呈現目標變數，另外像是「將隨機誤差視為常態分佈」也是運用數學工具中的機率去呈現變數的行為。而牛頓運動定律，以及機器學習中所使用的模型也都是數學模型。當我們能夠建立一個好的數學模型去描述資料時，就能為資料分析帶來很大的幫助。

圖 10.1.1　數學模型概念圖

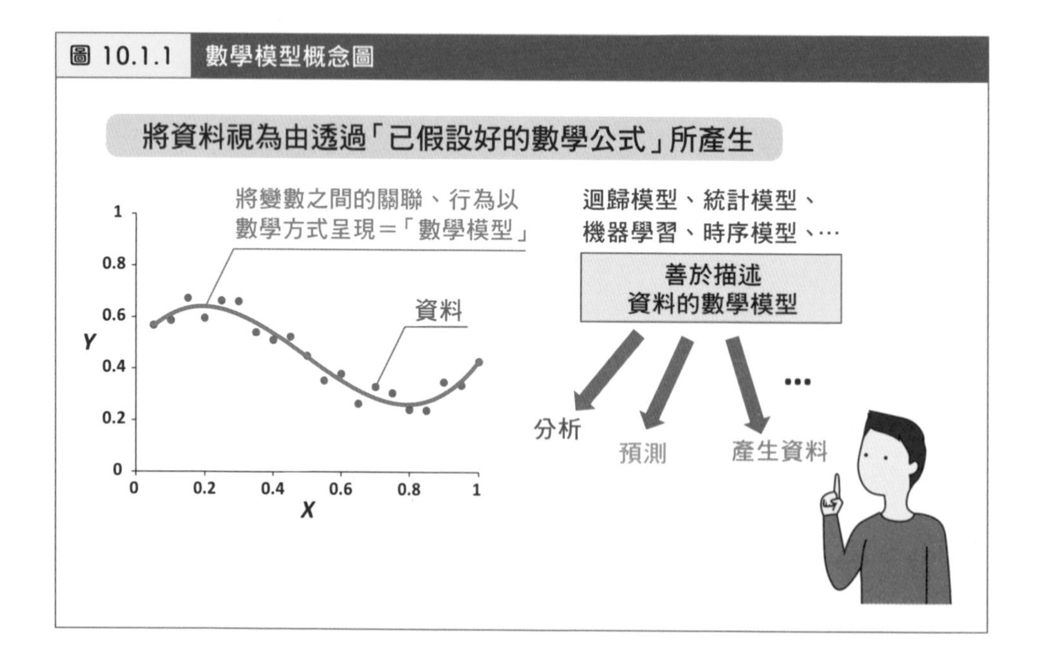

註1　雖然經常會有人說，所有將實際現象以數學方式呈現都是數學模型。比如，買了 3 顆蘋果，吃掉 2 顆而剩下 1 顆，就可以用 3-2=1 來呈現，也是數學模型。不過本章主要著墨在「可以模擬變數的行為跟關聯性」的數學模型。

當我們建立好數學模型後，就能從模型中去檢視變數如何互相影響，以及進行各式各樣計算、預測。這一節會先說明「如何使用數學模型」[註2]。

數學模型是由三個元素所構成：變數、數學結構、參數（圖 10.1.2）。數學結構[註3]是描述變數行為的數學架構。比如，多元迴歸模型的數學結構是「常數乘變數的加總」，又稱為**線性總和**；又比如，邏輯斯迴歸是「常數乘變數的加總，再代入邏輯函數（logistic function）」；用常態分佈去呈現資料的分佈，常態分佈也是數學結構。所以數學結構就是數學模型當中的骨架，如果使用的數學結構不適合資料型態，那後續的分析也會不順，比如多元迴歸分析肯定不會適用於非線性的資料。

於是，當我們要運用數學模型時，首先要假設「這次的分析對象能夠運用這個數學結構」，接著將建立好的模型跟資料的做比對，最後再用比對的結果來決定要不要用這個模型。

建立模型的過程需要透過調整參數，來讓模型可以順利描述資料（圖 10.1.2 右），也同時展現變數意義。以多元迴歸分析來說，每個變數的係數就是參數，調整參數不僅讓模型能夠描述資料，也可以知道哪個變數具有較大的影響力。此外，常態分佈的參數則是平均數跟標準差。由此可見，研究數學模型當中的參數，就能更進一步揭開資料背後的特性。

雖然數學模型只是將資料用數學方式來模擬，可是，當我們無法直接從實際的資料中去看出資料的特性時，透過建構、分析數學模型，就能有機會做到預測。

註2　更詳細的內容請參考筆者前作：「資料科學的建模基礎 - 別急著 coding！你知道模型的陷阱嗎？」（旗標科技）。

註3　這是筆者於前作「資料科學的建模基礎 - 別急著 coding！你知道模型的陷阱嗎？」一書中的用詞，並非是普遍的說法。一般來說是使用「函數」，只有當想要表達的內容超出函數所能涵蓋的範疇時，才會以「數學結構」來稱呼。然而基本上能想得到的東西，都有辦法以函數來呈現。

圖 10.1.2　數學模型的元素

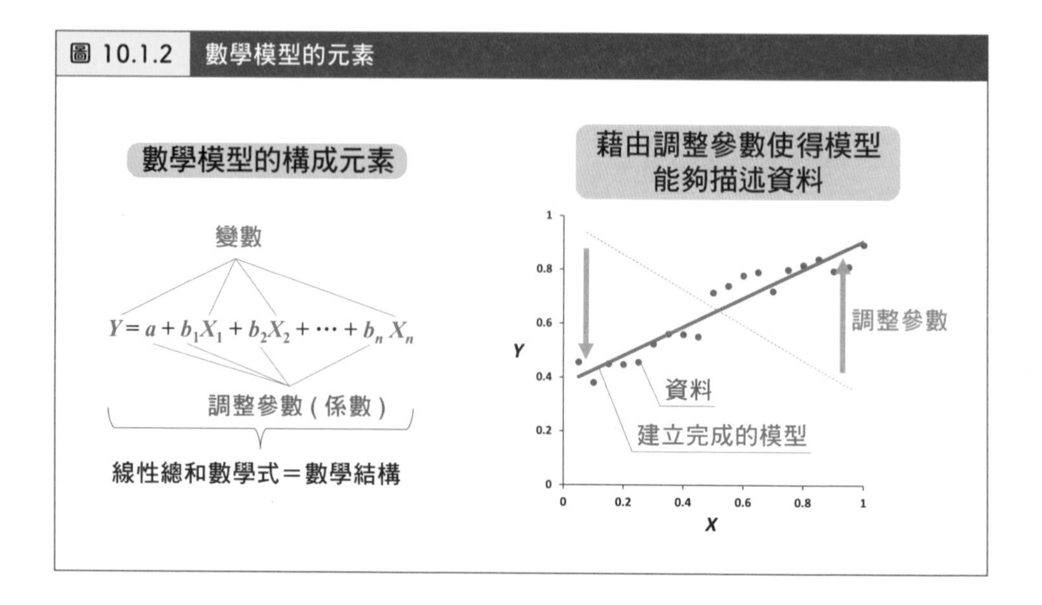

數學模型的假設

建構數學模型時不可或缺的就是「假設」。遇到需要分析資料的情況，嚴格來說我們難以得知資料背後的機制，勢必得在某些假設之下去進行分析。除了前述的數學結構所需的假設之外，要建立數學模型時還要再加以下的假設。

(1) 假設資料足以代表目標系統

比如，當資料有誤差（第 2 章）時，依此資料建構而成的數學模型跟推導出的結論也會有誤差。因為數學模型僅僅是去模擬「現有資料」的行為，當資料本身有問題，數學模型也會跟著有問題。

(2) 假設資料產生機制不會因為時間、地點而有所變化

數學模型可能會因為時間跟地點改變，就無法使用。像是依據過去資料預測未來時，就經常會遇到某些狀況改變了，導致資料產生機制也改變，因此原先的模型就沒用了。

所有運用數學模型的分析，都是「在上述假設成立的條件下分析資料，模型認為資料想表達的有這些、能預測的有那些」。雖然有很多假設顯得數學模型用處不大，然而要是想在有限的資訊中去做出重要決策，或是必須要為後續分析方向設定假設的時候，透過理性思考且符合邏輯的論點，按部就班執行分析，才是理想的做法。

數學模型的有效性

簡單介紹數學模型有效性的評估方法。

(1) 能否解釋建模的資料（訓練資料）

首先要確認能否準確描述建構模型所用的資料。如果模型連建模所用的資料都抓不準，可能是沒有做好建模。**適合度**（goodness of fit）就是用來定義模型與資料相似程度的指標，在數學模型當中有許多不同種類的適合度指標，而其中常用的是**決定係數**（coefficient of determination, R^2）。大致上來說，決定係數是模型可以解釋的變異佔資料變異的比例，進而用來評估模型的優劣（圖 10.1.3）。此外，單變數線性迴歸（編註：特徵只有一個變數，標籤也只有一個變數）時，決定係數的平方根會跟資料的相關係數一樣。

(2) 能否解釋未知的資料（驗證資料或測試資料）

數學模型僅僅模擬建模所用的資料而已，所以如果我們是用有偏誤的資料來建模時，則模型是沒有辦法掌握目標系統的特性。當運用的模型越來越複雜，還會出現過度配適的情況，種種問題導致「雖然建構出來的模型可以描述用來建模的資料，但無法描述其他資料」，我們在下一節會更詳細說明。

為了確定是否會發生這種問題，我們需要使用額外的資料，來檢視模型是否依然合適，以評估我們所建構的數學模型是否掌握目標系統的特性。不過要留意的是，如果額外的資料，跟建模用的資料，有相同的偏誤，那驗證並不能有效評估模型的性能（編註：比如，用有偏誤的方法做抽樣，再將資料分成建模用跟驗證用，這樣兩組資料都有類似的偏誤）。

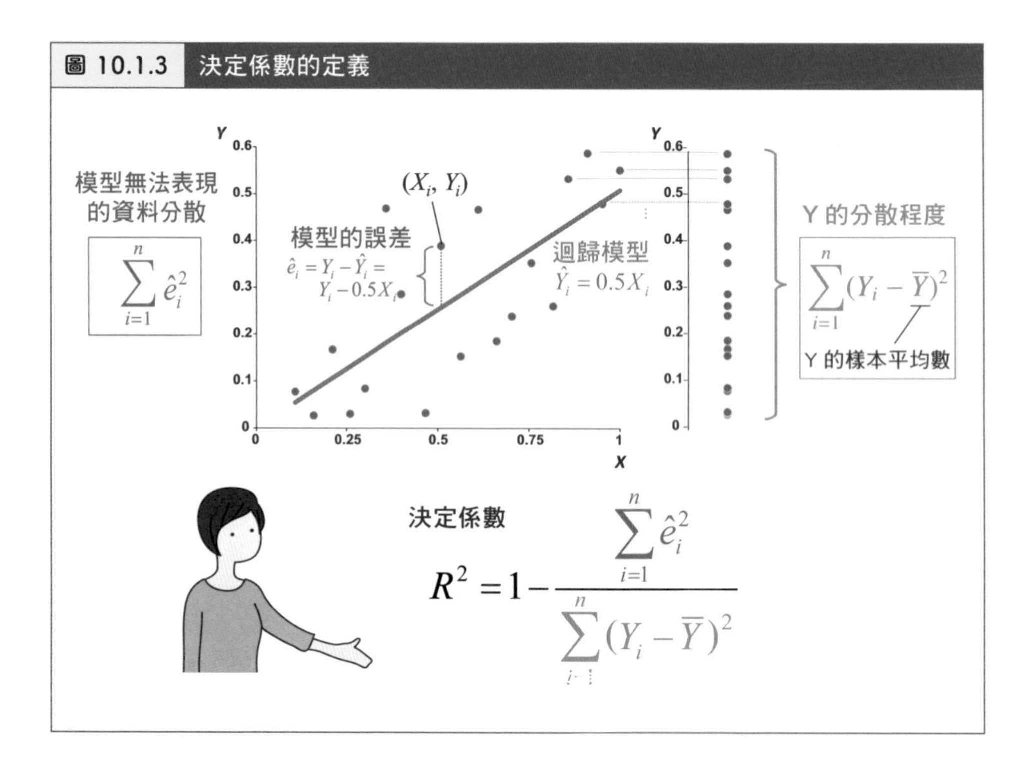

圖 10.1.3 決定係數的定義

（3）模型的建構是否合乎邏輯

有些時候並沒有額外的資料讓我們驗證模型。比如預測人口的問題，有可能只能取得少數幾年分的人口數資料。此時，除了各年齡層的人口數，也要能知道出生率、死亡率[註4]。藉由結合資料裡頭各種特性來建模，只要了解所有性質背後的假設跟計算是否合理，就能對整個模型的邏輯性作出評斷。

註4　因為已知變數之間的關聯性，所以建模就會類似推導數學公式的流程。

欠缺邏輯的模型會是什麼情況呢？比如，包含不切實際的假設、過度簡化問題、僅以少數資料找出參數等，模型推斷出的結果會缺乏可信度。

上述的（1）對於任何型態的數學模型來說都很重要，如果適合度太低，就不能用該模型去推導結論，畢竟有效運用數學模型去進行分析，完全仰賴數學模型的假設為真，所以拿適合度太低，模型的假設不成立，會得到沒有意義、錯誤的結論。因此，務必先確認數學模型具備了足夠的適合度[註5]，再來看數學模型或推導出的結論是否掌握了目標系統，並且加入（2）或（3）作綜合判斷（圖 10.1.4）。

圖 10.1.4 數學模型的有效性

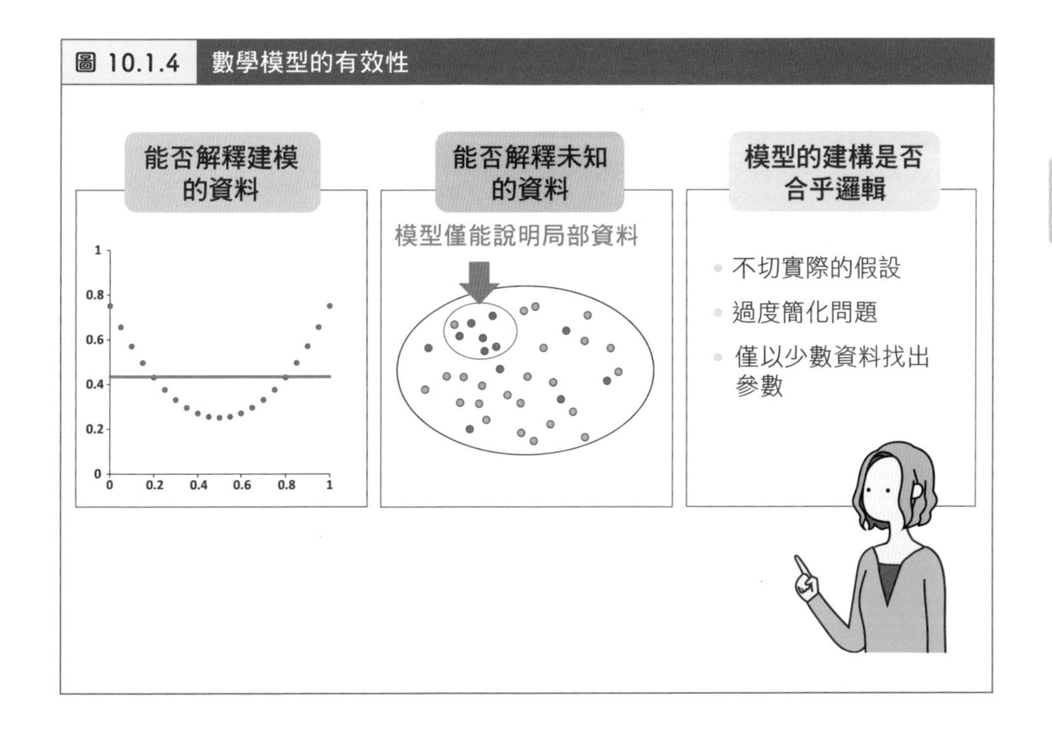

註5　適合度究竟達到多少才稱得上「足夠適合」，會因為手上的資料、分析目的、所使用的模型而有所不同。

常見的數學模型

- **線性迴歸模型**

  用線性加總呈現變數的關係，像是單變數線性迴歸跟多元迴歸。

- **統計模型**

  用機率分佈呈現變數的關係或分散狀態。

- **微分方程模型**

  用微分運算呈現變數的瞬間變化程度。

- **時序模型**

  用變數過去的數值來表示變數未來可能的值。

- **神經網路模型**

  用多次線性加總以及激活函數，來表現複雜的變數關係。

10.2 配合目標來建立模型

理解導向建模與應用導向建模

雖然本書僅介紹用於資料分析的數學模型，不過其實數學模型種類繁多，並非只能用在資料分析上。這裡所謂「用於資料分析的數學模型」，是指「不清楚資料生成的原理，想知道目標系統的運作機制」為主的模型。其他還有非資料分析的數學模型，比如，描述物體運動現象的牛頓運動定律。

用於資料分析的數學模型可以分為兩大類：**理解導向建模**跟**應用導向建模**(圖 10.2.1)。理解導向建模是為了要理解目標系統的運作機制，而應用導向建模則是為了要預測或是生成資料。

比如，當我們想要用商品跟客戶資料去研究「什麼樣的人會想要哪些商品」，屬於理解導向建模。想要根據客戶資料去推薦不同商品時，屬於應用導向建模，因為這時候「準確推薦商品給客戶」比較重要(編註：只要準確推薦即可，原因並不重要)。因此，不同目的就會影響建模的方式。

雖然本書主要討論「資料分析」，因此大多屬於理解導向建模[註 6]，不過近年來應用導向建模也是越來越重要，因此接下來本書也會提及一些應用導向建模的重點。

註6 理解導向建模常用的迴歸模型，也是應用導向建模常選用的方法 (編註：因此兩者間不是壁壘分明)。

圖 10.2.1　兩種建模的方針

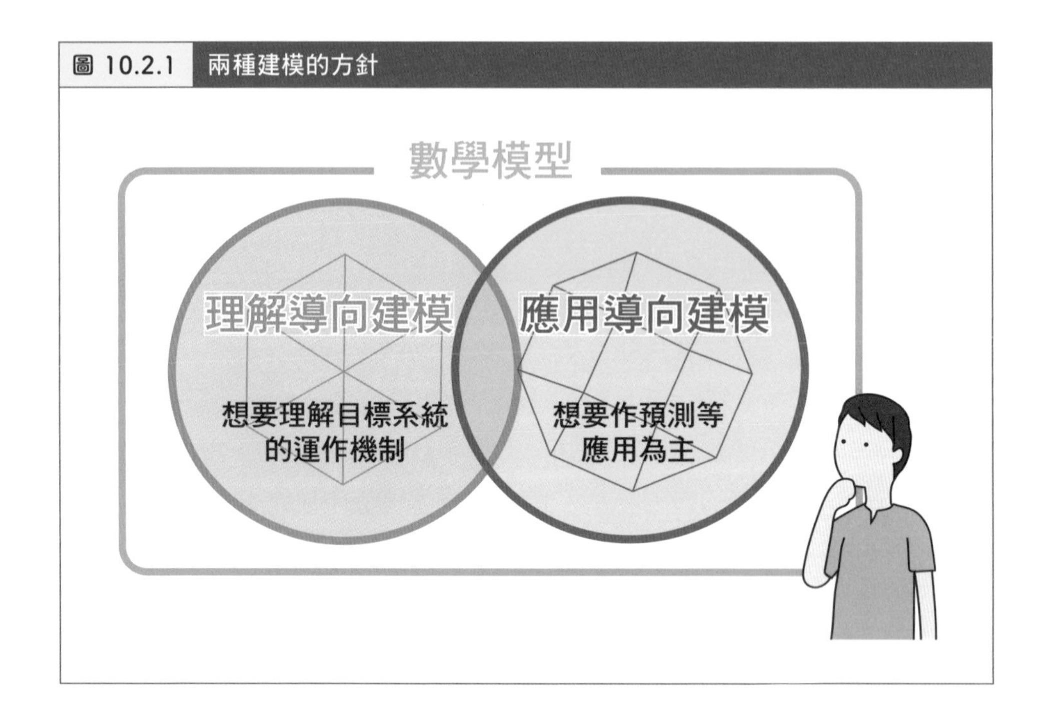

理解導向建模的重點

因為理解導向建模必須知道模型的運作機制為何，所以像是多元迴歸模型，或是運用機率分佈的統計分析，這種易於解說模型涵義的方法就相當常用。相較於此，像是深度學習(deep learning)這樣極端複雜的模型，難以掌握模型當中究竟發生了什麼事情，這也意味著難以用模型解釋資料，較不適合用於理解導向建模。不過，雖說要運用易於解釋的模型，但不是每次都要選非常簡單的模型。數學模型要能確實描述資料才有用，如果太簡單的模型無法正確描述資料，就需要考慮增加一些元素。像是增加變數、增加參數、或是考慮變數的相互作用、甚至是運用特殊函數等。

資料的分散程度也是影響建模的重要因素(圖 10.2.2)。當資料分散較小，仔細調整簡單的模型，就有機會將資料描述地很好。比如，當資料很像常態分佈時，可以直接用統計模型，如果還用較複雜的多元迴歸分析，反而會使得偏誤變大(編註：發生過度配適)。反之，當資料很分散時，一直調整簡單的模型不但沒幫助，甚至可能會誤以為毫無關聯的資料存在某些特性，這種時候使用多元迴歸分析，比較有機會找到資料的本質。

圖 10.2.2 資料的分散程度與模型的複雜程度 註7

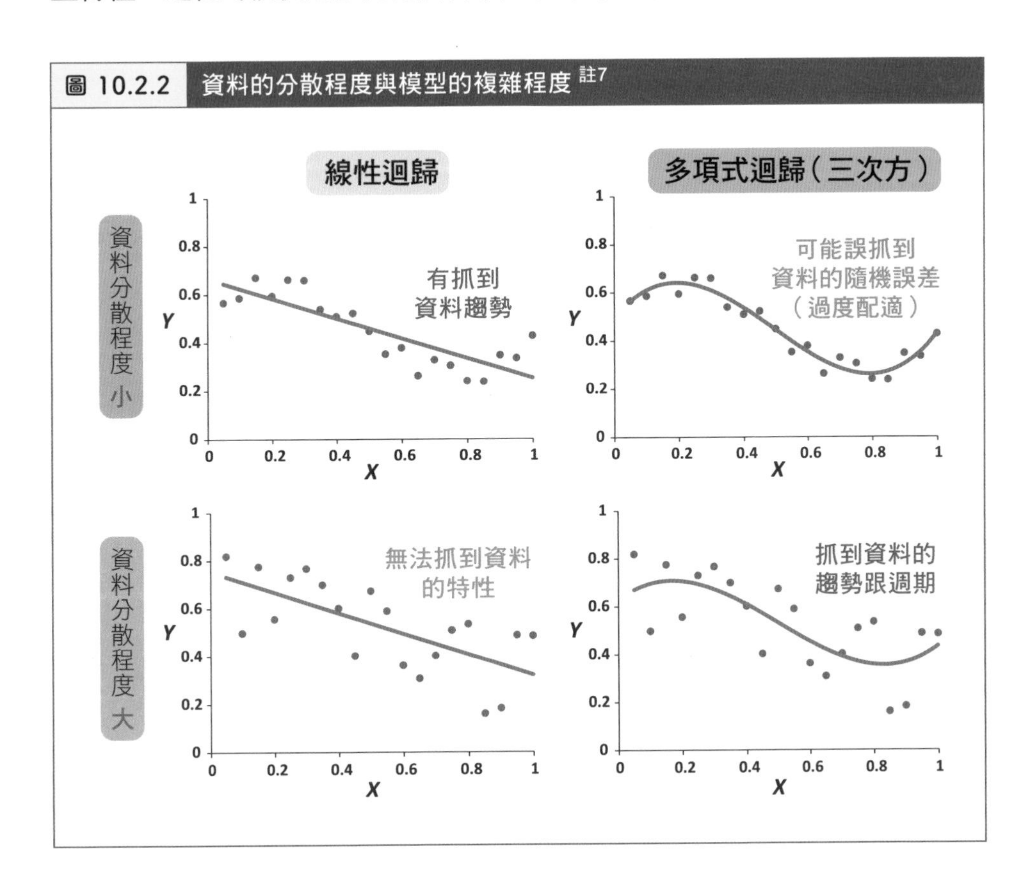

應用導向建模的重點

應用導向建模主要是用數學模型進行預測或生成資料，像是要從圖像資料中判讀內容、根據生化資料判斷是否有染疫、將音訊轉換為文字、將外國文字翻譯成中文，都屬於應用導向模型。

註7 上面那排的資料隨機誤差較小，下排的資料隨機誤差較大。那些功效越高的模型（此處為三次函數的迴歸），就越有可能誤抓到資料的隨機誤差。

這類問題重心比較不會放在「資料的特性」，而是著重在「實際應用層面上能夠發揮多大的功效」。比如，想要辨識圖像當中的資訊時，與其花時間探索模型怎麼解讀資料，不如著重在提高模型辨識的準確率。而困難之處在於想要有一個應用效果很好的模型，可是建模過程手上的資料通常極為有限。因此，為了要達到功能需求，時常會使用複雜的模型，儘可能抓出資料裡頭的特性。

但是，複雜的模型容易出現「模型能夠描述建模時用的資料，卻無法描述其他沒看過的資料」，這稱為**過度配適**（overfitting）。好的模型要能普遍適用（generalization），就是模型對於不是建模使用的資料，依然有用。在應用導向建模中，很重要的工作是讓模型不要過度配適，努力提升模型普遍適用的能力 。

相較於理解導向模型，使用應用導向模型來解讀資料的成功案例還不算太多。然而為了解讀複雜的目標系統，相信未來應用導向建模的用途會越來越廣泛。

10.3 使用模型進行預測（Prediction）

何謂預測 (Prediction)

一般提到**預測**(prediction)，是指猜中未來的事情。不過，資料分析裡的預測，是運用模型猜測那些非用於建模的資料。資料分析裡的預測，不一定有時間先後順序，有時猜中過去的數值也是預測。一個數學模型若能掌握目標系統的資料生成機制，就有機會準確作出預測。

易於預測的問題、難以預測的問題

資料分析的世界中，當然同時存在有簡單的問題以及困難的問題。是否能夠準確預測，重要的因素之一就是「是否取得夠多有用的資料」。比如，本書 6.3 節介紹預測紅酒品質的案例當中，之所以用「熟成時間」與「氣候條件」的資料，是因為紅酒製造的流程基本上很穩定，所以只要有品質好的原料(葡萄)，紅酒的品質也能很好，所以資料當中都是關係到原料品質的項目。當我們知道哪些訊息重要，且能夠儘量獲得這些訊息，那麼建模所需要的資料大致上就完備了，所以預測也就相對容易。

再一個範例，本書 3.4 節提到正確預測棒球選手能力的賽伯計量學，棒球比賽中有很多數值可以拿來評估選手能力，而選手的能力在短時間內不會有劇烈變化(編註：不會大幅進步，但先不考慮受傷的情況)，再加上棒球規則都很固定。以上這些條件讓這個案例得以相對容易分析、預測。

另外，辨識圖像資料或音訊資料，要辨識的物件特徵是固定的，所以要做到預測也就相對容易。

哪些問題難以預測呢？就是即使取得資料後還是有很多不確定性的因素、或是目標系統無時無刻都在改變。比如，預測股市走勢就非常困難，因為我們根本無法蒐集所有影響股市的資料。還有像是人類的行為也屬於難以預測的問題，畢竟我們無法完整描述大腦內的狀態以及外部環境。

目標系統穩定性太低的問題，也很難預測。比如，只要改變一點點目標系統，就會有非常不一樣的反應。或是測量資料時的些微誤差，隨著時間經過影響越來越大，這稱為**初始條件敏感性**。實際的範例就是天氣預報。未來幾天的預報還可信，但是很難預測一個月後的天氣。

此外，突發性現象也很難預測。比如經濟危機或是地震等。

大幅偏離原有數據的狀況就會難以預測

圖 10.3.1 是冰淇淋銷量與氣溫變化的資料[註8]。資料來自日本總務省的家庭收支調查報告，以及日本氣象廳所公布的 2015～2019 長達五年期間當中每個月的氣溫變化資料。將其描繪成散佈圖後，可以看出氣溫如何影響的每一戶冰淇淋消費金額。此時我們使用指數函數來進行迴歸分析[註9]，如此一來就能知道如果下個月平均氣溫為 16 度時，冰淇淋支出大約是多少。得出預測值後跟周圍的資料進行比對，看起來我們預測值並不會跟資料差異太大。

如果月平均氣溫是 35 度時，消費金額會是多少呢？雖然我們依然可以運用模型去預測冰淇淋消費金額，但這就會超出建模所用資料的涵蓋範圍。就算模型可以透過調整參數，將建模所用的資料表達的非常好，但是

註8　冰淇淋的消費金額使用的是全國每一戶有兩人以上的資料的平均數，氣溫則是拿東京的單日最高氣溫去算出每月平均的代表數值。

註9　這次為了要讓問題不要太困難，這裡先選擇簡單的模型。如果預測是屬於內插，在不會過度配適的條件下，可以試試看更複雜的模型。在此處即便我們用簡單的模型，也能成功解讀資料。

對於範圍以外的情況，就無從比對。所以，當預測的位置超出了原本資料範圍時，準確率可能無法獲得保證。

月平均氣溫是 35 度時，預測結果為 1775 元，但這個預測結果可能會有一點問題。比如，現存的資料中，溫度較高的時候，模型的預測值都低於實際值。另外，也有可能每戶的預算還是有上限，或是一個人一天能吃多少冰也有限。甚至還有可能天氣太熱就不出門了，反而銷售量下降。像這些可能的因素，建模的資料都沒有，預測值就有可能偏離實際值。

當預測的點，周圍都有資料存在，則可以透過**內插**（interpolation）來得到預測值。反之，預測的點，周圍沒有資料，則只能透過**外推**（extrapolation）來得到預測值。剛剛的冰淇淋範例中，可以看到內插較為可信，外推的結果可能會有一點問題。由此可見，數學模型對於例外是較無法發揮功效。如果處理的問題對於例外預測不準影響不大，那是無所謂。要是例外預測不準會有重大影響，就要審慎評估模型。

圖 10.3.1 內插與外推

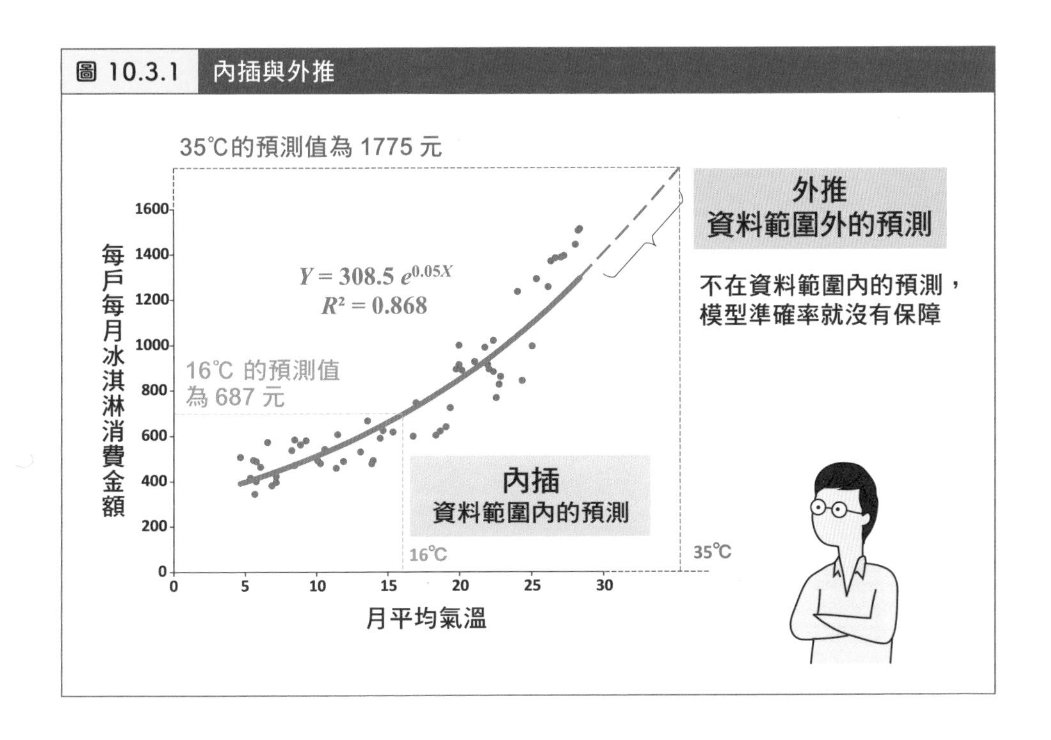

線性與非線性

線性(linear)是將變數乘常數之後相加減[註10]，除此之外的所有情況屬於**非線性**(non-linear)(圖 10.3.2)。對於呈現線性的目標系統，使用線性模型，即便是預測外推值也不會有太大的問題。不過很可惜，這世上的現象大都是非線性，即便是剛剛簡單的冰淇淋案例，也是非線性。另外，當數學模型當中包含了非線性的元素，模型就會特別複雜，在沒有資料的範圍裡，會更難控制模型的預測。

「目標系統的現象」跟「模型」是否為線性，非常重要，請務必牢記。

圖 10.3.2　線性跟非線性

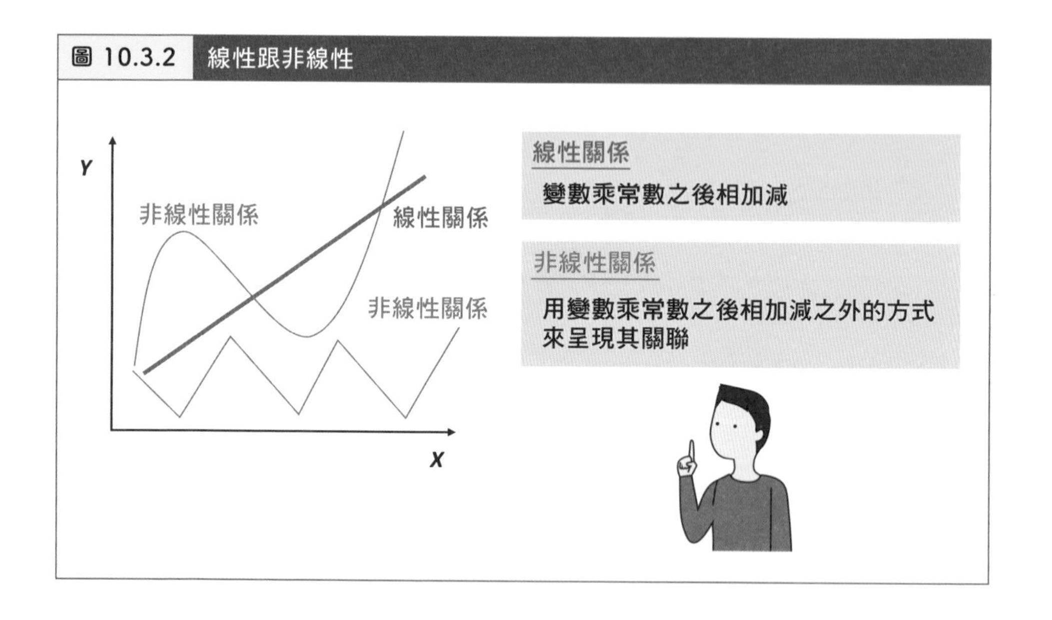

註10　這裡的線性關係著重在變數之間的關係，當我們不是著重在變數，則運用變數的微分或差分所建立起線性方程式模型，如微分方程跟差分方程，也是屬於「線性關係」。物理學當中的牛頓運動定律跟馬克士威方程式都算是線性方程式，因此方便用來描述力學跟電磁學的現象。反之，用來描述空氣、水的納維-斯托克斯方程式，即為非線性方程式，無論是理解、預測、控制等，都還有著相當多難解的問題。

理解機制後進行預測

稍早有提到如果只需要做到預測就夠的話，那麼對於機制的理解可能就相對不重要。不過，難道理解機制不會對於預測有幫助嗎？

當然是有幫助。接下來的範例，會用兩種不同的方式來掌握資料，看看有什麼樣的差別(圖 10.3.3)。

我們要預測擲了 100 個公正骰子之後，點數的總和是多少[註 11]。這顯然有機率的因素，所以我們只要用圖 10.3.3 左上「擲了 100 個骰子的點數總和」的實驗結果資料，求出機率分佈，就可以知道「某個總和值的發生機率」。

我們可以使用統計模型，更具體一點就是如果這個資料分佈看起來很像常態分佈，我們就找一組平均數跟標準差，把這個常態分佈套用到資料的分佈，這也就是機器學習模型跟統計模型等的基本思維。

找到了最好的平均數跟標準差，就可以利用常態分佈的各種性質，算出「最高機率的數值是多少」、「總和在 380 以上的機率是多少」等等。

接下來，我們可以透過理解目標系統的機制，來處理這個問題。骰子的每個點數出現的機率都是 1/6，所以每擲一個骰子，骰子可能的結果，都可以用一個隨機變數 X 來記錄[註 12]。

擲 100 個骰子點數總和的分佈，就是 100 個 X 相加。根據理論(編註：中央極限定理)，這個分佈近似常態分佈，平均數跟標準差也可以計算出來。我們將理論計算出的機率分佈，跟原始資料作比對，確認這樣的結果並沒有矛盾(圖 10.3.3 下方)。

註11　雖然這只是一個簡單的範例，不過這裡所講解的內容，面對更為複雜的問題也能使用。比如，不是公正骰子的情況。

註12　如果不僅知道加總 100 個骰子點數的實驗結果，也知道每次擲骰子出現點數的資料，就能驗證這個假設是否正確，可惜這次我們沒有這麼充足的資料。

比較一下這兩種作法。第一個方式是假設資料的機率分佈，用資料算出機率分佈的參數，獲得了能夠解釋資料的機率分佈，屬於應用導向建模。第二的方式是了解資料的產生機制（擲一個骰子的分佈），逐漸加入更多元素（擲很多骰子等於隨機變數相加），最後建構出機率分佈，屬於理解導向建模。換個方式想，第一個方式其實是將資料歸納，後者是從基礎開始推論。

所以，這兩個究竟功能上有什麼不同呢？

圖 10.3.3　理解導向建模與應用導向建模

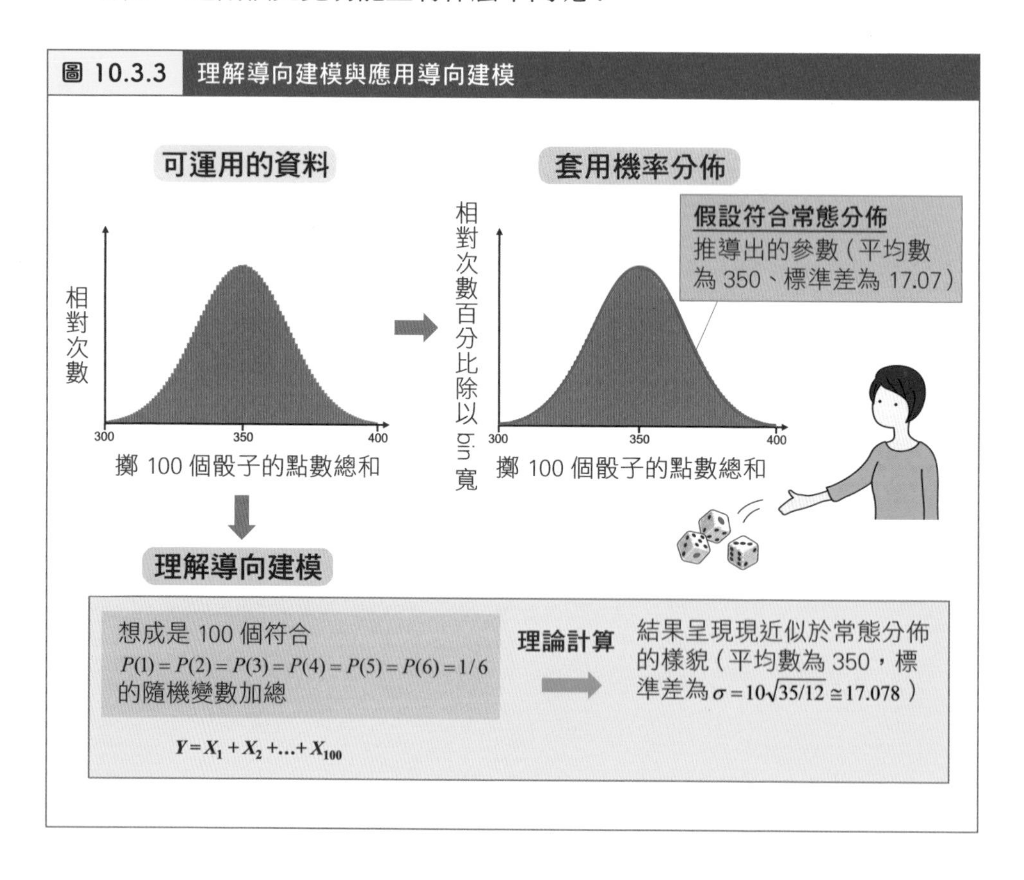

資料不夠時理解導向建模如何發揮其所長

在剛剛的案例中，可以看到兩種方法都得到相似的結果。那如果資料很少、或是根本沒有資料，會怎麼樣？比如，我們想要知道擲 100 個骰子的點數總和，但是只有作過 10 次實驗，這時候會發生什麼事呢（圖 10.3.4 左上）？

現在我們無法保證當實驗次數更多之後，是否為常態分佈。如果不管是不是，一樣先假設是常態分佈，然後找一個平均數跟標準差，可以最符合這 10 次的資料，結果推導出來的標準差比真實值還小（圖 10.3.4 右上紅色曲線）。在現實問題中，有可能因為資料太少，導致推測出的參數不準，甚至假設的分佈不正確因而模型無法使用（比如：資料分佈根本不是常態分佈）。所以套用機率分佈，在面對資料較少的情況時是比較不利。

另一方面，使用理解導向建模，即便資料較少，就算最終還是得要拿來跟原始資料進行比對，以確認模型跟資料之間會不會存在相互矛盾的情況，但其實只要確保我們在模型中所作的假設合理，結果就不會因為資料數量的變化而帶來太大的影響。

比如：我們把 6 面的骰子，換成 7 面的骰子（編註：骰子可能出現的點數有 1、2、3、4、5、6、7）。實驗所得的資料都是 6 面骰子的測量結果，我們對於 7 面骰子的情況一無所知。如果還是套用機率分佈，此時就會發現完全沒有資料可以用。但是理解導向的方式，卻還是能夠根據問題（比如：各面出現的機率為 1/7 之類的），調整建構模型的元素：隨機變數 X，進而計算出機率分佈。

理解導向建模面對資料不夠的時候、或是根本沒有資料的情況，還是能夠依據假設來進行預測。應用導向建模僅僅是在「好好預測資料」，理解導向建模卻能藉由「合理的假設」跟「理解資料產生的機制」而得以處理問題。

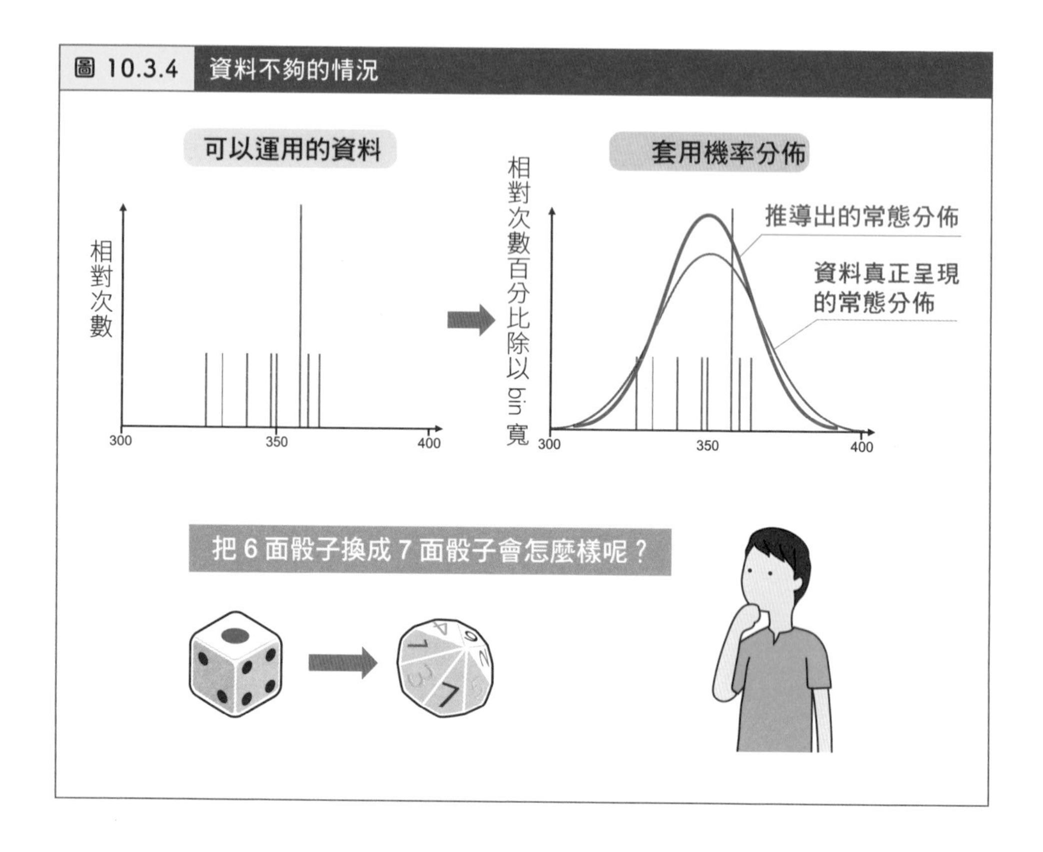

圖 10.3.4　資料不夠的情況

理解導向建模與其解讀能力

既然理解導向建模這麼厲害，是不是都用理解導向建模就好了？當然不是，理解導向建模著重在藉由合理的假設去建立模型，所以如果太多假設、而那些假設又會帶來很大的影響時，這樣的分析方式可能會失敗。

比如，圖 10.3.5 的左上是擲了 100 個 6 面骰子的資料，跟之前的範例差異是：這不是公正骰子，所以跟圖 10.3.3 的分佈比較起來，這次的實驗結果左偏了一點。如果我們不了解骰子，一樣假設是公正骰子，所得出的分佈就會偏離實際狀況（圖 10.3.5 左下）。當模型已經偏離實際狀況，我們就沒辦法運用模型來獲得良好的預測。

如果是應用導向建模，直接套用常態分佈，可以明顯看出結果不太好，或是用一些評價指標也能看出模型效果不佳（圖 10.3.5 右上圖紅色曲線）。這時候可以思考改用其他的分佈，最後可以發現 β 分佈恰巧能夠用來預測資料（圖 10.3.5 右圖藍色曲線），並且做出高準確的預測結果。

由此可見，在資料非常充分的情況下，如果目標是預測，找個剛好能套用在資料上的分佈，較容易達成目標[註 13]。

光是要預測骰子點數總和，就要因應不同的狀況，來評估建模的方式。當問題不是僅限於預測時，舉凡各種分析資料、應用，我們就要以更廣泛的觀點來思考。

圖 10.3.5 資料存在的無法假設的因子

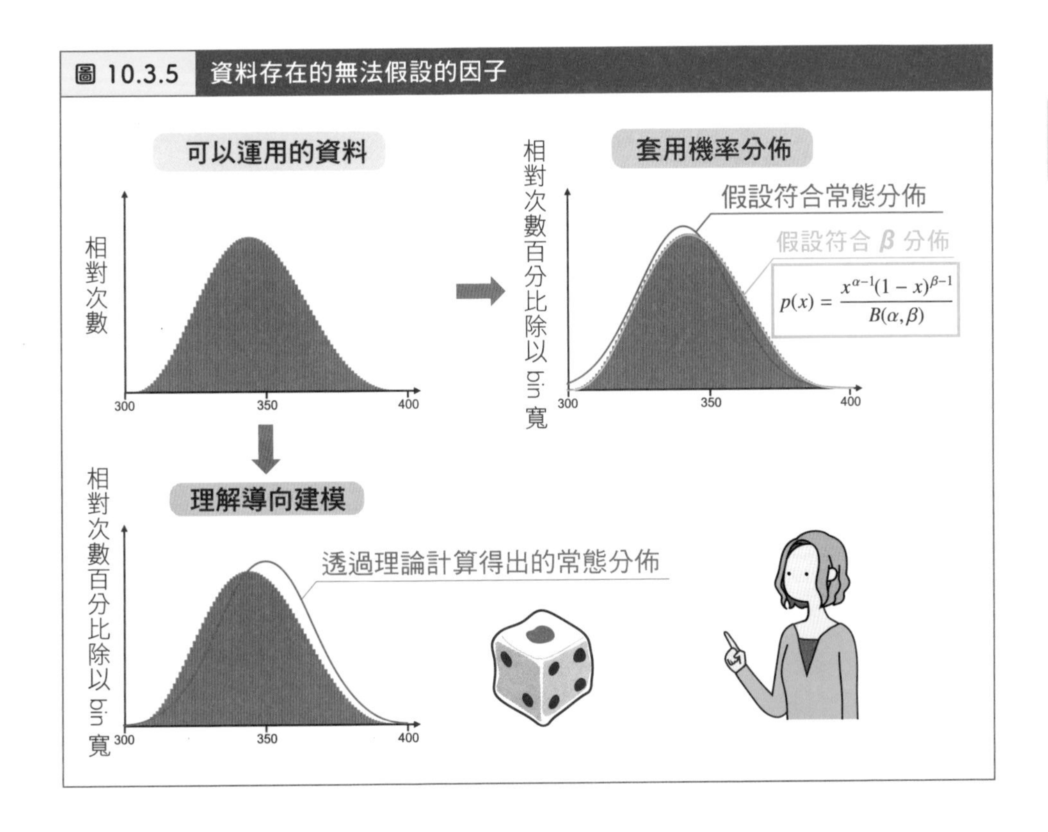

註13 此案例的問題較簡單，且資料也相對俱全，其實根本不用仰賴模型，光是用經驗分佈就夠做到預測了。

第 10 章小結

- 「數學模型」是運用數學方式去模擬資料中變數行為或是關聯性。
- 運用數學模型得到的分析結果是否具備足夠的可信度，還需仰賴足夠有效的假設作為基礎。
- 數學模型主要分為理解導向建模跟應用導向建模。
- 面對各式各樣的問題，可能會因為建構數學模型的方式不同，有時易於預測、有時則難以預測。

第二篇 摘要

截至目前為止，講解了具體的資料分析手法跟思維、哪種問題該用哪種方法。本書所著重的部分在於「面對資料該如何設定問題、並且選擇合適的方法來分析與解讀」的觀念，因此沒有對每個手法都進行更詳盡的解說。實務上如果遇到問題時，可以參考其它書籍來補足需要的資訊。本書的基礎知識能夠協助讀者決定問題該怎麼設定、分析方法該怎麼選擇，之後再去研究細節、執行分析，才不會迷失方向。

第三篇

資料活用的相關知識

本書的第三篇要講解的是解讀資料、運用資料時必須要注意的內容。即便使用合理的流程分析資料，但是到了應用時還是會遇到各種問題。本篇會先著重在分析端與應用端可能會有什麼樣的認知錯誤，之後探討實際上將資料分析結果拿來運用時容易遇到哪些陷阱。

分析資料的陷阱

第 5 章有說明過資料分析流程，不過在獲得資料、進行分析、得出結果、進行解讀的這段過程當中有很多陷阱。比如，分析過程中因為對資料進行不當操作，導致分析結果、後續解讀走偏了；或是有時資料能得到的結論，其實很有限；又或是遇到手上的資料其實無法得到結論的情況；還有像是因為發生某些事件改變了評估結果的基準點；甚至是還在規劃就遇到問題。不同階段都有可能踩到陷阱，因此本章希望透過實務觀點進行講解，讓讀者對過程中可能遇到的陷阱能有初步的認知。

資料有限時容易遇到的陷阱（11.2 節）

資料操作時容易遇到的陷阱（11.1 節）

資料推論時容易遇到的陷阱（11.3 節）

Y

X

11.1 資料操作時容易遇到的陷阱

實際值與比例值

對專業人員而言，常常「看到實際值後就想知道所佔比例，而看到比例值時候就想看實際數字」[註1]，但一般人對於實際值跟比例值想法不同。比如，我們看到「今天新冠肺炎確診人數有 100 人」，可能不會想到「今天有 0.0004% 的台灣民眾確診新冠肺炎」[註2]。

實際值與比例值分別單獨看待時，感受也許不同。因此，其實我們需要綜合兩個數字來作分析(圖 11.1.1)。當我們僅看單一數字，就有可能誤解。比如，分母跟分子的數值差異很大，或是比較的數字裡頭分母其實不同等問題。

「計算比例」是資料分析當中經常會用的方式，乍看好像忠實呈現資料樣貌，不過把「分母數量」跟「分子數量」這兩者相除彙整成一個「比例值」，此時就已經丟失了某些資訊(編註：看不到原始量的資訊)。所以隨時都要確認有無丟失了什麼資訊，或是有哪些資訊是丟失也無傷大雅。

註1　這裡的「實際數字」不是數學上的「實數」。類似的狀況，「母數」在數學計算可能是指「放在分母的數字」，但是在資料分析的領域，有時候「母數」代表「數學模型的參數」。使用時請務必多加留意。

註2　當人數較少的縣市增加了許多確診者時，反而很常使用「比例」來呈現。

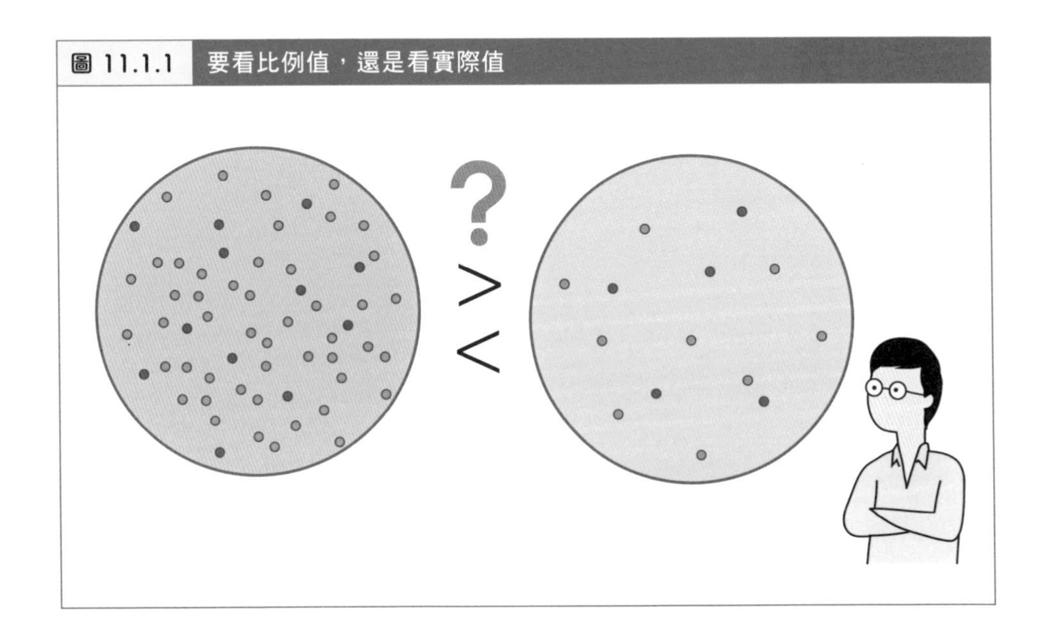

圖 11.1.1　要看比例值，還是看實際值

辛普森謬論（Simpson's Paradox）

最常因為比例而誤判的例子，就屬**辛普森謬論**了。

A 醫生跟 B 醫生都在治療某種病，假設有 110 位重症患者、有 110 位輕症患者，我們針對他們的治療成果進行以下分析（圖 11.1.2）。

A 醫生負責 100 位重症患者，B 醫生負責 10 位重症患者。結果 A 醫生成功治好了 30 位（成功率 30%），B 醫生治好了 1 位（成功率 10%）。看起來 A 醫生的醫術較好。

A 醫生負責 10 位輕症患者，B 醫生負責 100 位輕症患者。結果 A 醫生成功治好了 9 位（成功率 90%），B 醫生治好了 80 位（成功率 80%）。看起來還是 A 醫生的醫術較好。

依這些結果來看，A 醫生面對重症患者、輕症患者都提供很好的治療，確實可以說 A 醫生的醫術比 B 醫生高明。

此時絕不能貿然將上述結果單純加起來，也就是不能說「A 醫生跟 B 醫生兩人分別治療了 110 位患者，A 醫生治癒了 39 位患者，B 醫生治癒了 81 位患者」。一旦這樣思考，看起來好像 B 醫生的醫術較好，然而實際上卻是 A 醫生的醫術較好，所以在這裡用相加的結果是沒意義。這種運用合計數值看待資料時，容易導致兩個變數大小關係相反，稱為辛普森謬論。

我們都能看出上述案例究竟哪裡錯了：不同的問題設定在不同條件下去隨意加總，就會掉入這樣的陷阱。

圖 11.1.2　辛普森謬論

A 醫生跟 B 醫生 各自的治療成功率

	A 醫生		B 醫生	合計
重症患者	30/100	>	1/10	31/110
輕症患者	9/10	>	80/100	89/110
合計	39/110	<	81/110	120/220

一旦加總就會導致
大小關係變成相反

誤用平均數

通常想要計算比例時，經常會想要搜集某些數的平均數或機率來進行分析（圖 11.1.3），但是如果用來計算平均數的樣本數量不同，也會導致錯誤[註3]。比如，分析棒球選手打擊率，在單一球季裡，有位選手在 573 個打席當中的打擊率為 0.329，另一位在 2 個打席當中的打擊率為 0.500，只看打擊率是後者比較好，不過若將兩位選手的數據完全攤開來的話，怎麼看都不會認定後者比較優秀[註4]。

由此可見，用平均數來做分析時(編註：打擊率就是平均的概念)，不見得值得信任。如果不用平均數，改以實際值去比較，或是排除樣本數量較小的資料，都是比較有效的處理方式。

圖 11.1.3 測量值數量不同的分析對象進行平均

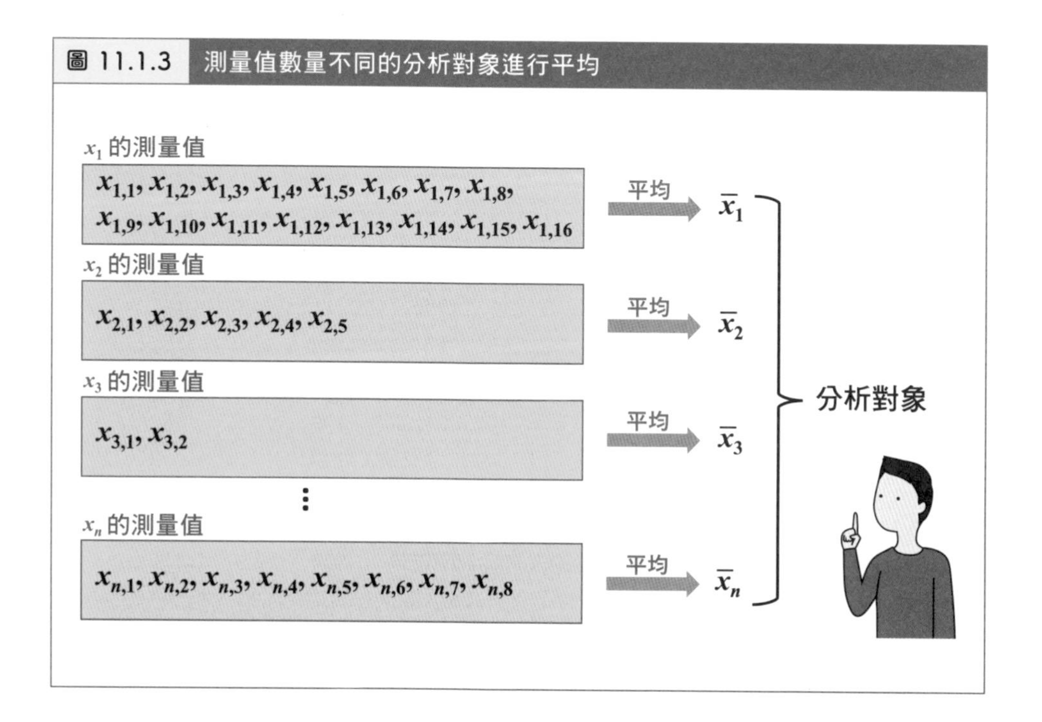

註3 最小平方法（least squares）假設所有資料點的隨機誤差有相同的平均數，因此最小平方法其實使用了平均的概念來完成模型參數估計。如果每個資料點的隨機誤差平均數都不同，建議使用加權最小平方法（weighted least squares）。

註4 職業棒球通常會設定最少打席數，比如最少打席數為球隊比賽場次乘上 3.1。如果有球員的打席總數低於規定的最少打席數，將不會列入打擊率的排行。

資料當中有離群值（Outlier）

本書之前有提過，當資料中有離群值時（例如每戶年收入資料當中的富豪），務必要小心。有沒有把極大值拿來計算平均數，會對結果造成很大的影響（7.1 節），計算相關係數也會有影響（8.3 節）。

遇到這樣的問題，通常會先對資料進行對數轉換。比如，對數常態分佈（log-normal distribution）的資料（7.3 節）用了對數轉換後，會呈現常態分佈，如以一來去執行上述的分析就比較不會出問題。

也可以運用中位數、眾數這些能取代平均數，且比較不會被極大值影響的數值。還有像是運用數值大小順序來計算相關係數的**斯皮爾曼等級相關係數**（Spearman's rank correlation coefficient）去取代一般的相關係數（皮爾森相關係數）。

錯誤截取部分資料

要是僅擷取一部分的資料，判讀可能會不同。圖 11.1.4 上半部是近十年日本股市的日經平均指數走勢，如果扣除掉最近因為新冠疫情而造成暴跌的部分，大致上都呈現相當穩健的上揚趨勢，也因為 10 年來都是這樣的趨勢，因此會覺得「日經平均指數基本上都持續上揚」。

可是，當我們看圖 11.1.4 下半部，那張圖回溯到更久之前的走勢，可以看出日經平均指數在泡沫經濟時期曾經是 38,915 點，之後相當漫長的一段時間都持續走低，一直要到「非常近期」才能看見回升趨勢。下圖不僅完全顛覆上圖給人的觀感，搞不好可能還會有人看到下圖後，認為接下來日經平均指數應該要開始下跌。

在解讀資料的走勢時，關注的範圍可能會導致產生不同的結論。然而在上述的案例裡，其實兩者的觀點可能都沒錯，實務上要綜合評斷之後再做解讀。

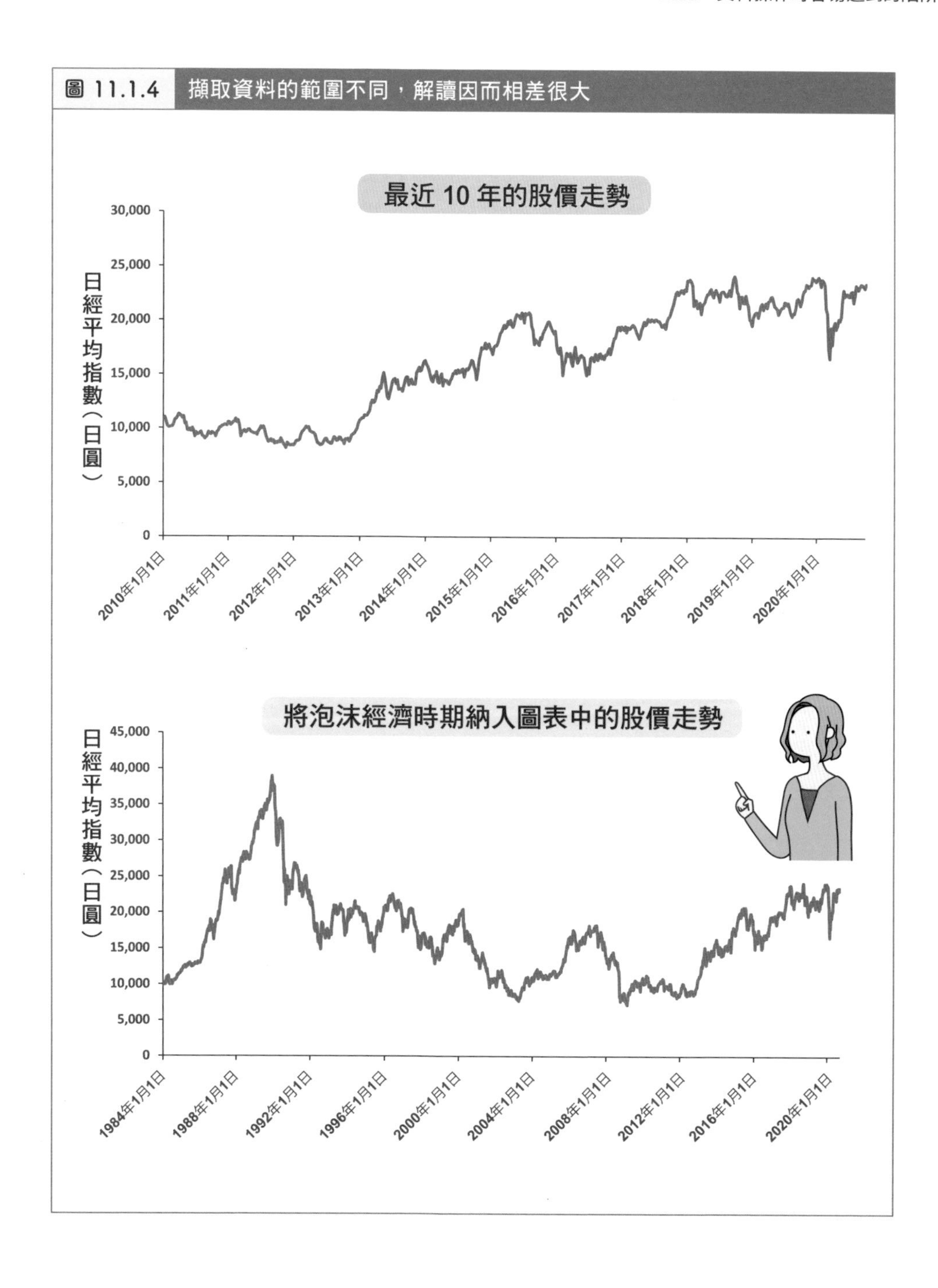
圖 11.1.4 擷取資料的範圍不同，解讀因而相差很大
最近 10 年的股價走勢
日經平均指數（日圓）
30,000
25,000
20,000
15,000
10,000
5,000
0
2010年1月1日
2011年1月1日
2012年1月1日
2013年1月1日
2014年1月1日
2015年1月1日
2016年1月1日
2017年1月1日
2018年1月1日
2019年1月1日
2020年1月1日
將泡沫經濟時期納入圖表中的股價走勢
日經平均指數（日圓）
45,000
40,000
35,000
30,000
25,000
20,000
15,000
10,000
5,000
0
1984年1月1日
1988年1月1日
1992年1月1日
1996年1月1日
2000年1月1日
2004年1月1日
2008年1月1日
2012年1月1日
2016年1月1日
2020年1月1日

避免扭曲圖表所呈現的意涵

我們時常用圖表解讀資料，雖然圖表是最能以視覺方式呈現數字的方式，但也有可能因為圖表所呈現出的樣貌而導致資料的錯誤解讀。最常見的錯誤就發生在圖表的軸線上。接著就來看看幾個不該做、以及適合做的案例。

圖 11.1.5 左上的長條圖，Y 軸上的數字不是從 0 開始[註5]，是最常出錯的部分。繪製長條圖的前提是長條的長度能夠準確地對照到數值，若非如此，就失去了以長條圖的意義。正因為長條圖可以很直觀地透過視覺比對長度來理解資料，才得以發揮長條圖的長處，所以當 Y 軸上的數值不是從 0 開始，反而容易誤判。繪製長條圖的時候，務必比照圖 11.1.5 左下的範例，從 0 開始，或者其他足以作為基準的數值。

此外，這次的資料「雖然比較兩者之間的差異很重要，不過比例上來說是沒有多大變化」，所以不用長條圖，改用帶狀圖(7.2 節)也可以，帶狀圖的 Y 軸即使不是從 0 開始，也不會因為有比較長度而帶來的誤解(圖 11.1.5 中下圖)[註6]。

這個案例只比較去年跟今年而已，因此不繪製圖表，僅以數字呈現也是一種避免誤解的好方法(圖 11.1.5 右下)。繪製圖表來呈現的資料，只是為了將難以掌握的數字，轉化為視覺上易於判斷的樣貌。如果真的沒必要，也無需硬做成圖表。

另外，使用長條圖時在 Y 軸中間放入「≈」符號來省略部分資料也是常見的錯誤(圖 11.1.5 右上)。這不僅導致資料差異難以看見，甚至被人懷

註5 這張圖表是來自某知名圖表繪製軟體。

註6 這裡可能很多人會誤以為「所以就是所有的情況都一定得從 0 開始標示囉」，其實這樣的觀點並不見得正確。

疑有目的取巧。其實這時候應該果斷放棄將資料彙整在一張長條圖，而是改用其他方式或是多張圖呈現，或是單純呈現數字就好。

額外補充一點，非常不建議用 3D 造型的圓餅圖，因為圓餅圖中每個項目的角度、面積，用 3D 立體呈現的時候，會使得靠近讀者這側的面積看起來彷彿較大。我們當然是要儘量讓圖表美觀，不過還是得要確實掌握圖表所呈現的數值究竟會表達出什麼資訊、如何影響判讀，並且不要因為圖表而扭曲事實(編註：更多關於圖表設計該注意的事情，請參考旗標出版的「資料視覺化設計 － 設計人最想學的視覺化魔法」)。

圖 11.1.5 誤用長條圖的案例

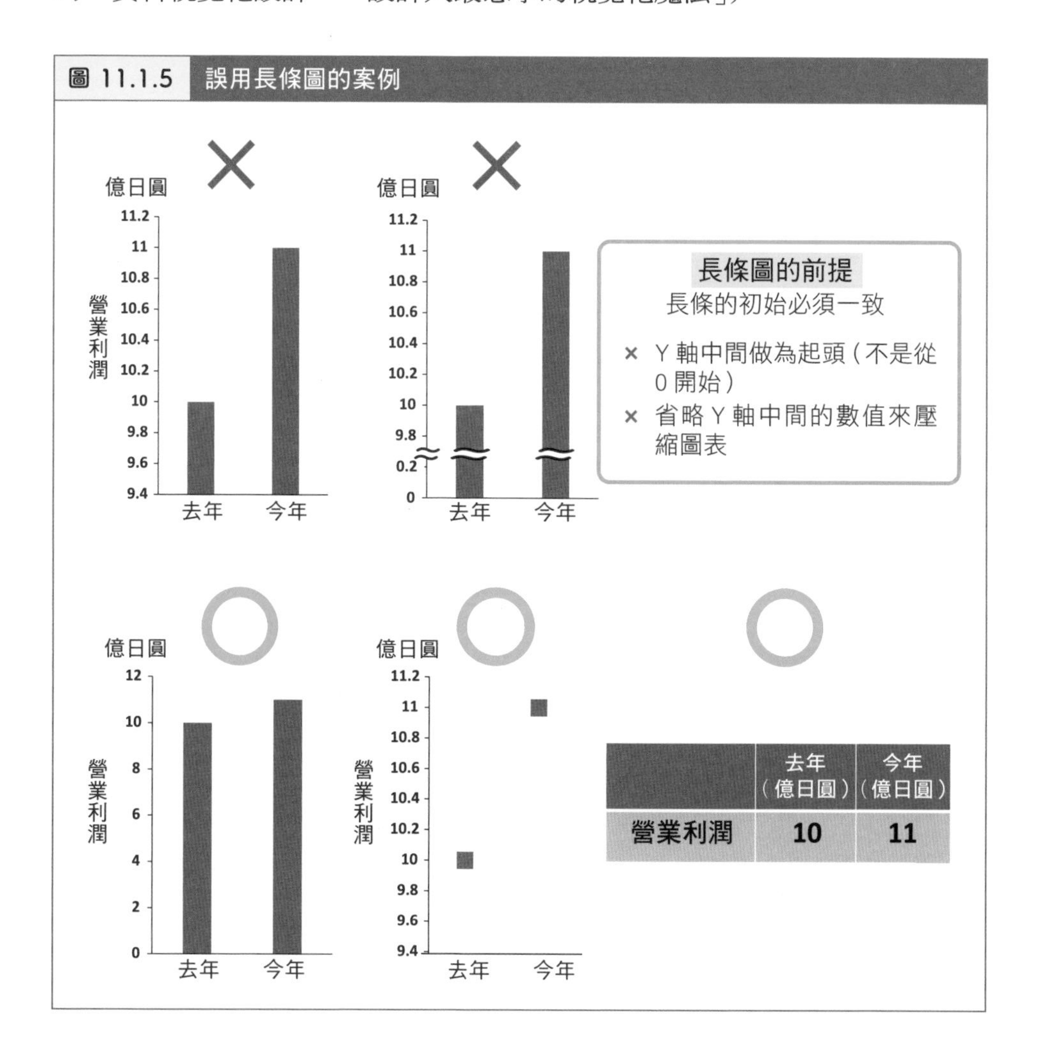

	去年(億日圓)	今年(億日圓)
營業利潤	10	11

11.2 資料有限時容易遇到的陷阱

運用不同的觀點來搜集資料

資料分析的方式日新月異，一直有新的方法出現，在這個時代我們打算分析資料，確實有很多技術可以運用。但是這也很容易因為做不出好結果，就一直隨便套用各種方法。如果我們僅從單一面向得到有限資料，會比較難解決問題。其實我們可以運用不同的角度、觀點去取得測量值，站在更寬廣的視野來理解想要分析的對象，通常會比較順利解決問題（圖 11.2.1）。

圖 11.2.1　蒐集不同面向的資料

比如一個簡單的例子，與其只拿股價走勢資料來預測接下來的股價怎麼變化，不如取得企業營運相關的資料，然後兩者搭配起來進行分析，更能做到高準確率的預測。最近就有家新創公司利用人造衛星拍攝的照片去看汽車的生產台數、原油庫存桶數等資料，做為理財資訊販賣，代表有些時候還是蒐集不同面向的資料，比較有機會獲得答案。

基本上資料就是有兩種，一種是與目標系統相關性很高的資料，另一種是與目標系統相關性很低的資料。如果資料跟目標系統沒什麼關聯，那麼無論我們再怎麼用力分析，也榨取不出優異的結果。這時反而是取得跟目標系統具有高度相關的資料，才能輕易地導出結論。也就是說，「回頭去蒐集資料」其實也是資料分析不順利時，常被忽略、卻很重要的解決方法之一。有時候無論怎麼研究手上的資料，還是很難達成目標，代表我們的資料有極限，此時適時回頭重新檢視分析流程，才是解決問題之道（圖 11.2.2）。

圖 11.2.2 適時回頭重新檢視分析流程

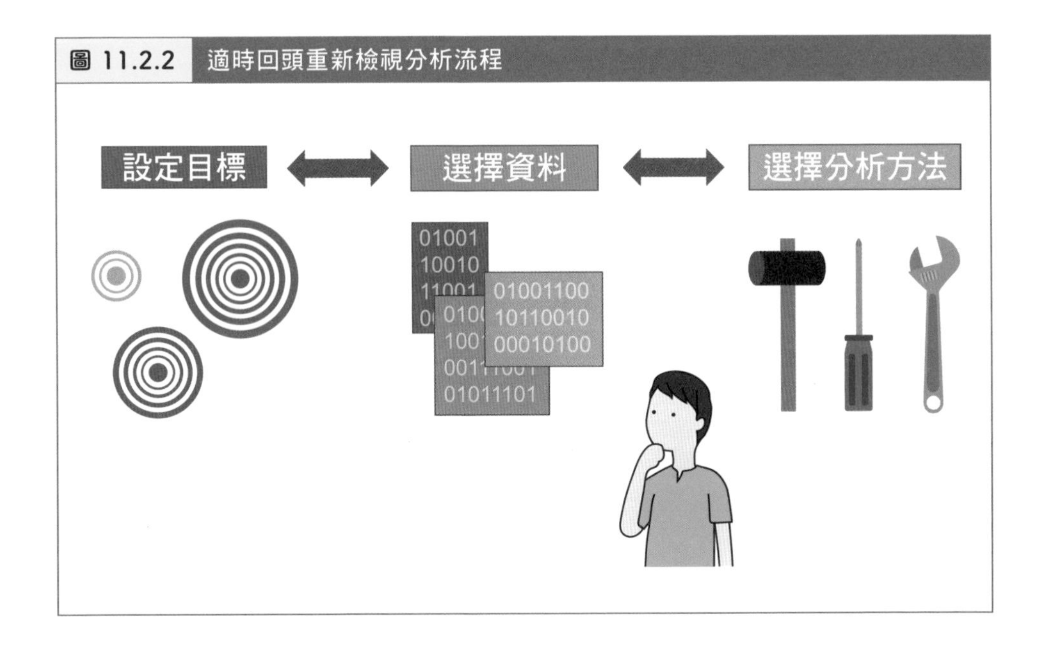

有時候資料的品質更重要

幾乎所有的資料分析方法都僅適用於已量化資料，但是，也不能因此就忘了那些無法量化的資訊。當我們為了要研究某件事，從而製作了 5 個選項的問卷，雖然是易於分析，卻難以反映細節，因此可能無法獲得真正重要的資訊(1.2 節)，更不用說有些問題勢必得要使用那些難以量化的資訊，才能找出解答。比如，賽伯計量學是透過統計資訊來量化選手的能力，但傳統球賽記錄員的工作並未消失，反而更需要靠他們去收集無法量化的選手特徵或是其他特殊資訊(編註：例如場上所展現出來的拚勁)。又比如，自家公司的產品銷售一落千丈時，比起做很多問卷調查蒐集資料，更應該親自到門市去看看第一線究竟有什麼反應跟回饋，也許才能儘早解決問題。

隨著資料分析越來越普及，我們偶而會執著在「想辦法取得能夠分析的資料」，漸漸遠離了「解決問題的關鍵資訊是什麼」。事實上，第一優先會是「不分析資料就能解決問題的方法」，別忘記資料分析只是方法之一而已。

11.3 資料推論時容易遇到的陷阱

什麼都無法斷言的結論

假設我們要透過分析資料來研究「變數 X 究竟有沒有影響到變數 Y」，得出的結論會有以下三種：

1. 有影響　2. 沒影響　3. 從資料無法斷言有無影響

前面兩個應該都能理解，重要的是第三個。資料分析的初學者最常搞砸的，就是想盡辦法要把結論導向 1 或 2。但是實務上第三個結果：從資料無法斷言有無影響也會出現。當明明從資料無法斷言有無影響的事實擺在眼前，卻又硬要推得 1 或 2 的結論，很顯然就會產生錯誤。

不過，要說從資料無法斷言有無影響，可能的風險是「得不出結論是因為你分析得不好」，因此，身為資料科學家，需要知道在分析過程當中已經竭盡所能地做了所有能做的事，但終究還是無法斷言有無影響。尤其是探索式資料分析的情境當中，經常會想「也許再嘗試別的分析方法，也許就能找出些特性」，但我們仍然必須理性地去研判「如果連相當典型的分析都沒辦法看見什麼特性，恐怕資料並沒有含有我們想要的東西」，必須對「不斷換方法」設定停止點[註7]。另外，驗證型資料分析則是在事前已經決定好要取得哪些資料、運用什麼方法分析，就比較不會產生這類問題。

註7　證明「毫無特性」是不太可能，所以如果硬要嘗試各式各樣的分析方法，會很浪費時間，才會說在進行分析時要知道何時該停。不過，追根究柢這還是得要充分理解各種分析方法跟資料的特性。

目標不同，分析結果的強度也不同

假設我們針對變數 X 究竟有沒有影響到變數 Y 這件事，已經獲得了結論。可是，「有影響」跟「這個影響很重要」其實是兩回事。比如，某零售業的公司執行一個行銷策略，使得每間門市的營業額平均都上升了 1%，一家大公司就算僅增加了 1% 營業額，依然帶來了相當豐厚的收益，甚至遠大過於投入行銷的成本，此時資料分析的成果顯示有影響，而且影響很重大。

另一個範例，連續服用某減肥食品一個月，平均每個人的體重都減少 1%。因為「平均」是 1%，所以可能會有體重幾乎沒減少的人，也會有人可能是反而變胖。但是這個結果可能會解讀為減肥食品有效，因此就會出現「這款食品已被認證具有減重效果」的廣告。甚至可能還有減肥效果低於 1% 的產品，也被說成有效。而此時有人真的嘗試了這款食品，連續吃了一個月的效果可能是幾乎沒感覺。

換個方式想，如果全國人民看到這則廣告，促使國民的平均體重減少了 1%，大幅減輕因為肥胖所帶來的醫療負擔，那這個資料分析可能有重大的成效。

分析目標不同，所因而衍生出來的「結果強度」也會不同。所以可別侷限在「分析結果」，重點是要一起評估「分析結果的強弱」。

容錯程度有多少

資料運用時，要考慮「能容許實際跟預測出現多少程度的差異」這點非常重要。比如，客人買了某商品，隨後我們研究他的購買記錄資料後，運用模型推薦其他商品給這位客人，這時候就算我們推薦一個他不感興趣的商品，其實也沒有什麼關係。但是，如果是要建議病患服用的藥品時，這個模型是否就不容許有這樣的寬容度了。

當我們解讀分析結果時，會因為容許結果當中能包含多少的錯誤，而得到截然不同的解讀結果。

像是評估模型優劣的指標，也會因為容錯程度而有不同。比如，用 X 光判斷是否罹患肺癌，這案例中會有兩種誤判的可能：「其實有罹患肺癌，但判定沒有罹患」或「明明沒事，卻被誤判罹患肺癌」。萬一出現前者，將會造成延誤治療而攸關生死；但是後者則能透過進一步檢查，來得到更準確的判斷。或許額外的檢查很麻煩，但是至少不會延誤治療。

怎麼處理「可能罹癌」，會影響兩種誤判的發生率。比如，將有疑慮的案例全部都診斷罹患肺癌，確實能夠減少延誤治療的問題，不過卻會讓很多沒有罹癌的人被誤判為罹癌。反過來說，將有疑慮的案例全部都診斷為正常，則會有很多真正罹癌的人無法及時治療。面對這種問題，就需要衡量兩種誤判的發生率，選擇最適當的評價指標與模型。

「可以接受一些些錯誤」的問題(編註：比如說商品推薦系統)所使用的技術、模型，有時候無法套用在那些「幾乎不能允許任何錯誤」的情境[註8]。需要極高準確率的預測，通常無法僅靠簡單的模型，必須用上更加繁複的模型來處理才行。不過，在能夠允許一些錯誤的應用中，可以考慮直接將模型應用在實際問題上來驗證模型，比較有效。

太過於相信模型

針對目標系統建模，或是運用既定的數學模型(在物理學界跟經濟學界就很常見)時，需要特別留意的是「數學模型只是近似目標系統，並非等於目標系統」。

註8　尤其像是醫療上的診斷、自動駕駛等攸關生死的領域更是如此。

一旦太相信數學模型，可能會出現「數學模型才是真理，無法用模型描述的現象代表有其他因素」，這稱為**畢馬龍效應**(Pygmalion effect)[註9]。讀者也許很意外，確實有專家會過度仰賴自己慣用的模型，硬要解釋目標系統(圖 11.3.1)。

圖 11.3.1 現實遠比模型更為重要

註9 畢馬龍是希臘神話當中一位對於現實世界的女性失望透頂的國王，他刻了一座心目中理想女性的雕刻，並且深深愛上了這座雕刻。明明只不過是模擬了人類的樣貌，卻令他醉心於這過於理想化的雕刻作品。

基於目的來設計如何分析

圖 11.3.2 將資料分析的目標分為三種。第一種是藉由描述、探索資料，進而掌握資料特性的探索式資料分析。能用的分析方法很多，比如計算敘述統計量、計算相關係數、視覺化資料、剖析相關的結構、資料分群、應用統計分析等，我們要依照目標系統選擇合適的工具。此外，在進入正式分析之前，要先確認資料當中有沒有異狀(比如離群值)。著重於觀察特別的變數特性或關聯性，找出資料整體的特性，是分析的重點。

第二種是預測。首先我們得設定好要預測的變數(目標變數)跟拿來預測的變數(解釋變數)，然後建構預測模型。從最單純的迴歸模型，到機器學習領域中的複雜模型，都是選項。一般來說，複雜的模型雖能獲得較高的準確率，不過也需要較多資料才能找到好的模型參數。此外，投入多少心力在建模上，也會影響成果。也許有人會覺得資料越多越好，然而並非只是多就好，聚焦在蒐集跟目標變數有關的解釋變數上，會更重要。

第三種是因果推論，這是用來評估解釋變數會對目標變數造成多少影響。有時候乍看好像有影響，卻可能只是因為受到了其他變數的干擾，才讓我們誤判變數之間有因果關係，而且這種情況還滿常見。因此需要進行一些分析流程排除掉其他變數，才去評估統計上認為變數之間有多大程度的影響。比如隨機對照試驗，或是本書 6.3 節當中提及的各種方法。

在因果推論當中，排除越多其他的因素所帶來的影響，得到的分析結果就會越好。而最理想的分析情境，是完全依照預先設計好的實驗來獲取資料、進行分析。如果無法做到，請務必記得排除手上資料裡所包含的干擾因子，再進入分析階段。

「明明想要進行因果推論，卻不審慎思考如何取得資料就貿然行事，導致難以看透變數之間的影響究竟是因誰而生」是經常會犯的錯誤。希望各位都能記得：不同分析目的，應留意不同的事情，再以適當的方法去獲取資料。

圖 11.3.2　主要分析目的與設計

	描述、探索資料	預測	因果推論
	描述變數的行為，找出特別的關聯性	高準確率地猜中資料中的某些量	了解某變數影響了其他變數多少
分析的程序	可以進行各式各樣的分析	設定打算預測的目標變數（除此之外的變數都是解釋變數）	測量目標變數 設定解釋變數 其他的變數都要妥善控制
欲了解的對象	特徵的相關性，特徵的資料性質	預測準確率	影響有多少
準備資料	分析手頭上的資料	蒐集可使用的資料	妥善控制實驗之下的資料（使用能派上用場的資料）

第 11 章小結

- 對資料進行不同的操作，會造成不同判斷。
- 手上的資料並非就是目標系統，要用更寬廣的視野來思考資料分析是否還有其它可能性。
- 「單從這些資料無法得到結論」也是個重要的結論。
- 基於不同目的，準備資料跟評估分析結果的方法也會有所不同。

第 12 章 解讀資料的陷阱

很多時候，研究員在分析資料的當下，都對問題有預設立場，但這會讓我們無法以公正的觀點去檢視資料。而且，除了要能夠正確地解讀資料，其實最重要的是觀者看見資料時，感受到的是什麼。近年來，即便是學術論文所發表的資料分析結果，其可信度也都越來越低，已經是不可忽視的問題。本章將描述研究員的認知偏誤，將會如何扭曲資料的解讀，導向錯誤結論。

分析結果的可信度
（12.1 節）

解讀資料的認知偏誤
（12.2 節）

12.1 分析結果的可信度

分析的再現性（Reproducibility）

如果我們的資料分析結論，其他人重複執行後也能得到一樣的結果，稱為具有**再現性**。也許讀者會認為實驗具有再現性是很正常，可惜事實並非如此，即便學術論文所發表的研究，也不是都有再現性。

首先是分析方法必須具有再現性。比如，在學術界，解釋研究方法的章節要仔細描述如何取得資料、有哪些分析步驟、甚至公開程式碼，讓其他人用相同程式進行驗證。在企業界，雖然不會公開分析方法，但是會有與同事共享的需求，因此妥善保存程式碼跟相關文件，讓同事需要時，能夠以相同的流程驗證分析結果。

本書 5.2 節有提過，記錄分析過程，未來如果需要查詢，才有辦法得到相關資訊。尤其是資料預處理，經常沒做完整紀錄，然而正確記錄預處理是讓分析具有再現性的重要工作。像是處理離群值、解決缺漏值、是否做過標準化、哪些數據是平均數、或是分析軟體的參數調整等[註1]，都必須詳細記錄。

同樣的資料不一定會得到相同的結論

雖然再現性是「當不同的研究員分析同樣的資料，可以得出相同的結論」，然而，如果不是趨勢相當明顯的資料，經常是換了一個人來分析，結論也就跟著換了（圖 12.1.1）。事實上，在諸多領域都有案例，數十個研究

註1　比如要做資料分群，就有很多演算法，每一種演算法都還有不同的參數，這些都要詳實記錄。

團隊同時持有相同資料、相同的問題設定，分析結果可能也會不同。比如，「足球賽的裁判是否會因為人種不同而改變給紅牌的標準」的問題中，有 29 組研究團隊運用完全相同的資料所分析後的結果：有 7 成研究團隊的結論是「會改變判決結果」，另外 3 成研究團隊的結論是「不會改變判決結果」。評估各個研究團隊的研究過程，確定分析的品質、研究員的技術力、研究員的預設立場都沒問題[註2]。

上述研究的結論來看，可以說是「即使分析資料完全相同，還是會因為研究員所執行的分析步驟不同，導致結論也不同」。所以，想要有可信度高的結論，就需要運用其他資料集來驗證結果。此外，運用不同分析方法也能得到相同的結論時，也可以提高分析結果的可信度。

圖 12.1.1　相同的資料、相同的目標，但分析結果不同

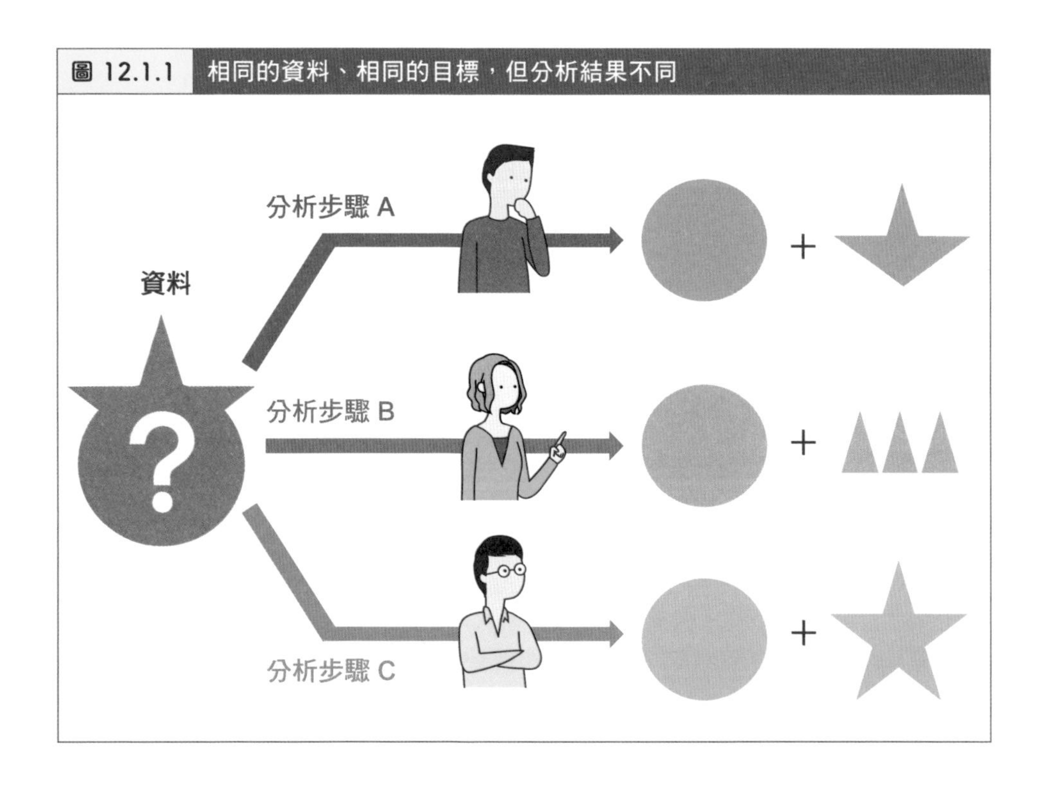

註2　R. Silberzahn et al., Adv. Meth. Pract. Psychol. Sci. 1(3): 337-356(2018).

資料的再現性

不只分析結果，取得的資料也有再現性的問題。透過資料分析得到符合我們想要的結果時，通常會想要立刻發表，反之不符合我們想要的結果，就會捨棄。因此，當我們只關注那些已發表的結果時，有可能會看到那些只是純屬巧合的資料，也就是落入了型一錯誤：資料其實沒有什麼特性，只是恰巧看起來有特性。

心理學界經常會出現這種再現性不好的問題，像是 Science 就曾指出某著名心理學雜誌上所公布的 100 個心理測驗當中，只有 39% 具有再現性[註3]。而這些研究已經都是專業人員的分析結果，再現性還是這麼低。也許心理學的研究對象是人，會有較多難以掌控的變因，導致再現性不佳。不過從這個案例可以知道：有些領域的研究成果，可信度是比較低。

或許有些惡質研究只是便宜行事，只呈現那些對自己有利的結果。然而，即使努力進行公正的研究，人們在解讀資料時依然有各種偏誤，才會錯誤解讀資料。

HARKing 與 p-hacking

HARKing 的全名是 hypothesizing after the results are known，意指「執行實驗跟分析，獲得結果之後，再依結果去建立假設，弄得好像為了驗證假設才找這些資料」，也就是先有結果再立假設(圖 12.1.2)。以本書圖 9.1.1 為例，當時是研究多變數的配對之間是否有相關，圖中有一部分的配對看似有相關，經過修正的多重檢定後確認「資料看似有相關可能是純屬巧合」。如果先有結果再立假設，那就會是「已經認為變數 1 跟變數 2 有負相關」，然後測量變數 1 跟變數 2，最後進行「一次」假設檢定。可以發現只進行一次假設檢定，是不需要處理多重檢定的修正，因此就有可能會通過檢定、拒絕虛無假設，確認變數 1 跟變數 2 有負相關。

註3　Open Science Collaboration, Science 349:943(2015).

這是在人為意志驅使下，獲得了符合假設的結果。

我們已經知道，就算分析流程、假設檢定非常公正，也是有機會發生型一錯誤，也就是誤把「純屬巧合」視為資料具有的特性。若再加上 HARKing，就提高了型一錯誤的機率。而且，究竟是否先有答案才做檢定，只有研究員本人才會知道，旁人無從得知。因此，發表出來的分析結果，是否為 HARKing 的產物，其實很難判斷。所以，如果是先有結論再立假設，則要在發表結論時說明清楚。雖然可能因此受到大家質疑，然而，據實以報是身為專業研究員的精神之一。

圖 12.1.2 HARKing

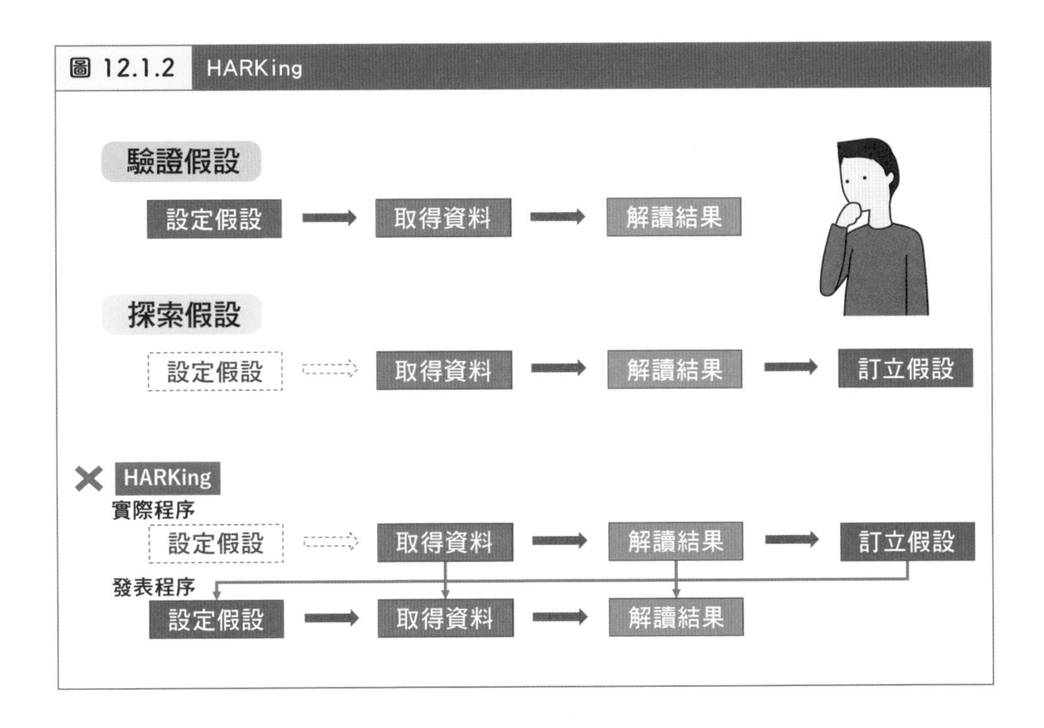

如果可以獲得新的資料，那麼用新資料來「驗證」假設就可以了。此外，有學界為了處理 HARKing 的問題，會先審查假設、實驗計畫，之後無論結果如何都刊載論文。如此一來可以先規劃待驗證的假設以及實驗步驟，就不會先有實驗結果，才根據實驗結果設定假設。

另一個問題是 p-hacking，這是指透過各種人為操作的方式，取得低於顯著水準的 p 值。刻意挑選資料、篩選分析結果、改變分析方法來重複進行假設檢定、或是持續追加新資料反覆執行假設檢定，等等這類不斷執行直到呈現顯著性的操作方式，皆是屬於 p-hacking 的範疇當中。

下面介紹幾個常用於避免 p-hacking 的方法[註4]。

（1）預先決定要蒐集多少資料

比如「決定蒐集 100 筆資料」，或是「在某月某日之前盡可能地搜集到最多的受測者資料」等足以確立樣本數量的規則，如此一來就能避免那種持續增加樣本直到呈現顯著性的狀況。

（2）每一個條件最低至少取得 20 筆測量值

就算看似有差異或是有相關性，如果沒有 20 筆資料，就無法獲得可信的結果。若是很難獲得 20 筆資料，請明確敘述原因。

（3）公開所有蒐集到的資料

公開所有資料，甚至當中若只擷取部分資料時，請務必明確告知。

（4）公開所有測量資料時的條件

為了避免只使用特殊條件的實驗結果，應明確記錄實驗跟測量當中的所有條件。若有特殊理由而刪除某些資料，比如某個條件可能抽樣失敗，也應闡述事由。

（5）如果想要排除某些測量值時，請同時呈現有排除跟沒排除的分析結果

若研究員選擇了為了方便分析，因此需要排除某些測量值，但這樣做可能就會得到有偏誤的結論。同時公開不排除測量值的分析結果，就有機會站在更公平的立場來評斷結論。

註4 J.P. Simmons, et al., Psychol. Sci. 22(11): 1359-1366(2011).

（6）分析過程中，如果排除某個變數帶來的影響，請同時呈現沒有排除此變數的分析結果

去檢視當我們沒有排除其他變數的影響時，這些變數會對結果帶來多少影響，其實相當重要，而且透過這樣的動作，亦能評斷究竟該變數是否真的可以排除。

> **小編補充** 上述（5）跟（6）的差異，可以想像成（5）是捨棄某些資料的所有特徵，（6）是捨棄所有資料的某些特徵。

希爾準則（Hill's Criteria）

僅以 p 值去判斷結果，可能會得到錯誤結論，再加上有些時候只能用相當有限的樣本，結論的可信度又更低了。為了要得到更確實的結論，可以應用流行病學中的**希爾準則**（圖 12.1.3），用於作為判斷因果關係的標準。希爾準則有以下 9 個元素。

（1）強度（Strength）

用於表現原因跟結果之間的相關性有多強烈，也可說是效應大小。比如，吸菸者的肺癌發生機率是不吸菸者的 4 倍之多，因此抽菸與罹患肺癌之間相關性很強烈。

（2）一致性（Consistency）

分析各種的樣本後，是否獲得一致的結果。不同的測量當中，樣本的偏誤也不同，如果各種樣本都能夠獲得一致的結果，比較能證明因果關係。

(3) 特異性(Specificity)

只會因為特定的原因，而產生某種結果，這種特別的關係稱為特異性。反之，如果有別的原因，也會導致相同的結果時，就很難評判不同因素對結果的影響力。

(4) 時序性(Temporality)

發生原因的時間點比發生結果的時間點早，稱為時序性。像是吸煙有害健康，是因為先有吸菸，經過一段時間後，影響了身體健康，就適合將時間也納入考量。

(5) 劑量反應關係(Dose-response relationship)

因素越大，對結果影響也越大，稱為劑量反應關係，也稱為生物梯度(Biological gradient)。以吸菸為例，吸菸越多則越容易罹患肺癌，即是劑量反應關係。

(6) 合理性(Plausibility)

能運用學理來推論因果關係，稱為合理性。比如，是否能以生物學的機制來說明與疾病之間的相關性。就算乍看有著強烈相關性，但無法用學理來說明，實驗的結果也會備受懷疑。

(7) 同調性(Coherence)

分析結果與過去研究相符，稱為同調性。舉例來說，如果有統計研究發現某地區的吸菸者減少，那可以檢查該區域的罹患肺癌人數是否也減少。

(8) 實驗性(Experiment)

能透過嚴謹的實驗印證變數的因果關係，稱為實驗性。比如，確實有一些科學實驗針對長期吸菸者，戒菸以後是否影響到肺癌罹患人數，發現禁菸期間能減少發病機率。

(9) 類比性(Analogy)

若存在其他類似的關聯性時，可以引用做為其他佐證資料，稱為類比性。

雖然希爾準則沒有著墨太多干擾因子對資料分析的影響，所以也不能完全只依賴此準則。然而，我們還是可以從中學習到資料分析時，有哪些點需要留意。

圖 12.1.3 希爾準則

12.2 解讀資料的認知偏誤

所信即所見

假設某間書店上市一本新書，並且從開賣那天開始，每天只要有賣出至少 1 本就記為 1，完全沒賣出則記為 0。10 天之後，記錄是 0101100000。讀者分析這 10 筆資料的結果為何？

前五天稍微還有點銷量，5 天當中有 3 天售出至少一本。後五天就完全沒賣出，令人不禁開始思索：「前五天可能還有新鮮感，因此有人買了。但或許書中內容很無聊，後來就沒人想買。接下來可以思考要特別的促銷活動，或是可以直接下架了」。

其實，這個 0101100000 數列，是筆者隨機擲 10 次硬幣後的結果，數列當中並未包含任何時序性，甚至其實在這個問題設定下，書是否至少賣出一本，機率是 50%。但是，將這個數列套在上述的情境，自然會產生各種解讀。

接下來看另一個實際案例。圖 12.2.1 是二次大戰當中德軍飛彈襲擊倫敦的地點[註5]。看著這樣的地圖，可以發現地圖左上方跟右下方受到密集的飛彈襲擊，右上方跟左下方則較少。當時倫敦人們認為「德軍瞄準的都是泰晤士河(River Thames)一帶以及攝政公園(The Regent's Park)附近，可能是為了避免炸到德軍在英國的間諜[註6]。後來分析得知是因為當初德軍發射飛彈的準確率低，以統計分析研判飛彈落點的結論，只是巧合。

註5　此圖為筆者依據 T. Gilovich, How We Know What Isn't So: The Fallibility of Human Reason in Everyday Life(1991) 所繪製。

註6　從這個案例可以理解，在這種資料分析的結果，會有多層面影響的問題中，冷靜且正確地進行分析，再來擬定合理的決策有多重要。

圖 12.2.1 飛彈落點空間分佈

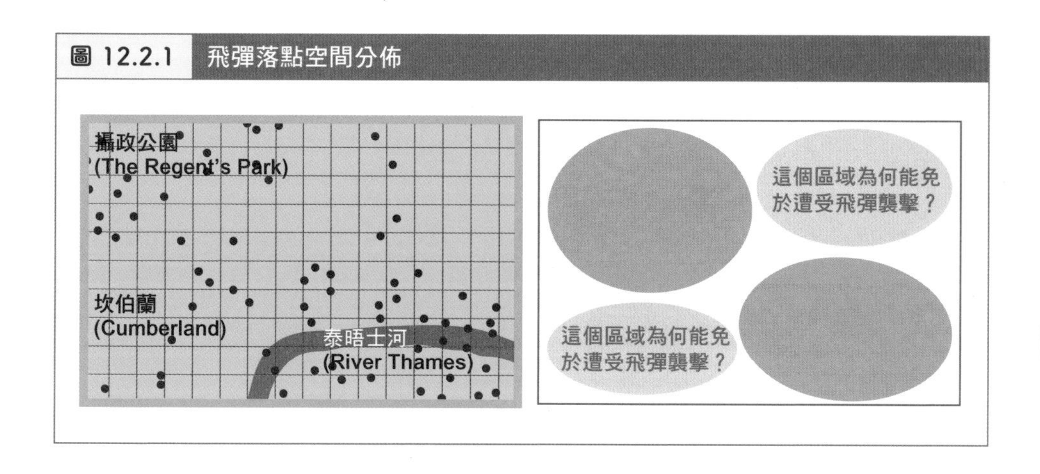

之所以會產生這樣的誤解，正是因為人類會發覺一些特殊的 pattern，並且自己找個理由的解釋，即使那些 pattern 本來不具任何意義。事實上很多動物都是如此，畢竟要在危機四伏的自然界生存，若不機靈地發覺周邊環境的細微變化，可能就無法逃過即將到來的危險，或者難以捕獲食物。可想而知，雖然有些判斷很正確，但也會遇到一些類似上述的案例，面對毫無意義的 pattern 給予各種解釋。

在資料分析的過程，大家可能會處於「勢必要找出」資料的特性，如果分析出自己想看到的 pattern，就會想快點證明自己是對的。不過一旦陷入這樣的思考誤區，就會為了證明自己的解讀，不斷接二連三陷入一個又一個的理論或者理由，漸漸容不下其他想法(圖 12.2.2)。

本書圖 9.1.1 的案例就可以看出，很容易因為「偶然發現的 pattern」而限縮自己的思考[註7]。讀者拿自己正在分析中的資料，隨意打散，並且以相同的方式進行分析，也許就會發現依舊可以從資料找到 pattern，並且給出一個理由。為了不要被偶然的 pattern 影響分析，要記得別急著根據單一的資訊去推導結論，而是要從各種不同的角度蒐集資訊後，再來進行綜合考量。

註7 回顧：圖 9.1.1 的範例是分析5個變數之間的相關性，即使變數都是隨機產生，有些時候變數之間恰巧看起來好像有相關。

然而，資料分析過程中能夠發揮想像力，絕非壞事。有時候就是得這麼做，才會有前所未有的發現，這時候稱為「擁有敏銳的洞察力」。身為專業研究員，不該做的是從欠缺可信度的分析結果，憑藉自己所見、所想，擅自解讀。

當我們能從欠缺可信度的分析結果看出一些跡象時，可以透過追加實驗，或是分析另外一組資料，進而獲得具有足夠可信度的分析結果，如此一來也能夠讓論點更扎實。當分析結果是「讓大家認為我們的解讀具有合理的證據」，才能夠證明我們的立論夠強。如果無法做到這樣時，就別過度誇大結論。

圖 12.2.2 看見不該存在的 pattern

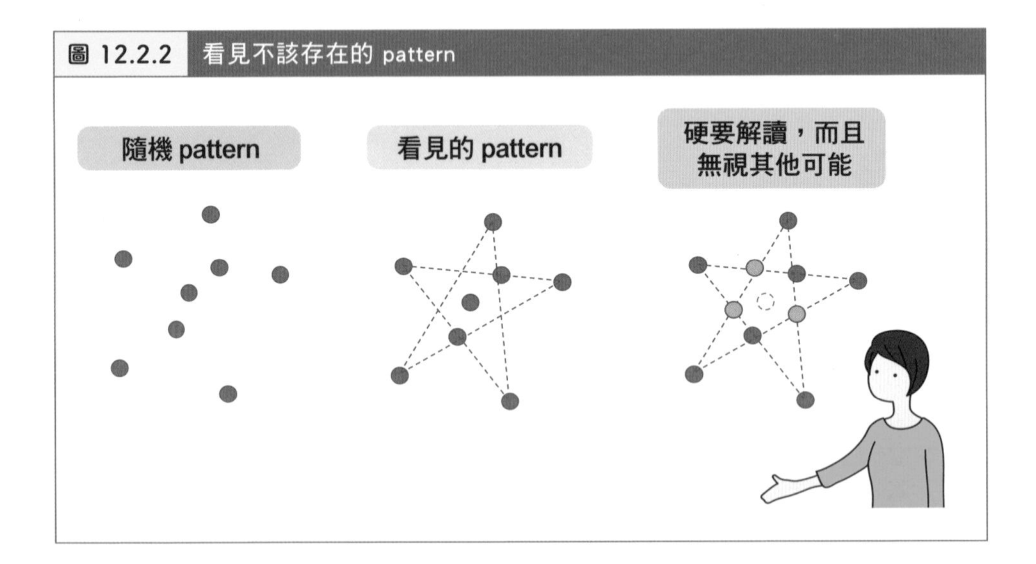

時間與因果的陷阱

其他解讀上的偏誤，還有**後此謬誤**(post hoc ergo propter hoc)(圖 12.2.3)[註8]，這是指當 A 現象發生之後，發生了 B 現象，容易認為「A 影響了 B」的想法。

註8 這裡的謬誤指的是「錯誤的推論」。

比如，某天因為心血來潮，先喝了咖啡才開始工作，而當天工作上表現特別好，就認為「喝咖啡對工作表現有正面的幫助」，就是屬於後此謬誤。

上述的範例可能很簡單，那我們再看另一個範例。研究某病患血液後，發現在病發之前，一個看似跟疾病有關的某種物質也增加了，而且在研究過諸多病患後也確認該物質並非身體的自然產物。此時要是認為該物質的增加導致發病，可能就是誤判。實際上，該物質可能只是伴隨著疾病產生(編註：該物質的產生是果不是因)，因此當我們著眼於這個特性去開發新藥，可能無法獲得期望的藥效。而這樣的思考誤區，日常生活當中也會發生。

進行資料分析時，隨時記得所看見的兩個現象可能僅為偶然，或是肇因於其他共同因素，不要輕易套用因果關係，就是避免犯錯的重點。本書的 6.1 節也有介紹過這樣的思考邏輯：有相關不等於有因果關係。

另外，想要使用時間上的先後順序來推論因果關係，可以用在「未來的事情無法影響過去已經發生的事情」。有時候單看現象之間的相關性，要判斷誰影響誰，是滿困難。如果知道兩個現象的發生時間，那麼就只需要驗證一個可能性就好：先發生的現象是否會影響後發生的現象。

最後，一個避免後此謬誤的方法，就是實際去調整先發生的現象，並且觀察後發生的現象是否改變。比如，消除先發生的現象，是不是就無法觀察到後發生的現象。

圖 12.2.3　後此謬誤

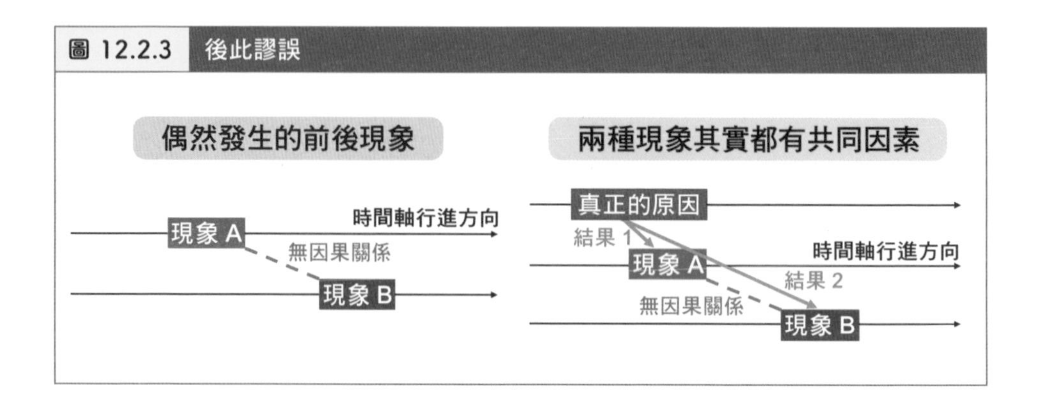

賭徒謬誤 (Gambler's Fallacy)

對人類來說，要能正確掌握現象發生的機率並進行合理的評斷，不僅困難，甚至很多時候還會阻礙我們正確地分析、解讀資料。為了不要得到錯誤結論，我們需要認識一下有哪些機率相關的認知偏誤。

首先是**賭徒謬誤**（gambler's fallacy），這是指當某現象一旦連續發生之後，我們很容易認為接下來還會再發生的機率會變小，實際上並非都是如此。

比如，在蒙地卡羅賭場（Monte Carlo casino）裡，輪盤上的滾珠已經連續 26 次進到黑色了，有人覺得「都已經連續出現黑色這麼多次了，下次該出現紅色了吧」。事實上過去的球進到黑色，跟下一次球會進到什麼顏色，是獨立事件。在這個案例裡看起來很不理智，但是有些不容易察覺的狀況，就會不經意陷入這種思考誤區。而這其實也可以算是稍早所說「自己發覺 pattern 並賦予其理由」情境之一。

實際機率跟可得性偏誤 (Availability Bias)

可得性偏誤（availability bias），指的是人類會有高估某些現象的發生機率。比如，經常會有人擔心搭飛機時「要是墜機的話怎麼辦才好」，但很少人擔心搭車時「出車禍怎麼辦」。然而，實際上飛安意外比車禍少，只是因為飛安意外總是會被媒體大肆報導，使人們容易想到飛機事故，最後產生這樣的偏誤。

反過來，面對較難想像的事物，人們經常會低估了發生的可能性[註9]。尤其是面對那些機率低但足以帶來前所未有的重大災害時，很多相關應對往往是事發之後才想到要做。甚至對於可預期會出現嚴重的大型災害，由於難以估計其影響而判斷不準確，也算是種偏誤，又稱為災難偏誤。例如核電廠事故、疫情大流行都算是。

風險評估被歸類在資料分析當中最為困難的部分。資料分析是透過資料來推導結論，發生機率較低的現象通常沒有太多資料可以用，必須運用理論來進行外推。而且即便我們能預先評估例外狀況的風險，卻也可能因為兩種以上的例外同時發生，而超出原先的預期。資料分析時，盡可能地想好分析的適用範圍，瞭解哪些情況可以順利進行、哪些情況會分析無效。

另外，可得性偏誤也會影響研究員的事前規劃。尤其在探索式資料分析當中會先假設「應該會發生這樣的事」，再去從各個角度研判資料，自我證明。如果一開始就已經受到可得性偏誤的影響，也許我們所看見的資料樣貌就會有所偏頗。要排除這類的偏誤非常困難，但是時時提醒自己「人腦很有可能會因此而誤判」，也許就能防範。

註9　人類歷史上有無數次，因為全世界的疫情大流行，使經濟遭受重大打擊。但是，在現實社會當中，卻很少有人真的會正視，並做好相對應的準備，以因應可能突如其來的疫情。

確認偏誤（Confirmation Bias）

確認偏誤的意思是當我們想要驗證自己的假設時，就會一直蒐集對自身有利的資訊、忽略對論點不利的情報，這樣就會掉入確認偏誤。而這種只對自己有利的資料推導出結論的做法，稱為**單方論證**（cherry picking）（圖 12.2.4）[註10]。

現實當中的資料大多不會讓我們得到想要的結果，可能是因為我們的假設有錯，也可能是假設正確但是干擾因子太多。

當低估風險，覺得即將發生的事都會符合自己的想像，稱為**樂觀偏誤**（optimism bias）。陷入樂觀偏誤太深，可能會在那些需要公正檢視資料的時，成為我們的阻礙。

此外，如果明明有資料有異常，但人們卻將其誤判為正常範圍內的情況，稱為**常態偏誤**（normalcy bias）。

圖 12.2.4　單方論證 (cherry picking) 示意圖

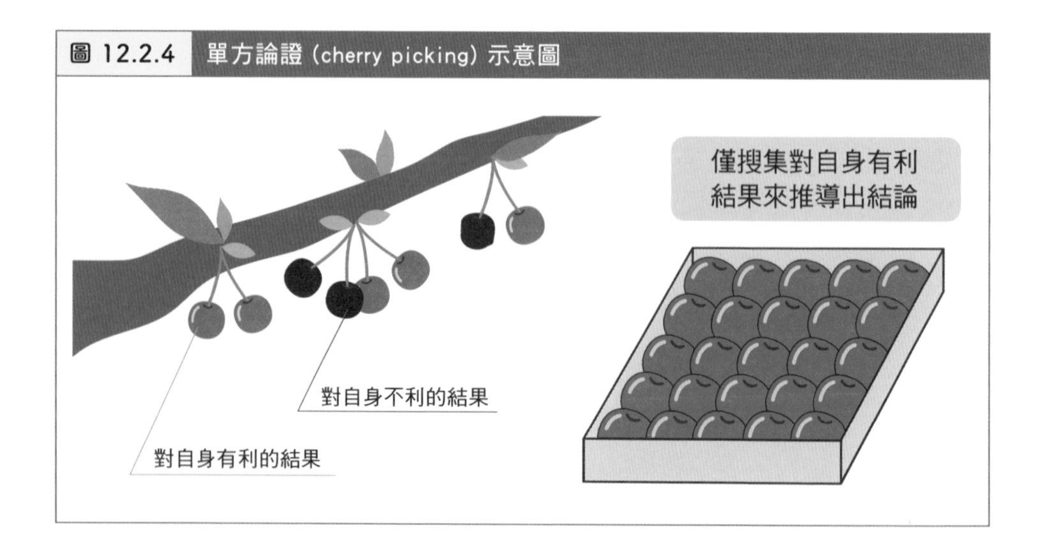

註10　偶然獲得了足以自圓其説的優良資料時，可以稱其為優異數據（champion data）。

陳述方式所帶來的效果

就算是一樣的數字，放在不同的敘述中，就會帶來不同的觀感。比如，某個疾病的手術成功機率為 90%，當民眾在評估是否該同意接受手術時，被醫生告知以下兩種情況，會如何影響我們的判斷力。

情境 A

「術後一個月的存活率為 90%」

情境 B

「術後一個月的死亡率為 10%」

實驗的結果顯示，情境 A 下有 80% 病患願意手術，B 情境下則是 50%。兩種情境的含義明明完全相同，但陳述的脈絡、表達的方式不同，就會出現不同的結果。

另一個關於利益得失的案例（圖 12.2.5）。

情境 A

方案一：「你一定能拿到 10 萬日圓」

方案二：「你有 50% 機率拿到 20 萬日圓，50% 機率拿不到半毛錢」

實驗的結果顯示，大多數人會選擇方案一，只有少數願意承擔風險的人選擇方案二。

情境 B
方案一：「你一定會虧 10 萬日圓」
方案二：「你有 50% 機率虧 20 萬日圓，50% 機率不會虧損半毛錢」

實驗的結果顯示，大多數人會選擇方案二。

兩個情境的差異只有期望值（編註：情境 A 的方案一期望值為 $1.0 \times 100000 = 100000$，方案二期望值為 $0.5 \times 200000 + 0.5 \times 0 = 100000$，兩個方案的期望值是一樣。同理，情境 B 的兩個方案，期望值都是 -100000），其餘機率成分都一樣。大多數人在情境 A 選方案一，到了情境 B 會改選方案二，是因為人們在利益得失上的感受不相同。情境 B 中，「迴避虧損」的心理作用，讓人選擇較有風險的選項。情境 A 中，相較於直接獲得 10 萬日圓的喜悅，沒拿到錢可能更讓人感到遺憾。

陳述脈絡所帶來的效果，不僅影響研究員，還會影響觀者。因此，當讀者要報告分析結果時，請謹慎思考描述方式。

圖 12.2.5　利益得失的案例

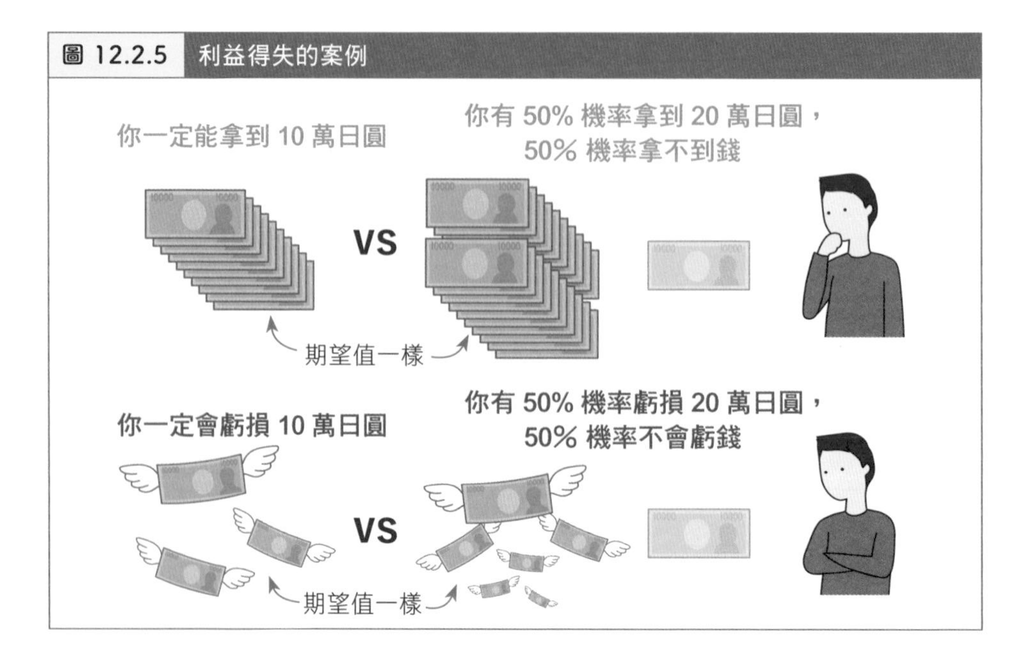

解讀錯誤的案例

本章的最後分享一個解讀錯誤的案例。2012 年日本政府發表了國家癌症防治計畫（第 2 期），當中提到為了要降低罹癌病患人數，明定目標減少多少抽菸人數。對此，日本菸草產業株式會社（JT）發表聲明反對，並用以下資料佐證[註11]。

圖 12.2.6 為 JT 提供的吸菸者跟肺癌死亡率的走勢圖。JT 認為（引用自當時真實資料）：

> 「肺癌」雖然被視為是因菸草而生的代表性疾病，但放在不同國家去評判，都難以斷言肺癌死亡率跟吸菸者比率有明顯的關聯。在日本，男性吸菸者比率在 1966 年達到最高峰後已大幅減少，而女性吸菸者比率長年以來的走勢幾乎持平。而從肺癌死亡率（隨年齡調整）來看，無分男女，都在 90 年代後半段到達高峰後持續走低。因此，不能說吸菸者比率與肺癌死亡率（隨年齡調整）之間有明顯相關。

註11 「為削減吸菸者比率所設定之數值目標」相關意見（2012 年 1 月 26 日；JT 官網）

圖 12.2.6　肺癌死亡率跟吸煙人數的關聯 註12

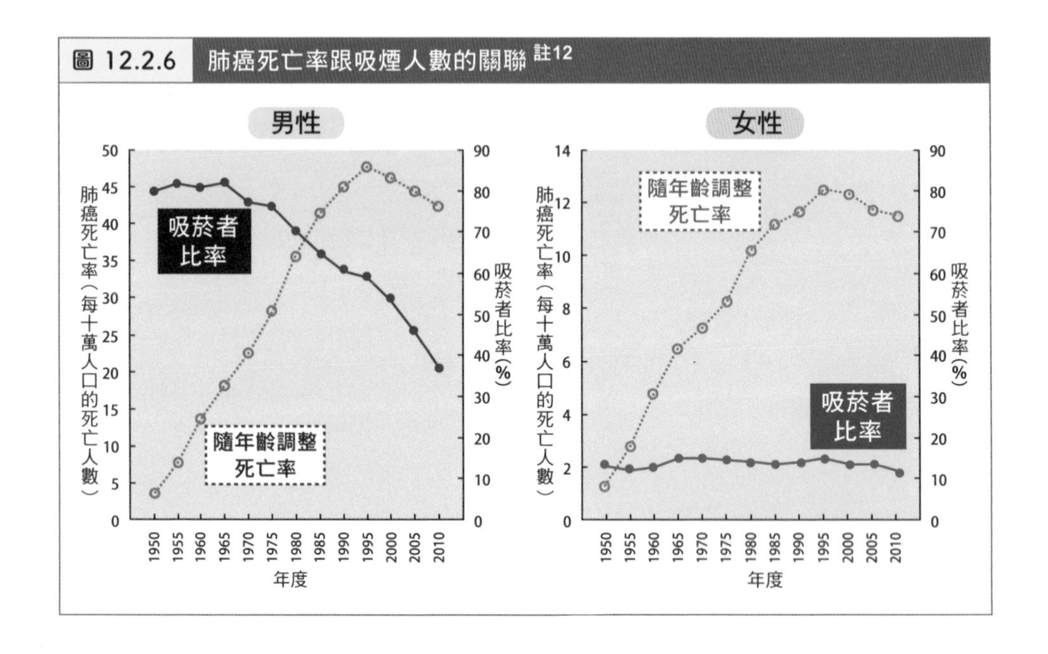

圖中的註解「隨年齡調整死亡率」，是為了要扣除高齡者的影響：高齡者增加，肺癌死亡人數也增加。JT 認為「吸菸者比率持續減少的過程中，肺癌死亡率不僅沒有降低，甚至在 90 年代後期還是高峰。由此可研判抽菸不是造成肺癌的原因」。

真的是這樣嗎？

第一個問題，也是最大的問題，在於「抽菸跟罹患肺癌的關係，JT 的論述中並未考慮到時間延遲（time lag）」。近年來（編註：2000 年以後），死於肺癌的比率呈現下降趨勢，這正是吸菸者開始減少之後，過了將近 30 年，效果才終於顯現了吧？圖 12.2.7 是日本厚生勞動省健康局總務課生活習慣病對策室，所公布有關抽菸跟肺癌死亡率的圖表 註13。透過此圖可以很明顯看到，抽菸跟罹癌的關係，確實存在一些時間延遲，也證明了抽菸與肺癌死亡人數息息相關。

註12　筆者依據當時實際資料以相同方式繪製而成。

註13　筆者根據原始資料所畫的圖形，請注意，這裡的資料是國民每人所消費的香菸支數，而不是吸菸者比率。

圖 12.2.7 肺癌死亡率與香菸消費數量的關聯

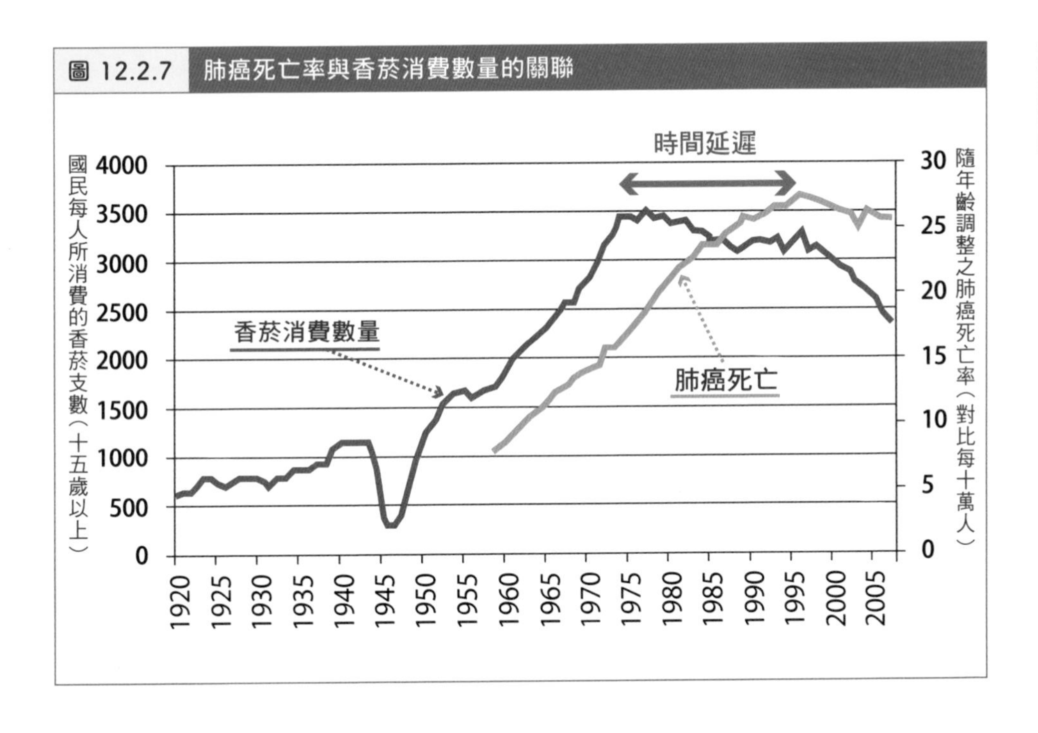

第二個問題，JT 說「女性吸菸者比率長年以來的走勢幾乎持平」，這可能是圖表呈現的問題。若只看數字，可以發現無論是抽菸人數、或是肺癌死亡率，男性都是女性的 4 倍左右。也就是說，圖 12.2.6 當中的 Y 軸可能有人為刻意調整，女性的圖當中吸菸者比率不知為何沒有調整。1966 年當時曾高達 18% 的女性吸菸者比率，在 2010 年已經減少為不到 12% [註 14]。為求分析上的公平性，吸菸比率的軸線應該也要放大才是(編註：比較圖 12.2.6 的男性跟女性兩張圖，兩張圖的肺癌死亡率 Y 軸最大值，差異大約是 50 / 14=3.57 倍；兩張圖的吸菸者比率 Y 軸最大值卻都是一樣 90%，這不太合理)。

註14 厚生勞動省所公開的「最新菸草情報」(http://www.health-net.or.jp/tobacco/product/pd090000.html) 當中，以每 1 年為單位來呈現吸菸者比率的數據。而圖 12.2.6 則是以每 5 年為單位加總後的數字來呈現。

從這個案例我們看到了(1)僅擷取了對自身有利的部分數據、(2)在無視時間延遲的情況下去推斷因果關係、(3)資料視覺化時軸線設定不恰當等問題。這種抱持著「香菸對身體健康危害很小」的預設立場，才去蒐集、處理資料的心態，讀者要避免。

筆者認為，資料分析以及解讀，是為了求得更客觀地檢視事物，而非將其挪用至加強錯誤偏見。此外，即便有心人士想要刻意操作資料分析，觀者也要提醒自己別輕易上當，並在日常當中持續鍛鍊自己對於資料分析的獨立思考精神。

第 12 章小結

- 能獲得具有再現性的結果，並非理所當然。
- 即便分析同樣的資料，也可能因為不同的分析步驟而導致結論不同。
- 人類會從資料當中看出 pattern，並且賦予其理由，即便該 pattern 只是偶然。
- 資料解讀會受到各式各樣的認知偏誤影響而被扭曲。

第13章 運用資料的陷阱

本書所談的內容，是透過資料分析去解決現實難題時，從「資料分析領域」切換到「現實世界」之間會發生的各式各樣問題。有時因為過度聚焦在資料分析，而偏離現實世界，或是實際應用時出現了始料未及的不良影響。本章旨在講解避免這些問題所應具備的觀念。

依不同目標做出評估跟決策
（13.1 節）

獲取資料的實際考量
（13.2 節）

現實世界與資料分析的差異
（13.3 節）

13.1 依不同目標做出評估跟決策

情況跟目標不同，建模的方向也會不同

本書第 10 章提過，使用資料建模時主要可以分為兩個大方向：著重在理解目標系統機制的理解導向建模，以及用於預測等的應用導向建模。接下來我們從「理解機制」和「預設」的觀點，來看看怎麼選擇建模的方向（圖 13.1.1）。

比如，公司會用客戶資料跟商品資料，來增加公司營收，常見的方法有以下兩個。

- 方法一：運用購買紀錄向客戶推薦他可能會想買的商品
- 方法二：研究什麼樣的商品容易獲得哪些客戶青睞，用於開發新商品上

方法一是預測客戶可能會購買的商品（編註：適合應用導向建模），方法二則是嘗試理解客戶的想法（編註：適合理解導向建模）。不過可能就會有人想要問了：為什麼我們不對方法一進行理解導向建模，或是對方法二進行應用導向建模？

無論是第一項還是第二項，目標都是希望客戶買更多商品。當然，「理解客戶」絕對是很重要，然而相較於「理解客戶後無法直接增加營業額」，通常會先選「不管客戶想什麼，只要營業額有上升就好」。所以，我們先研究到底能不能做到方法一。

對於方法一，當資料都到手了，透過應用導向建模，通常就能有一定準確度的預測。至少會比隨機推薦，或是對所有人都推薦相同商品來得更有效。相信讀者都看過網站會有專屬推薦的商品吧。

圖 13.1.1 理解或是預測

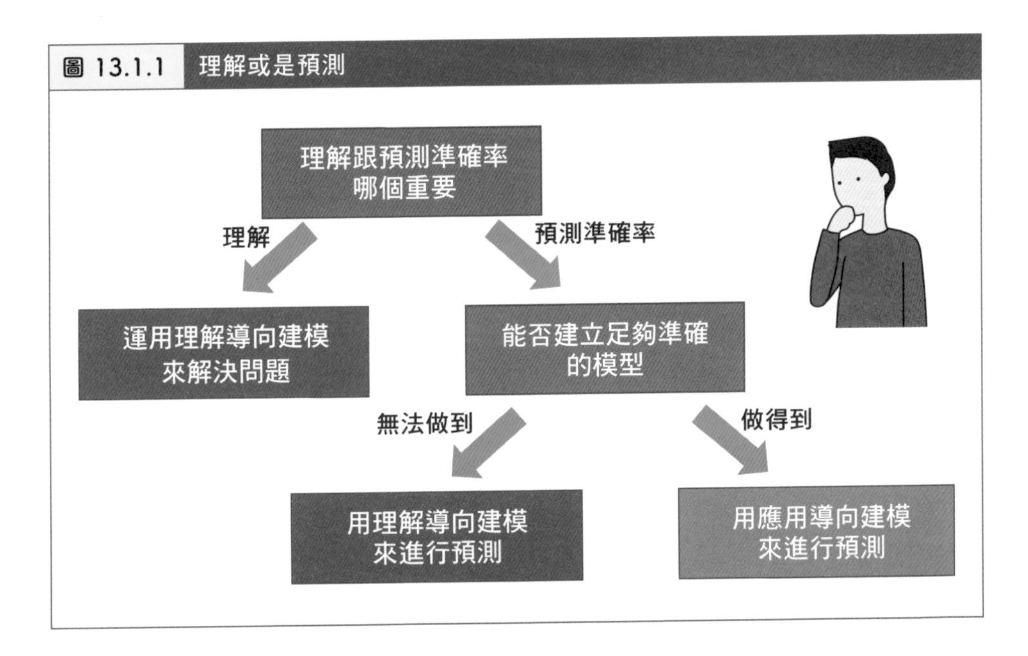

並非任何時候都能預測

對方法二使用應用導向建模，並且做預測，可能是行不通。這是因為方法二當中，有太多情況讓我們無法確保預測準確率能達到要求。面對「要開發什麼樣的新商品才能暢銷」這個問題，如果直接將商品資訊視為解釋變數，營業額視為目標變數，嘗試建立模型，最後就調整解釋變數以得到最高的營業額就好[註1]。普遍來說這樣的模型會有以下幾個原因所以表現不如預期。

註1　也許有人會用模型預測大量暢銷商品後作篩選，但這不會改變這邊所提的結論。

第一，商品資訊無法完美轉成變數，像是「設計優良與否」就很難以數字來表現。就算真的用變數呈現商品資訊，肯定會是多變數，要分析多變數就需要充足的資料量。很遺憾，如果只有現有商品的資料，資料量通常是不足的(編註：新產品的設計和現有產品會有所差異)。

第二，就算我們真的建好模型，也是使用過去的資料，這可能不適用於當前的問題。比如模型預測某個商品會大賣，可能都類似於過去暢銷商品。可是客戶可能會想要新穎的商品，因此過去暢銷商品並不一定表示未來還會暢銷。很不幸的是我們手上的資料當中，又不會有未來的商品，所以也就無法建立能夠預測未來暢銷商品的模型(圖 13.1.2)。

像這樣分析以前的暢銷商品或客戶資料，都是為了要知道什麼樣的商品會獲得哪些客戶的青睞。但是要預測未來的暢銷商品，最好考慮資料中沒包含的東西，像是市場趨勢。

「想實現的事情」和「技術上能做到的事情」要取得平衡，正是決定建模的關鍵。一旦缺少這樣的思維，就會陷入「都做了資料分析卻沒有帶來任何助益」的困境。

圖 13.1.2　難以預測跟資料不同的情況

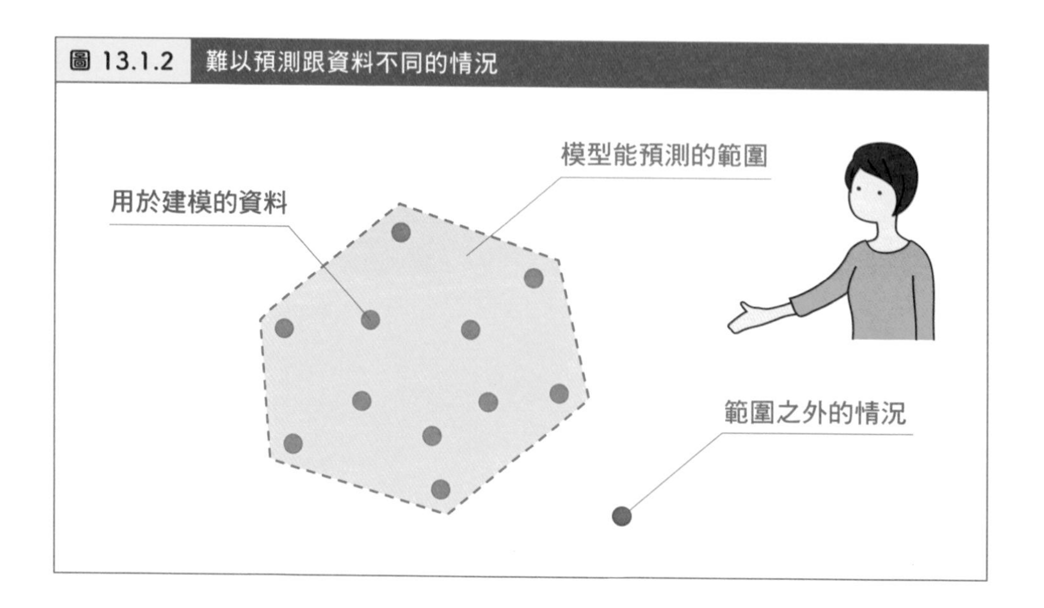

數學模型是黑盒子嗎？

很遺憾地，有些人根本不相信用「數學模型」做出的預測或分析，因而無法善用資料。這些人不相信數學模型的原因，可能有以下幾點。

第一，因為目標系統太複雜，只好簡化現實問題才能建立出模型，因此可能背離了現實狀態。有些案例是在定量分析當中，模型的結果無法足以令人採信，甚至也有定性分析的問題中模型表現不好。當一些人看過這種案例之後，就認為數學模型不值得信任。

第二，不少人覺得機器學習領域當中的複雜模型是「不曉得裡頭究竟發生了什麼事情的黑盒子」。有些過度配適的失敗案例，或是過度放大檢視其他失敗案例，都讓有些人覺得數學模型是深不可測的東西。

第三，有些失敗案例來自不盡責的研究員，他們不了解資料分析的步驟，得到錯誤的分析結果，而使用這些結果去做判斷，出事了也無法釐清是誰的責任(編註：像是未來採用自駕模式卻出車禍的責任歸屬，目前就沒有定論)。因為數學模型導致的一連串問題，才讓一些人覺得資料分析、數學模型根本不可靠。

上述這些片面的經驗，最終導致一些人對數學模型產生誤解。事實上，數學模型不一定就是黑盒子(圖 13.1.3)。數學模型跟資料分析是不是黑盒子，取決於問題跟模型的類型。比如，當我們用單純的多元迴歸分析模型，哪些變數有用，看建好的模型就可以知道(編註：分析模型的參數就可以知道變數的重要性)。

用數學模型來分析資料時，除了研究員要徹底理解模型之外，如何表達模型的結果，才能使對方理解，尤其是當對象不是此領域的專業人士時，溝通方法也是很重要的一環。

圖 13.1.3　數學模型的解釋性

13.2 獲取資料的實際考量

減低資料預處理所耗費的成本

本書 5.1 節有提過，取得資料時所發生的錯誤，經常導致在資料預處理階段需要投入更多心力，甚至常常因為缺乏部分資料使分析結果失焦。所以一開始就設計好取得資料的方法，盡量減少發生上述問題，是資料分析重要的課題。比如，當我們用網路蒐集客戶資料時，客戶可以自由填寫地址欄，就會發現即使地址相同，填寫的方式也會不只一種，例如是否省略「區」、是否省略「鄰」、數字是中文數字還是阿拉伯數字等等。當要統整資料的時候，就會需要投入很多時間處理。為了要避免這樣的情況，可以設計成客戶只能從下拉選單中選取一個。

運用問卷調查時，如果可以做到線上勾選，就能省去紙本轉成電子檔的時間，也能降低發生錯誤的機會。盡可能設計好測量的方法，減少各種人為因素或是無法確實測量所衍生的問題，才能有效提升後續資料分析的效率。

如何規劃取得資料

初學者或是非專業人士經常犯錯的是「先蒐集資料，之後再看看怎麼處理」而低估干擾因子。相信各位讀者閱讀本書後，已經知道如果有太多無法控制、無法釐清的干擾因子，就很難分析出一個結論[註2]。

註2　不過，若是真的蒐集到目標系統各個面向的資料，那可能不會有問題。

比如，想要研究如何將混雜有害物質的水，處理到足以飲用時，但是眼前是一個不知道參雜什麼物質的工業廢水，那麼後續分析就會很麻煩。反之，已經知道廢水來自何處，工廠內有哪些有害物質，就比較知道接下來的分析流程。

為了避免出現「不知道從何開始分析」，可以在研究之前先初步了解目標系統。比如，先蒐集、觀察一點點資料，再來思考如何設計大規模的資料蒐集計畫[註3]。

考慮蒐集資料的負擔

雖然拿到資料之後就能進行許多分析，不過設定取得資料量的目標時，可能會忽略所需成本。尤其是在不需要耗費太多財力時，有可能會不小心投入太多時間取得很多用途不大的資料。相信有些讀者體驗過：為了提升公司效率而增加書面作業，導致員工都在搞書面資料，反而讓原本工作效率變差。這也是消耗太多成本在取得資料。

蒐集資料之前，要先決定好目標為何、資料分析方法、以及預期的收益是否符合投入的成本。

註3　不同領域都有專書探討如何蒐集資料。如 Graeme D. Ruxton 等所著的「生命科学の実験デザイン」（名古屋大学出版会）、佐藤郁哉的「社会調査の考え方 上・下」（東京大学出版会）等。

13.3 現實世界與資料分析的差異

透過資料進行管理

接著講解用資料本身、或是資料分析出來的結果，來評估人員與組織管理的幾個重點。

在經營學、管理學的發展過程中，大多數人已經認同量化企業相關資料的重要性[註4]。也許就是因為大多數人相信「無法量化的東西就無從管理起」，才使得眾人想要測量萬事萬物，並運用量化的數字（圖 13.3.1）。

圖 13.3.1 透過建立指標來進行管理、控制

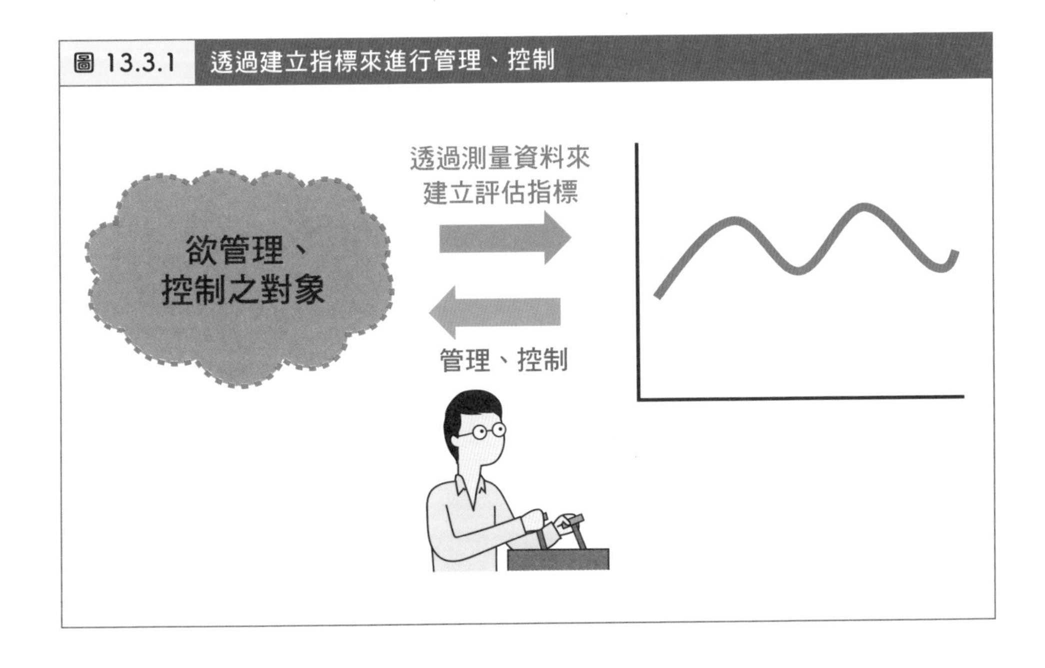

註4 相關內容可以參考 Jerry Z. Muller 的「The Tyranny of Metrics」（Princeton University Press）。

雖然這個想法理論上有助於管理，不過有些人會找容易測量的指標來作為判斷事物的基準，難以量化、難以用數字來呈現的指標就被忽略，因此遺漏了一些重要的資料。資料科學的興起，似乎更助長這種風氣。

本節介紹運用偏頗資料進行決策所衍生的失敗案例。

上有政策、下有對策的評價指標

有間工廠將特定期間內所生產的產品數量跟不良品佔比，視為生產管理上的重要指標，這些數字確實很好測量，也很客觀。可是，當要嘗試用相同的思維，管理難以測量的事物或無法量化的事物時，就會發生各式各樣的問題，甚至在許多的專業領域都有著「當設定一個指標時，該指標就已經失去了它作為指標的價值」(圖 13.3.2)[註5]。這是什麼意思呢？

圖 13.3.2　使用指標來評價對行動造成的變化

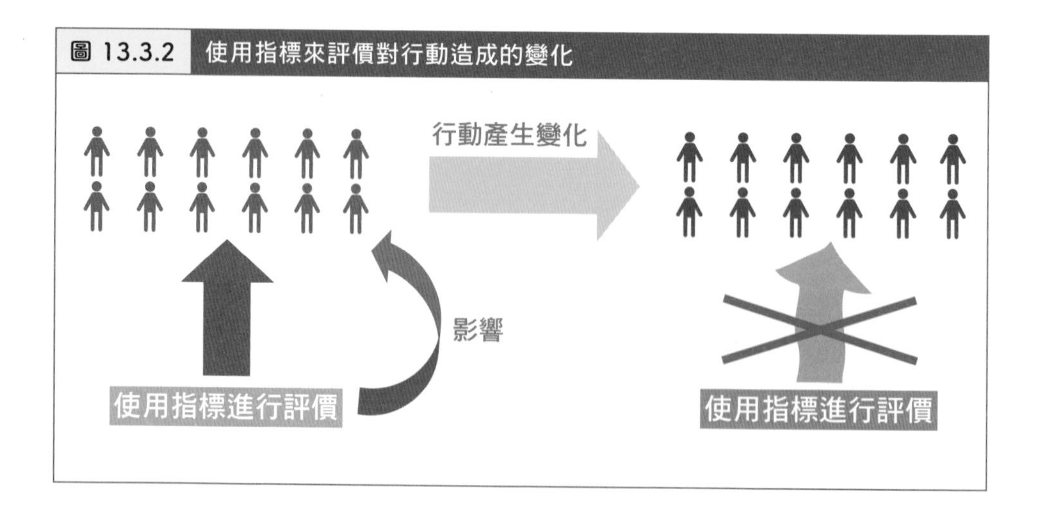

比如，為了要評估醫生的醫術時，若用「手術成功率」作為指標，可能會讓醫生不願意承接困難手術，而接下困難手術的「名醫」評價反而較差。就算本來訂此指標是為了要讓醫生可以精進醫術，但結果是「根本就不想接下困難手術」，使得指標的立意消失。

註5　如葛哈德法則（Goodhart's law）、或是坎貝爾定律（Campbell's law）等。

另一個範例。將「霸凌事件數量」作為學校的評鑑指標，造成即便實際上有發生霸凌，校方也不承認。顯然這種評鑑並沒有幫助。

還有，用論文產出量、被引用的次數作為研究員的指標，就有可能會出現品質不佳的論文，或者自己引用自己的論文等現象。

還有例如「運用 AI 將笑容量化為分數、並將其用於面試評分」一度成為話題，隨後也就出現「能博得面試官好感的 AI 笑容訓練服務」的業者。透過業者提供的服務來鍛鍊自己的笑容，就能在面試的過程裡從 AI 中獲得高分[註6]。

由此可見，將無法輕易數字化的事物，硬轉成數值作為指標，就會導致上有政策、下有對策的現象。即便能夠運用資料來獲得指標，在「實務操作」時也不要僅依靠指標，而是要考量人們對該指標的反應，指標作為輔助用途比較不會出問題。

因 AI 而助長的歧視

應用 AI 有可能會加強歧視。比如，美國有個系統可以分析犯人之後再次犯罪的機率，系統的分析常常認為「黑人比白人更容易再次犯罪」。即便在評分當中沒有「人種」這個特徵，但是有各式各樣的干擾因子，導致系統加深種族歧視。

另一個範例， Amazon 所研發的人才招聘系統，對女性求職者相對不友善，後來證實這是因為當初用來建模的資料，專攻資訊工程的女性畢業人數相對較少。

註6　其實會想用「笑容」作為指標，可能是想要找「平常就習慣面帶笑容的人」。但是變成指標時，可能就會影響求職者的言行舉止。

學理上將個人資訊轉換為評分、並且用來建模，不應該有問題。但是可能因訓練資料有偏誤、有各種干擾，導致模型出問題。特別是當我們想要追求高準確率時，有時候會不經意使用偏誤的資料。因此，請審慎評估模型及訓練資料，避免助長歧視。

有回饋的系統架構

像是商品推薦系統、人事考核、圖像辨識、查核保險費用等決策、作業程序，都可以透過資料分析或建立數學模型來處理，此時的重點之一為「是否有回饋來改善系統的效能」(圖 13.3.3)。比如，商品推薦系統可以回饋「推薦的商品帶來多少獲利」，進而優化系統。

然而並非所有系統都能有回饋。比如，AI 面試，如果 AI 訓練不好，導致婉拒了優秀人才或聘請了不適合的員工，但是也很難找回那些已經婉拒的面試者，就算真的能找回，也不一定能獲得有用的回饋，也就很難優化 AI。同時，對於新員工的表現不佳，也很難辨別究竟是當初 AI 面試有問題，還是來面試的求職者剛好整體素質不佳。

沒有回饋機制的系統，就算出了錯也無法補救、改善，是非常危險。尤其是複雜的分析、模型，看起來就是一個黑盒子，如果還不能回饋，很難知道是否出問題。

要解決這樣的問題，有以下幾種方法。

- 經常匯入新資料、更新系統。
- 用其他方式去測量、評定效能。
- 加進人為判斷。

運用資料雖然能夠更了解目標系統，卻也可能誤用而加深偏見。或許在建構模型的階段難免會忽略某些因素，但是還是可以觀察分析結果的影響、人們有何反應，依需要升級系統。

運用資料嘗試解決問題的路上，潛藏著各式各樣的陷阱。充分理解本書所講解的內容，相信讀者更正確地活用資料了。

圖 13.3.3 有回饋的系統架構

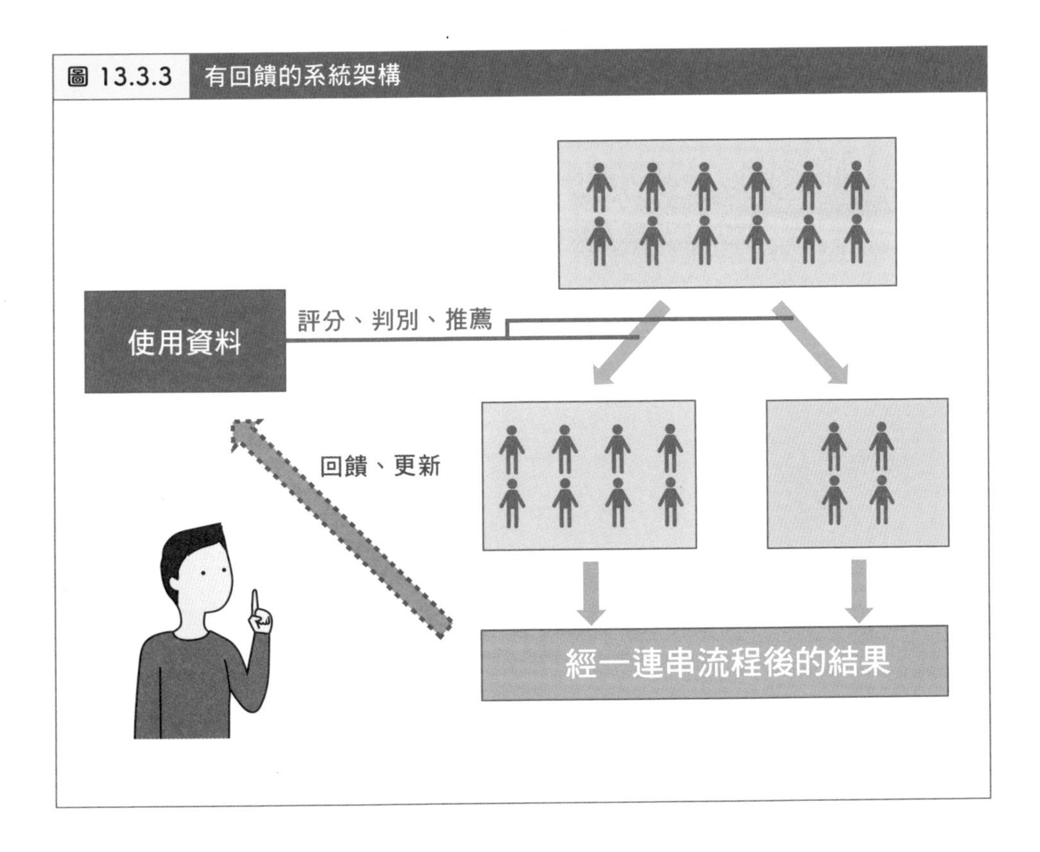

第 13 章小結

- 目的不同，資料分析跟建模的導向就會不同。
- 取得資料的流程須要充分進行研究檢討。
- 本於資料分析所建構的系統在進行實際操作時，務必留意可能產生的副作用。

第三篇 摘要

在第三篇當中跟各位讀者講解了解讀、應用資料分析的結果時應注意的重點。雖然正在分析資料的當下，難免會太聚焦在分析方法、分析步驟上，但更重要的其實是做完分析之後要怎麼運用。為了要正確地運用資料，注意各種「人會帶來的問題」，是成功的關鍵。或許讀者覺得有太多要注意的事情，然而書中提過的案例，如果能留存在讀者心中，就已經能夠在進行資料分析時，避免很多錯誤。

後記

本書以概念性的角度為初學者講解資料分析的流程中該注意的事情。讀者會發現想要正確執行資料分析，所需要的知識範疇很廣，若要統整出該知道的事項會很多。不僅在分析方法，關於資料的性質、解讀結果、運用資料，都會遇到諸多問題，也因此需要不同層面的知識來協助我們正確分析資料。本書盡可能地納入基本知識，並嘗試講解重點、分析觀念、釐清彼此間的關聯性，同時要避免變成案例整理。期望本書可以讓讀者正確走上資料分析領域。在資料分析的路途上，每個階段都有必須注意的許多重點，要是缺乏相關知識，就會導致發生問題也不知道問題在哪裡。反之，其實只要知道有哪些需要留意的點，就知道要從哪些細節著手，讓自己的分析作業可以更成功。

一般的資料分析教科書當中通常會羅列成功案例，並將重點放在因為哪些方法發揮效用。但本書恰巧反其道而行，嘗試讓各位看見資料分析常發生的錯誤在哪。筆者認為：多方理解資料分析會帶來的結果，包含好的跟壞的，才能更有信心地正確使用資料分析技術。

本書的內容主是要讓讀者初步了解資料分析流程中，應該注意的事項，相信閱讀至此的讀者對於往後資料科學的學習歷程，更有概念。想要進一步了解其中某一部分的細節，就可以參閱其他參考書籍。

期望各位讀者經過一段時光，對資料科學有更深層的了解之後，再回過頭來翻閱本書，也許還能會體會更多的事情。

作者簡介

東京大學先端科學技術研究中心特任講師。

2011 年畢業於東京大學工學部航空太空工程學系。2015 年取得同系所課程博士學位（因表現優異而縮短修業年限 1 年）與論文博士學位（工程學）。曾任日本學術振興會特別研究員、日本國立情報學研究所專案計畫研究員、日本國立研究開發法人科學技術振興機構 PRESTO 研究員與史丹佛大學訪問學者，自 2020 年起擔任現職。曾獲東京大學校長獎及井上研究獎勵獎等。致力於憑藉數學分析技術，解決統計力學、腦科學、行為經濟學、生物化學、運輸工程與物流科學等多重領域之問題。著有「資料科學的建模基礎：別急著 coding ！你知道模型的陷阱嗎？」（旗標出版）。

旗 標 FLAG

好書能增進知識 提高學習效率 卓越的品質是旗標的信念與堅持

旗標 FLAG

好書能增進知識 提高學習效率 卓越的品質是旗標的信念與堅持

旗 標 FLAG

http://www.flag.com.tw